城市老年人
居住建筑设计研究

倪蕾 著

Research on Elderly Housing
Design in Urban

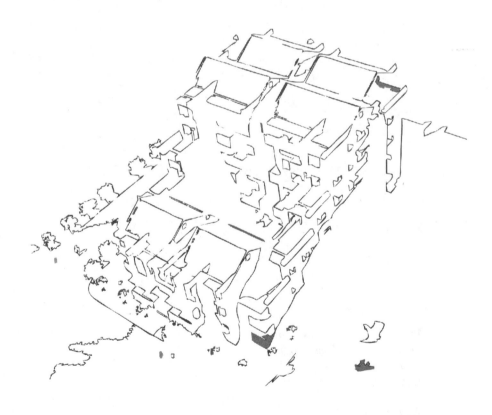

南京大学出版社

图书在版编目(CIP)数据

城市老年人居住建筑设计研究 / 倪蕾著. — 南京：
南京大学出版社，2015.12(2022.7 重印)
ISBN 978 - 7 - 305 - 16134 - 6

Ⅰ. ①城… Ⅱ. ①倪… Ⅲ. ①老年人住宅－建筑设计
Ⅳ. ①TU241.93

中国版本图书馆 CIP 数据核字(2015)第 267581 号

出版发行　南京大学出版社
社　　址　南京市汉口路 22 号　　　　邮　编　210093
出 版 人　金鑫荣

书　　名　**城市老年人居住建筑设计研究**
著　　者　倪　蕾
责任编辑　朱彦霖　　　　　　　编辑热线　025 - 83594071

照　　排　南京南琳图文制作有限公司
印　　刷　南京新洲印刷有限公司
开　　本　787×960　1/16　印张 22　字数 380 千
版　　次　2015 年 12 月第 1 版　2022 年 7 月第 2 次印刷
ISBN 978 - 7 - 305 - 16134 - 6
定　　价　65.00 元

网址：http://www.njupco.com
官方微博：http://weibo.com/njupco
官方微信号：njupress
销售咨询热线：(025) 83594756

修订前言

转眼之间,本书的初版已经出版6年了。

正如初版前言所说的那样,人口老龄化在加剧。据统计,截至2020年11月1日零时,全国60岁以上的老年人口达到2.6402亿,占总人口的18.7%,其中65岁及以上人口为1.9064亿,占总人口的13.5%。在汹涌而至的老龄化大潮面前,各种社会问题纷至沓来。很多老问题没有解决,新的情况、新的问题又出现了。最典型的就是2020年突如其来的新冠肺炎疫情。新冠肺炎疫情,给老人们的养老生活带来了诸多不便,也从隔离等角度对老年人居住建筑提出了新的、更高的要求。本书有鉴于此,专门研究讨论了疫情防控情况下的居家养老建筑细部设计,针对入户时的洗手消毒、居家时的隔离等情况,增加了门厅防疫设计、人流分离、房间使用功能多样化设计等内容,同时对集居养老的老年公寓也进行了针对防疫的设计。对常态社区老年人居住建筑的室外环境,也针对新冠肺炎疫情进行了设计改造。

同时,这六年里,笔者参加了江苏省住房和城乡建设厅《老年公寓模块化设计标准》的编制工作,在此过程中,对老龄化加剧情况下如何以产业化的方式加快老年人居住建筑建设,通过设计的标准化、生产的工厂化、构件的通用化,又好又快地建设出优质的老年人居住建筑,有了更深的认识。因此本次修订中增加了老年人居住建筑模块化设计的内容。

此外,信息技术的发展,让笔者在享受着便利的同时,也对使用信息手段服务居家养老有了更深的理解,对构建为老年人服务的智能化居家养老系统有了一定的思考与研究。

希望本书的修订,能成为笔者研究智能化居家养老住区设计的起点,也希望笔者能在智能化居家养老住区设计方面取得一点点成绩。

前　言

2000 年，中国进入老龄社会，截至 2014 年底，全国 60 岁以上的老年人口达到 2.12 亿，占总人口的 15.5％。

人口老龄化在加剧，而我国的社会养老体系却还处于建立完善之中，城市老年居住问题尤为突出，改善老年人居住状况成为共识。同时，在老年人养老观念、居住选择等主观因素影响下，城市老年人的养老模式也出现了变化。因此，必须尽快研究适合中国国情的老年人居住建筑设计。据调查统计，90％的老人会选择居家养老，生活在他们熟悉的住区内。本书就是选择了绝大多数生活在常态社区的老年人这一群体，研究他们的居住建筑类型。

首先，本书介绍了"老龄化"概念，指出我国人口老龄化现状与特征，概括了我国老年人居住建筑的历史与发展、现状与问题。通过对南京市老年人居住现状、居住需求调查研究，借鉴国外不同养老模式下老年人居住建筑的开发经验，提出现阶段适合我国国情的居家式社区养老与常态社区老年人居住建筑设计对策，即在普通居住社区开发时，保持混合老年社区基本环境，针对大多数居家养老的老年人，局部引入独立老年社区集居特征，以适宜规模嵌入社区。

其次，根据常态社区老年人居住建筑设计依据与原则，从大范围居家养老的住宅设计、小部分集居养老的老年公寓设计、室外适老环境设计、绿色设计、为老年人居住建筑服务的设计与开发五个方面，具体探讨了常态社区老年人居住建筑设计。

第三，运用前述研究思路进行了常态社区适老化通用住宅方案设计、南京地区常态社区原宅适老化改造、南京仙尧小区适老化规划设计。

最后，对研究进行归纳与总结，展望我国城市老年人居住建筑设计的未来之路。

本书作为针对老年人居住建筑的研究专著，附有大量建筑实例、各类图片、表格，各章节都有小结，便于专业人士把握各章要点以及章节之间的联系。同时，本书贴近生活的话题，大量的图片表格，也便于关心老年人居住问题的非建筑专业人士把握本书内容。

目 录

第1章 绪 论

1.1 研究背景

21世纪是人口老龄化的时代。目前,世界上所有发达国家都已经进入老龄社会,许多发展中国家正在或即将步入老龄社会①。2000年,我国也进入了老龄社会,是较早进入老龄社会的发展中国家之一。从1982年第三次人口普查到2004年的22年里,我国老年人口每年平均增加302万,年平均增长速度为2.85%,高于1.17%的总人口增长速度②。截至2020年11月1日零时,我国60岁以上的老年人口已达2.640 2亿,占全国总人口的18.70%,其中65岁及以上人口为1.906 4亿,占总人口的13.5%,人口老龄化程度进一步加深。③

我国是世界上老年人口最多的国家,占全球老年人口总量的五分之一,我国的人口老龄化不仅是我国自身的问题,而且影响到全球人口老龄化的进程,受到世界关注。据2006年《中国人口老龄化发展趋势预测报告》,我国在2005年已有21个省(区、市)成为人口老年型地区。老龄化水平超过全国平均值的有上海、天津、北京、江苏、重庆、浙江、辽宁、山东、四川、安徽和湖南11个省市。发达国家是在基本实现现代化的条件下进入老龄社会,而我国是在尚未实现现代化、经济尚不发达的情况下提前进入老龄社会的,老龄化超前于现代化,呈现出"未富先老"的特征。

学界展望了我国人口老龄化发展趋势,即从2000年至2020年,我国将变成典型的人口老龄化国家,预计自2020年至2050年将是我国人口老龄化严

---

① 按联合国规定,一个国家或地区,60岁以上的老年人占总人口比例达到10%以上,或65岁以上老年人占总人口比例达到7%以上即属于老年型国家或地区。

② 刘美霞,娄乃琳,李俊峰. 老年住宅开发和经营模式[M]. 北京:中国建筑工业出版社,2008,P5,P8

③ 第七次全国人口普查结果发布,人口老龄化程度进一步加深,新华社微博,2021-05-11

重阶段①。以江苏省为例,专家认为,从 2010 年起,江苏省人口老龄化速度明显加快,到 2020 年老年人口将达 1 223.46 万人,占总人口比重的15.73%,相当于欧洲发达国家目前的平均老龄化水平。2020 年之后老龄化速度加快,老年人口比重平均每年还将再上升 0.6 个百分点,至 2041 年,全省老年人口将达到顶峰,届时 65 岁及以上老年人口为 2 097.11 万人,占总人口比重的 28.53%,2041 年后,人口老龄化高峰将逐渐回落,老年人口死亡率逐渐高于新生儿出生率②。截至 2020 年 11 月 1 日零时江苏老年人口已达 1 850.53 万人,占人口比重 21.84%③。

人口老龄化给我国的经济、社会、政治、文化等发展带来深刻影响,庞大老年群体的居住、医疗、社会服务等需求的压力也越来越大,其中居住问题首当其冲。居住问题是人类生存的基础,也是城市的首要功能任务,更是老年人生活赖以展开的核心。面对日趋严重的人口老龄化趋势以及未富先老的社会现实,寻找适合我国国情的老年居住建筑设计之路,成为全社会面临的挑战。老年人居住建筑与养老模式密切相关,长期以来,我国的养老方式是以传统的家庭养老为主,社会福利性质的养老机构为辅,即二元结构的养老体系。随着我国老龄化发展和社会变革,出现"四二一"家庭结构以及老年人口迅猛增加,以往的二元结构的养老系统已经暴露出许多问题,一方面传统的家庭养老功能削弱,促进了社会化养老资源需求的增加,另一方面,目前社会化养老机构从数量和质量上都无法满足老年人需求,必须变革简单的二元结构的养老方式,寻找一种新型的养老方式。2021 年,老年友好型社区也被提上"十四五"规划。

老年人随着年龄的增长,越来越离不开熟悉的居住社区环境,这就需要将原有的家庭、社会养老方式有机地结合起来,建立社区养老模式。但是,现在的居住区设计往往以满足经济实力强的中青年人居住要求为前提,而忽略了老年人和未来老年人的特殊生理特征和适老化设计需求,不利于我国人口老龄化发展趋势。现在,我国许多专家都在积极研究社区老年居住建筑的设计对策,2013 年 1 月 30 日,建筑学报和中国房地产业协会老年住区委员会、中国中建设计集团有限公司共同举办了"老龄化社会背景下住区发展趋势及居家养老"座谈会,对适老化居住社区及其住宅设计与实践有所推动。住建部制

---

① 刘美霞,娄乃琳,李俊峰. 老年住宅开发和经营模式[M]. 北京:中国建筑工业出版社,2008,P5,P8

② 江苏省人口老龄化步伐将加快 2041 年达顶峰. http://www.popinfo.gov.cn/,2009-7-15

③ 第七次全国人口普查结果发布,人口老龄化程度进一步加深,新华社微博,2021-05-11

定的"十二五"城镇住房发展规划中明确提出"引导开发老年人宜居住区,鼓励家庭成员与老年人共同生活"。

本书就是针对我国日趋严重的老龄化和未富先老的现状,通过对南京地区老年人居住现状、需求以及养老需求发展趋势的调查数据分析,探讨了常态社区养老模式下的老年人居住建筑设计,并将研究成果运用于工作实践项目上。

1.2 研究意义和研究目的

1.2.1 研究意义

我国理论界和实际工作部门对老龄化问题的调查研究大多偏重于老年人的生活保障、医疗保障等方面,而本书主要探索我国城市常态社区老年人居住建筑设计问题,具有现实意义。

研究意义主要为:

1) 有助于完善我国老年保障体系

一方面,计划生育政策导致我国出现大量"四二一"型家庭,并逐渐成为主流型家庭,家庭养老功能逐渐弱化;另一方面,我国现有社会养老体系十分脆弱,老年人居住质量不高,有必要完善老年居住保障制度。解决城市老年居住问题,也是老年保障体系的一部分。

2) 有助于提高老年人的居住生活水平

中国人向来重视居住生活环境,从"上古穴居而野处"到"后世圣人易之以宫室",居住生活环境地位特殊。老年人生理和心理健康、生活舒适度等方面与居住密不可分,随着年龄的增高,老年人对居住空间的特殊需求和依赖程度也相应增加。老年居住问题涉及千家万户,应树立以老年人为核心的指导思想,创造健康、安全、舒适的老年居住空间环境。随着城市老龄化迅速发展,研究城市社区老年居住建筑问题,具有切实提高老年人居住生活水平的意义。

3) 有助于提高我国老年人居住建筑设计水平

近年来,我国老年居住建筑设计水平有所提高,除了早期建立的一些福利院、养老院、护理院等慈善、养老服务机构外,各地又新建了一些中高档老年公寓。但是,这些社会养老设施所占比例小,适老化设计也不健全。受传统观念和社会经济的影响,居住社区仍是大部分老人的养老基地,但是,普通住区建筑设计极少考虑养老功能,不适合老年人居住。在我国国情下,改善大多数老年人居住环境,探讨常态社区老年人居住建筑设计策略,有助于提高我国老年人居住建筑设计水平。

4)有助于社区和居住产业的健康发展

本书以居家式社区养老模式为前提,从研究城市常态居住社区老年人居住建筑设计出发,详细分析了常态社区中面向大范围居家养老的住宅设计,以及面向小部分集居养老的老年公寓设计策略,探讨了老龄化背景下城市居住社区开发的新模式。

居住产业在我国是一个新兴产业,特别是住宅(包括公寓)产业在20世纪90年代得以较大的发展。但是从供应上看,开发商只注重主要为中青年的购房者的当前需求,极少考虑他们步入老年后的特殊需求;同时由于高昂的价格和贷款的不易,老年人难以购买,不能满足老年人对居住的需求。我国应规范老年住宅、老年公寓产业的发展,制定该产业适应居家式社区养老的开发和政策,使其成为房地产开发的新亮点。社区应呈现多元化养老,满足各种老年人提高生活质量的愿望,为社会提供解决老龄化居住问题的途径。

5)有助于建立和谐社会

老年居住状况不仅体现物质文明,而且还体现了社会文明和政治文明。老年人的居住状况决定了老年人活动空间范围,决定了老年人的生活状况和交往空间,决定了老年人对政府和社会的满意度,影响到社会的稳定与发展。我国计划生育政策等导致"四二一""四二二"新型家庭格局的产生,年轻人不堪重负,如果老年人居住问题再不解决好,不能提供适宜的老年人居住建筑,将不利于社会良性运转、和谐发展。要使今天的中青年,对未来形成良好的预期和规划,须知每个人都会逐渐步入老年期,关心今天的老年人,就是关心明天的我们。

1.2.2 研究目的

随着我国老年人居住建筑的建设发展,城市新区和住宅市场化开发逐渐完善。老年住宅开发成为房地产开发的细分产业,设计者们也在探索着建设模式,除了老年住宅、老年公寓模式外,还出现了一种参照西方国家老年居住模式,综合多种老年住宅类型和完善的配套服务设施的专门老年社区模式,如北京东方太阳城、上海绿地孝贤坊、三亚清平乐度假养老社区等。但是,由于我国的传统文化和经济状况的不同,我国老年人居住建筑的建设模式还需长时间理论和实践的摸索。本书将结合我国国情、文化背景以及老年人居住建

式,这对当前我国老年人居住建
价值。

国老年住宅建设和老年社区规划理论,探
老年人居住建筑设计对策,为进一步研究适
合我国国 筑开发模式起到抛砖引玉的作用。

实践上,其成 设计人员进行老年住区规划和老年住宅设计时提供
参考与帮助;另外也对我国从事老年房地产业的投资者、开发者以及相关政府
决策、管理部门有一定的参考作用。

1.3 研究内容和研究方法

1.3.1 研究内容

本书通过引入"老龄化"概念,分析我国老龄化背景下老年人居住建筑现
状与问题,对南京市老年人居住现状、居住需求调查研究,分析我国城市养老模
式下老年人居住建筑发展趋势,探讨常态社区老年人居住建筑设计策略,并通
过实践设计检验研究成果。最后,展望了我国老年人居住建筑设计的未来之路。

本书由 7 章组成,遵循提出问题、分析问题和解决问题的技术路线展开。
第 1 章提出问题;第 2、3、4 章分析问题;第 5、6、7 章解决问题。

详细内容为:第 1 章绪论,从我国日趋严重的老龄化现状和未富先老的社
会现实出发,提出了解决我国老龄化进程中老年居住问题的迫切性,引发了课
题研究背景;阐述了研究意义、研究目的、研究内容和研究方法,对相关概念进
行界定,综述相关论文,介绍研究框架。

第 2 章,我国人口老龄化和老年人居住建筑概况,探究了我国人口老龄化概
况,分析了我国城市老年居住问题的产生,并对我国老年人居住建筑进行了综述。

第 3 章,南京市老年人居住现状与居住需求,将调查研究圈定在老龄化严
重的南京市,分析了南京市老年人概况,介绍了南京市养老机构的供给现状和
在家养老的老年人居住现状调查,分析了南京市老年人居住需求和未来养老
需求,为探讨我国城市养老模式下老年人居住建筑设计提供依据。

第 4 章,居家式社区养老与常态社区老年人居住建筑设计对策。首先,介
绍国外不同养老模式下老年人居住建筑现状,借鉴国外不同养老模式下老年
人居住建筑开发。接着,阐述了我国主要养老模式,得出居家式社区养老模式

势;另一方面调研分析了南京市养老机构现状与问题,并根据课题研究方向调研了南京市居住社区中老年人居住建筑设计实例。

6) 方案实践法:通过概念性方案设计,进一步验证命题的可行性和推广性。

表 1-1　本书章节及研究方法

章节	研究内容	研究方法
第 1 章	绪论	文献查阅法、比较分析法、跨学科研究
第 2 章	我国人口老龄化和老年人居住建筑概况	文献查阅法、比较分析法、跨学科研究
第 3 章	南京市老年人居住现状与居住需求	比较分析法、实地调研法、实例分析法
第 4 章	居家式社区养老与常态社区老年人居住建筑设计对策	文献查阅法、比较分析法、实地调研法、实例分析法
第 5 章	我国城市常态社区老年人居住建筑设计	文献查阅法、比较分析法、实例分析法
第 6 章	常态社区老年人居住建筑设计方案与工程实践	实地调研法、方案实践法
第 7 章	结论与展望	

来源:作者绘制

1.4　主要概念界定

1) 社区(Community)

(1) 社会学范畴的社区

德国社会科学家滕尼斯(Toennies)最早在 1887 年的《社区与社会》一书中提出社区这一概念。费孝通先生于 1933 年首次将英文"Community"翻译为"社区"。社区指的是在一定地域内居住,成员关系相对比较密切,拥有共享资源,具有共同利益和愿望,有归属感和认同感的社会共同体①。

(2) 城市规划学科范畴的社区

本文中社区一词的使用,偏重于城市规划学科界定的范畴。居住社区的

---

① 资料来源:张文范,在全国家庭养老与社会化养老服务研讨会闭幕式上的讲话

含义与居住区较为贴近,泛指不同居住人口规模的居住生活聚居地,以及特指城市干道或自然分界线所围合,并相对应于一定居住人口规模,配有一整套能满足该地区居民物质与文化生活所需的、较完善的公共服务设施的居住生活聚居地①。

2) 老年社区(Communities for the Aged)

即老龄化居住社区,指的是超出区内人口规模的 10% 的是 60 岁以上老年人口的居住社区②,是一种为老年人建造的具有家庭氛围的、生活设施齐全、公用设施配套完善的居住空间。可按照老年社区的人群和形态特征分为常态社会化老年社区和独立老年社区。

3) 常态社会化老年社区(Ordinary Communities for the Aged)

常态社会化老年社区就是老龄化程度较高的、居民年龄结构多层次的普通社区,但其中的老年人比例一般不宜超过社区所在城市区域的老龄化水平太多。这种社区的居民年龄层次多样,生活内容丰富,也称为混合老年社区,研究者又简称为常态社区。借鉴国外"一贯养老社区"的建设对策,在普通社区引入多种老年住宅。社区内"面"的层次上保持混合老年社区的基本环境,面向的是大部分居家养老的老人;但在"点"的层次上则引入独立老年社区的集中特征,以老年邻里的适宜规模"镶嵌"在社区内。目前在大多数国家,这种社区是老年人普遍的选择。③

4) 独立老年社区(Communities for the Independent Aged)

独立老年社区是纯老年人的社区,在居民行为与空间环境上和其他社区明确区分。其中较小规模者即完整独立的集居化的合居式老年住宅群或公寓式老年住宅群;其较大规模者又称长寿住区。英国和美国建协统称为"养生社区"(Life Care Communities)。目前较为典型的建设大多在西方发达国家,如美国的"安养社区"(Rest Communities)、"金岁山庄"(Golden Aged Havens)等。④

5) 老年人居住建筑(Residential Buildings for the Aged)

老年人居住建筑指老年人长期生活的场所,包括老年住宅、老年公寓、老

① 中华人民共和国建设部,中华人民共和国国家标准 GB 50180—93.城市居住区规划设计规范[S].北京:中国建筑工业出版社,2002
② 参考世界卫生组织对老龄化国家的定义
③ 马晖,赵光宇.独立老年住区的建设与思考[J].城市规划,2002,(3):56~59
④ 马晖,赵光宇.独立老年住区的建设与思考[J].城市规划,2002,(3):56~59

人院(养老院)、干休所和托老所,还包括普通住宅中为老年人提供的居住部分。应按老龄阶段全过程设计老年人居住建筑,其中既有自理老人,也有介助老人生活行为所需要的设施,还应提供介护老人生活行为所需的护理空间与设施条件。①

1.5　相关研究综述

1.5.1　国外相关研究综述

1) 理论研究历程

欧美和亚洲一些发达国家比中国早几十年乃至上百年步入老龄化社会,在老年人居住建筑设计领域,他们已积累了丰富的实践经验,值得我们学习和借鉴。

(1) 20 世纪 50 年代开始关于老年人居住建筑的理论研究,最初的研究往往与老年学范畴下的医学、人口学、经济学、福利制度等结合在一起进行,例如《美国公共健康杂志》发表的《老年人的住宅与生活安排》。随着越来越多的老年人居住建筑的建成,很多建筑专业期刊发表了相关的研究,1956 年《建筑实录》发表了刘易斯、芒福德的文章《为了老年人——融合而非隔离》。同年瑞典埃里·鲍格格伦博士提出了"原居安老"(aging in place)的概念,很快在北欧国家得到了响应。20 世纪 50 年代末到 60 年代初很多国家对老年人居住建筑设计进行了立法工作,例如英国的《住宅法》、荷兰的《老人居住建筑分类》、瑞典的《老年人特殊规范》等等。

(2) 20 世纪 60 年代中期有关老年人居住建筑的设计理论出现了一批力作,例如宾夕法尼亚大学拉布金教授指导的《面对老年人迁居带来的问题文集》及《旧城区域里的老年人》等著作。1967 年拜尔与尼斯塔兹合著的《西方国家的老人住宅》,开创了老年人居住建筑设计国家间比较研究的先河。1969 年魏斯发表的《给老年人更好的建筑》,采用分类的形式进行案例研究(住宅性质——居住医疗混合性质——医疗性质)。以上述两本著作为标志,此后大多数研究都遵循了横向国际比较以及建筑类型研究组成的最基本模式。1969 年瑞典学者尼尔杰提出"正常化"理论,为"原居安老"与"无障碍环境"推广做了充分的理论准备。

---

① 亓育岱. 老年人建筑设计图说[M]. 济南:山东科学技术出版社,2004

（3）在整个 20 世纪 70 年代,建筑界做了大量关于老年人居住建筑设计中无障碍设计的理论研究工作。奥斯卡·纽曼 1972 年发表了《防卫性空间》,人们开始意识到环境、建筑与人类行为之间的微妙关系,尤其是对老年人这一弱势群体而言的重要意义。借助社会学的研究方法,人们开始更细致地了解老年人对于老年人居住建筑的独特需求,进而反馈到老年人居住建筑设计的实践中。

（4）20 世纪 80 年代有几件与老年人相关研究的重要事件,1982 年在维也纳召开的"世界老龄大会"明确了老龄化包括个体老化与人口老龄化的双重含义,而老龄问题包括了发展和人道主义两方面的问题。此时老年学研究成果也促使建筑师重新审视建筑设计的作用,1987 年罗维与卡恩在《科学杂志》上提出了"成功老化"(successful aging)的观点,促使建筑学反思建筑环境对于提高老年人生活质量的作用,也产生了"治疗性的环境"这一重要理论。同时还有一个研究热点就是"平价(affordable)老人住宅",以解决低收入家庭的居住问题。

（5）20 世纪 90 年代后,几乎所有的发达国家都修改了福利与社会保障制度,养老问题重新得到重视。1991 年《联合国老人原则》强调"老人应该得到家庭和住区根据每个社会的文化价值体系而给予的照顾、服务和保障"。1992 年联合国通过的《老龄问题宣言》再次强调"确认老人有权享有追求和获得最高程度的健康的权利;随着年龄增长,有些(老年)人将需要全面的住区和家庭照顾"。1999 年国际老人年的活动重点就包括"呼吁各国制定综合战略,以满足老人在家庭、住区和社会公共机构内,得到照顾和供养的更多服务"。

（6）进入 21 世纪以来,人们对养老问题的研究一直没有停止过。以日本为例,日本关于社区的研究是以"人——社区环境关系理论"为出发点展开的。2004 年,美国通用设计中心制定了《通用住宅设计》,这一标准是以美国残疾人法相关规定为依据,适用于健康成年人、老年人、残疾人、儿童等所有人的住宅设计,力图满足人一生的居住需求。

2）实践设计成果

（1）美国老年社区(Life Care Communities)

① 美国老年社区一般规划原则[①]:

A. 基地位置应选取和周边有良好搭接关系的环境。

---

① 胡仁禄. 美国老年社区规划及启示[J]. 时代建筑,1995,(3):39~42

B. 总平面布局应有效利用室内外空间,与基地环境相协调,加强安全感和地域感。

C. 社区空间结构应根据不同能力水平的老年人需求,提供相应的公用设施和居住空间。分为集中型、放射型、分散型和混合型。

D. 社区中的道路系统总体上应易于识别且形式感强烈。

E. 停车场的布置是老年人保持独立生活的基本要求之一,空间大小的确定应根据设施利用、居民的活动能力和年龄酌情考虑。

F. 室外社交空间的规划应使朝向避开强风、强烈日晒和不良景观。

G. 低层居住单元的院落空间组合形式应有显著的特征,创造强烈的地域感和归属感,增强整个社区的社会内聚力。

② 美国老年社区设施组成部分:

A. 独立居住单元:为有活动能力的老人提供低层独立住宅或设有公共设施的公寓。

B. 自立生活的集体公寓:为有活动能力的老人提供设有社会活动和就餐设施。

C. 寄宿养护设施:为较衰老虚弱的老人提供设有浴室的单床间。

D. 护理院设施:为衰老虚弱的老人提供个人寄养服务以及必要的医疗护理。

③ 美国老年社区实例:

A. ASBURY 卫理公会老年人社区,是马里兰州第一个被认可的老年人社区。其设施标准在同类系统中属于中等水平。建有独立住宅、公寓、有人照顾的护理单元等。特点是方便的交通与购物、完善的文化娱乐设施和安全保障系统、周到的健康护理、居民参与管理、精神照顾。(图1-1)

B. 俄亥俄州的马波尔·克诺尔村(Maple Knoll Village, Ohio)将已开发的联排式住宅作为独立单元生活区布置在一侧,而全护理和间歇式护理单元组成的综合体布置在另一侧。集中布置了公共活动空间,利用了地形,形成了内聚力很强的社交空间。

C. 木桥(Stock bridge)老人住宅是以独立式低层住宅单元加上一幢集合式单元住宅及社交厅、小商店围合而成的完全步行的住宅院落。

(2) 日本长寿社会住宅

① 多代混合型居住模式:主要特点是老年人同他们的子女同住在一栋楼里或一个社区,几代人都各自有自己独立完整的生活起居空间与设施。这种

居住模式宜位于老年人熟悉社区中,在老年人熟悉的生活环境中,方便老人随意进出。这种不是把老人孤立出来而是把他们作为社会一员的安置方式,使老人觉得自己没有脱离家庭、社会,仍然有用于社会,仍能享受到家庭温暖。

②终身可利用的居住模式:指能够适应人在一生中各阶段变化,人的一生都可以享用的住宅类型。既能适应老龄化社会需求,又符合居住环境"终生生活设计"原则。

③日本长寿社会住宅实例:

A. 千叶县"新村"集合住宅通过多户型变化和完善公共娱乐体育设施,满足不同年龄层次的需求,构筑了多代人生活的"新村"。

B. 家庭养老居住形态的探索,即老人与年轻人居住在一起,或分,或离。

3)老年人居住建筑发展趋势

(1)老年人居住建筑发展初期都是以福利形式出现,旨在扶助低收入老年人。

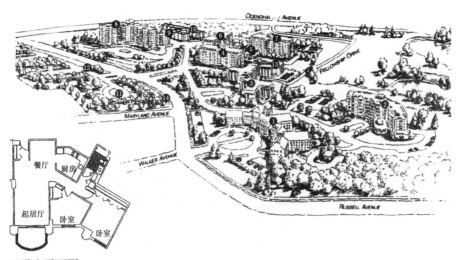

双卧室平面图

美国 ASBURY 卫理公会老年人社区总平面

①管理栋 ②Asbury 社区楼 ③"威尔逊"健康护理中心 ④"芒德"公寓楼 ⑤公寓中心 ⑥"切洛特"公寓楼 ⑦"埃迪温——菲雪儿"公寓楼 ⑧"钻石"公寓楼 ⑨公共建筑 ⑩公寓楼 ⑪Asbury 村 ⑫村公共建筑 ⑬辅助性护理生活楼 ⑭客房

图 1-1 美国 ASBURY 卫理公会老年人社区总平面及单体

来源:陈华宁.养老建筑基本特征及设计[J].建筑学报,2000,(8):30

（2）东西方虽然存在很大的文化差异，但是老年人居住建筑的发展最终都是返回家庭，将老人独立出去的居住建筑在整个老年人居住建筑中还是少数。

（3）老年人的居住问题都是在社会基本居住需求满足之后才被真正重视。

（4）老年住宅设计在西方发达国家的人性化和在日本的智能化逐步发展。

（5）西方发达国家"一贯养老社区"及日本"长寿社会住宅"理论适应世界老龄化发展状况。

1.5.2　国内相关研究综述

1）理论研究历程

国内学术界对老年居住和老年住宅的研究出现得较晚，在 20 世纪 80 年代基本上还是一片空白，直到 1990 年代，人口老龄化日趋严重，促使人们开始关注老年人居住建筑设计研究。

（1）20 世纪 80 年代初期，主要停留在对外国经验的介绍及纸上谈兵的方案讨论两种模式上。80 年代中期，建筑界对老年人居住建筑研究处于高潮阶段，除了介绍外国老年人居住建筑外，对老少合居的"两代居"课题研究最为热门。

（2）进入 20 世纪 90 年代，随着住房体制的改革，掀起房地产开发的热潮。结合对居住区的研究，老年人居住建筑研究得到了发展，例如 1992 年国家自然科学基金资助的东南大学"城市老人居住建筑研究"课题研究。1999 年建设部颁布了《老年人建筑设计规范》（JGJ 122—99）的强制性设计规范。

（3）跨入 21 世纪，许多专家学者和相关部门更加关注老年人居住建筑设计。

2002 年在天津召开的国际住房与规划联合会第 46 届世界大会上，"21 世纪中国城市老年居住环境设计"成为大会热点。专家们对我国城市老人居住现状和居住环境设计发展趋势进行了探讨，认为老年人居住建筑建设是朝阳产业，目前仍存在较多问题，老年居住环境设计急待重视和发展，应树立家庭和社会共同承担养老的责任意识，使老年居住模式呈多元化发展，探索新的混合居住的住宅形式。

2008 年 5 月 29 日中国老年住宅论坛在北京举办，专家建议对老年住宅的开发，以规模住区开发为主，在居住区内增加老年住宅比例，适当增设老年公寓数量，再加上普通住宅以及高档住宅，构成老中青三代的混合居住社区。

2010 年由清华大学周燕珉等著的教材《老年住宅》，用通俗易懂的语言和精彩的案例图片深入探讨了老年住宅这一量大面广的老年人居住建筑类型。

2003 年 9 月 1 日实施《老年人居住建筑设计标准》(GB/T 50340—2003)。2008 年 6 月 1 日实施《城镇老年人设施规划规范》(GB 50437—2007)。2014 年 5 月 1 日实施《养老设施建筑设计规范》(GB 50867—2013)。

2) 理论研究成果

(1) 养老模式研究

① 王玮华(1999 年 1 月)在《居家养老与城市居住区规划设计》中提到"居家养老"是最有利于社会持续发展且符合我国国情的养老模式,其居住区规划设计应体现"人人平等""代际公平"的公正、合理、健康的居住生活环境。

② 杨春榕(2004 年 9 月)在《现状与出路——我国城市社区居家养老模式探析》中提出一种新型养老模式,由家庭、社区、政府三方共同承担解决养老问题的社区居家养老模式,并围绕这一模式推出了一系列的社区服务制度和配套资金。

③ 靳飞、薛岩(2005 年 1 月)在《从我国人口老龄化社会中养老模式的选择谈居住区规划设计》中谈到,我国的社会基础源于自给自足的自然经济形态为特征的农业社会,有传统的养儿防老观念,"居家养老"是家庭养老的发展和延伸,是以家庭养老为主,社会养老为辅的养老方式,是适合我国的新型养老方式。

(2) 已有的老年人居住建筑设计研究[①]

① 老龄化城市老年人居住建筑及环境研究——住宅设计与社区规划。

② 老年居住体系模式与设计探讨——社区养老形式及居住区设计。

③ 网络型居家养老的居住建筑及其环境研究——以家庭为主又相对分开的群体养老形式。

④ 老龄化城市和住宅的长效性——产权式老年公寓的养老形式。

⑤ 中国城市老年居住问题及其对策——用建筑学、规划学以及老年学的基本原理和相关理论研究老年人和老年群体生活和社会参与所需要的建筑内容、构成及其环境。

⑥ 老年人活力住宅——老年人活力住宅的研究。

⑦ 老年公寓运营模式研究——市场化动作的养老形式。

⑧ 探索"居家养老"住宅之路——"明日之家 2012"适老住宅集成技术[②]。

---

① 史永麟. 杭州市中老年居住现状及其对未来老年居住模式的影响[D]. 浙江:浙江大学,2006 年 3 月,P5.

② 薛峰. "明日之家 2012"适老住宅集成技术解决方案[J]. 建筑学报,2013,(3):70～75.

3）实践设计成果

（1）老年社区

① 北京东方太阳城属于"一贯养老社区"（Continuing-Care Retirement Communities），因此住宅类型包括普通居住式、公寓式和合居式各种老年住宅模式，适应各种不同年龄和健康状况的老人需要。

② 北京太阳城户型建筑面积覆盖了 $40\sim300$ m²，由颐养寓所的合居一室、单人间到多层住宅的一室一厅、两室一厅、三室一厅，还包括一些别墅；配套设施十分齐全，包括医疗、生活服务、教育及娱乐四个类型；建筑设计及居住环境的细部上也体现了对老年人的特殊关怀，是较成功的开发项目。

③ 成都金色冶园的规划和建筑设计均围绕中国传统园林文化展开，将江南民居与园林为建筑环境主题引入社区老年人居住建筑设计。

④ 大连阳光家园是以多代合居家庭为主要居住对象，不限制居住者年龄。（图1-2）

⑤ 苏州新城花园中老人家庭与年轻家庭在同一小区内毗邻而居或独代居住；设计初期尝试设计可分可合的两代居住宅及配套的托老所。

⑥ 上海绿地孝贤坊是由上海绿地集团开发的长三角最大的尊老社区，集老年人生活居住、医疗康复、学习娱乐、健康养生、旅游观光于一体的适合不同层次老年人的智能化、多功能、综合性社区。

⑦ 常州红梅花园将"老少户"布置在社区中心，与社区活动中心联系紧密，有利于形成优良的小社会空间，亲人和邻里间的交往会比较多。这个小区在1986年就投入使用，但因住宅分配体制上的障碍，未能全部按预期规划目标分配使用，是我国早期社区养老设施形式的探索。

⑧ 大连华通夕阳红老年社区在整体规划上从当地地形地貌入手，将周边山体、大海引入社区，空间环境设计满足老年人需求；住宅单体上，类型丰富，适应不同经济状况的老年群体。

⑨ 浙江慈溪花园中住宅单体设计针对当地老年人的需求，并考虑结合南方居住特色采用院落式布局，前期策划将老年人的居住方式分为两种，为混住型与单住型，这是根据老年人的居住方式进行分类的。

⑩ 内蒙古电力集团"锦绣福源"居住社区将住区适老规划、住宅适老设计以及绿色适老技术整合，形成居家适老集成技术。（图1-3）

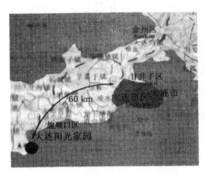

大连阳光家园区位图

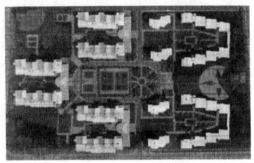

大连阳光家园总平面图

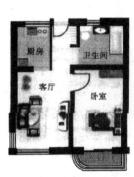

一室一厅65.00 m²

两室一厅112.27 m²

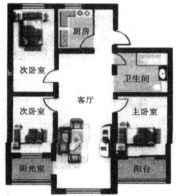

三室一厅151.90 m²

大连阳光家园部分户型平面图

图1-2 大连阳光家园

来源:姚栋. 当代国际城市老人居住问题研究[M].南京:东南大学出版社,2007,P269,271

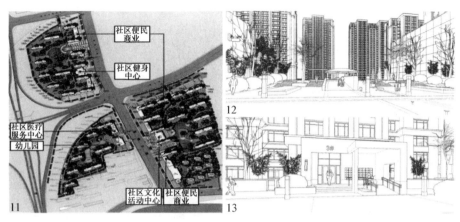

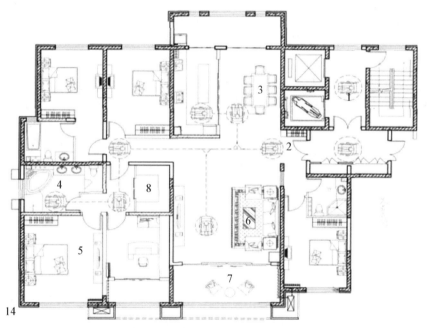

1 适老型楼内公共空间:可容纳急救担架的电梯,方便运送担架,轮椅适行,无障碍
2 适老型户内外过渡空间:贮纳、坐姿更衣换鞋
3 适老型餐厨空间:可交流互动、轮椅回转、坐姿炊事
4 适老型卫浴空间:可改造、坐姿卫浴、应急救护　　5 适老卧室空间:可相互关照、阳光、自然通风
6 适老起居空间:家庭团聚、阳光　　　　　　　　　7 适老阳台空间:绿植、阳光、观景
8 适老贮纳空间:可增量的贮纳、分类贮纳　　　　　11 "锦绣福源"居住区适老配套设施位置示意
12 住区人行入口无障碍通行示意　　　　　　　　　13 住宅单元入口无障碍通行示意
14 锦绣福源户内适老空间示意

图1-3 "锦绣福源"居家适老集成技术

来源:薛峰."明日之家2012"适老住宅集成技术解决方案[J].建筑学报,2013,(3):75

（2）"两代居"住宅设计探索

① 单元式

A. 独用卫生间，合用客厅、厨房、阳台。

B. 独用厨房，合用客厅、卫生间、阳台。

C. 独用卫生间、客厅，合用厨房、阳台。

D. 独用厨房、客厅，合用卫生间、阳台。

E. 两代人各有独自的厨房和卫生间，合用客厅和阳台。

F. 两代人各自有独自的厨房、卫生间和客厅，小而全。

② 独立式

A. 公用门厅，分区使用。

B. 有公用门厅，再增设一个直通上层的辅助性室外楼梯。

C. 底层分设两个门厅入口，其中一个直上二层。

综上所述，我国老年居住问题研究主要集中在两个方面：一是家庭养老、社会养老和社区养老等养老方式的选择，以及老年公寓和老年住宅开发运作；二是针对老年居住环境和老年住宅形式的研究，从建筑设计上解决老年人由于生理和心理改变而产生的特殊需要，如平面设计、公共服务、内部设施等方面。

当前的研究多集中在老年居住室外环境、老年住宅的室内适老设施安装、结合家庭养老提供的多类户型选择、老年公寓的开发运作等，缺乏对老年居住现状与未来发展关联性研究，尤其是对适合我国养老模式下普通居住社区居家养老型住宅设计类型的研究，没有系统全面化，住区适老化通用设计策略研究不足。

4）我国老年居住建筑发展趋势

（1）根据国家"9073""9064"①的养老服务模式、经济状况、文化传统、老年人居住需求，大量性老年社区建设应立足于占老年人口绝大多数的中低收入群体，西方隔离年龄的豪华独立老年社区在我国是不现实的。普通居住社区仍是我国老年人的主要养老基地，常态社会化老年社区是主要发展方向。

（2）新建居住社区发展多元化老年居住模式，居住环境符合"终生生活设计"原则，重视老年人居住建筑的潜伏设计。

（3）已建居住社区可适当发展原宅适老化改造，满足原有居住社区中成员年老后的需求。

---

① "9064""9073"即居家养老、社区养老、机构养老分别占90%、6%或7%、4%或3%。

1.6 本书研究框架

表 1-2 本书研究框架

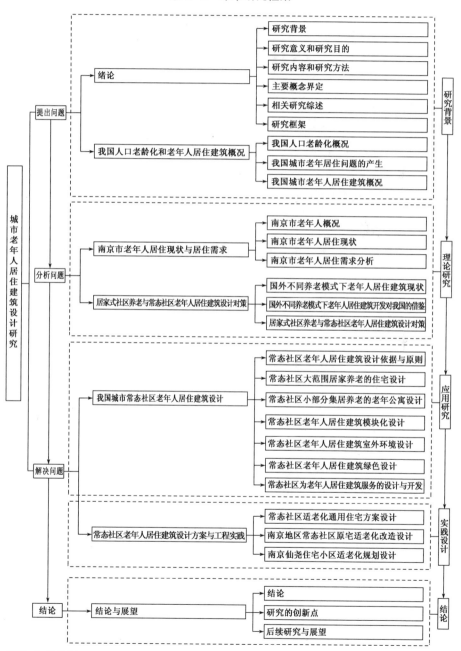

来源:作者绘制

第2章　我国人口老龄化和老年人居住建筑概况

2.1　我国人口老龄化概况

2.1.1　人口老龄化的相关概念

1）老年人

1982 年,在维也纳召开的老龄问题世界大会上,联合国将 60 岁及 60 岁以上的人称为老年人[①]。

2）老年人的分类[②]

(1) 按生活行为能力划分

① 自理老人:生活行为完全能自理,不依靠其他人协助的老年人。

② 介助老人:生活行为需依靠扶手、拐杖、轮椅和升降设施协助的老人。

③ 介护老人:生活行为需依靠他人护理的老人。

(2) 按年龄时期划分

① 60～64 岁称作活跃健康期。

② 65～74 岁称作自理独立期。

③ 75～84 岁称作行为缓慢期。

④ 85 岁以上称作护理照顾期。

也有人按照老年人不同的内部年龄结构划分:低龄老年人(60～69 岁)、中龄老年人(70～79 岁)和高龄老年人(80 岁以上)。

(3) 按身体功能水平阶段划分

① 第一阶段:能够慢跑,和普通人有相同的健康水平。

② 第二阶段:存在容易绊倒等衰老症状,但步行不需要借助其他器具。

[①②]　王江萍.老年人居住外环境规划与设计[M].北京:中国电力出版社,2009

③ 第三阶段：步行虽困难，但能使用拐杖、轮椅等活动。

④ 第四阶段：长期处于卧床不起状态。

3）人口老龄化

人口老龄化（Population Aging 或 Aging of Population），是人口再生产从传统型向现代型转变的必然现象，是人口再生产类型演变规律的必然反映，是人类社会发展的必然规律①。目前，除了一些非洲国家，几乎所有国家都在向"老龄化"迈进，21 世纪将是世界人口老龄化的重要时期。

人口学者一般把总体人口年龄结构分为三种类型：年轻型、成年型和老年型。目前国际主要沿用的人口类型划分标准如表 2-1 所示：

表 2-1　联合国颁布的人口年龄类型划分标准

年龄类型	0～14 岁人口比例	60 岁以上人口比例	65 岁以上人口比例	老少比	年龄中位数
年轻型	＞40％	＜5％	＜4％	＜15％	＜20 岁
成年型	30％～40％	5％～10％	4％～7％	15％～30％	20 岁～30 岁
老年型	≤30％	≥10％	≥7％	≥30％	≥30 岁

注：1. 老少比（也称老龄化指数）＝（65 岁以上人口数/0～14 岁人口数）×100％

　　2. 年龄中位数是指按年龄大小顺序排列，居于各年龄级累计人数一半处的那个年龄

来源：熊必俊. 人口老龄化可持续发展［M］. 北京：中国大百科全书出版社，2002 年，P12

2.1.2　我国人口老龄化现状与特征

1）我国人口老龄化现状

人口老龄化是当今世界人口发展趋势，老龄化浪潮正在广泛影响着人类社会的发展。我国改革开放 30 年来，随着经济收入的增加、生活水平的提高、医疗条件的改善和计划生育政策的推行，进一步加快了人口老龄化进程。

---

① 曲海波. 中国人口老龄化问题研究［M］. 长春：吉林大学出版社，1999，P5

表 2-2 我国老龄人口结构变化表 （单位：万人，%）

	1953 年	1964 年	1982 年	1990 年	2000 年	2010 年
总人口数（万人）	59 435	69 458	100 818	113 368	126 583	133 972
65 岁以上老年人口数	2 497	2 501	4 981	6 603	8 738	11 883
65 岁以上人口比例	4.40	3.60	4.90	5.60	6.97	8.87
老龄抚养比	7.43	6.39	7.99	8.32	9.93	11.9

来源：根据《中国人口统计年鉴》和 2006 年《中国统计年鉴》计算，中国统计出版社；2010 年全国第六次人口普查数据

按联合国规定，一个国家或地区，60 岁以上的老年人占总人口的比例达到 10% 以上，或 65 岁以上老年人占总人口比例达到 7% 以上即属于老年型国家或地区。从表 2-2 显示，2000 年我国 65 岁以上老年人达到 8738 万人，占总人口比例的 6.97%，基本进入了老龄化社会。1991 年至 2000 年 10 年期间，65 岁以上老年人比例增加了 1.37%，老龄抚养比增加了 1.61%，而 1954 年至 1990 年的 37 年期间，65 岁以上老年人比例共增加了 1.20%，老龄抚养比共增加了 0.89%，这说明我国人口老龄化趋势加速。

2）我国人口老龄化特征

（1）老龄化增长速度快

我国老龄化的速度不仅在发展中国家是最快的，而且超过了许多发达国家。从世界各国来看，65 岁以上的人口比例从 5% 上升到 7%，一般需要几十年甚至近百年的时间。例如，日本 65 岁以上老年人口占总人口比重由 1920 年的 5.3% 上升到 1970 年的 7.1% 经过了 50 年；美国由 1860 年的 4.7% 上升到 1930 年的 7.4% 经过了 70 年；意大利由 1860 年 4.2% 上升到 1940 年的 7.4% 经过了 80 年。英国、法国、瑞士等国也都经历了一百年左右的时间。我国 65 岁以上人口比例自 1982 年的 4.90% 上升到 2000 年的 6.97% 只用了不到 20 年时间，其速度之快为世界所罕见[①]，我们必须认清我国老龄化这一突出特点，对我国社会经济发展即将面临的巨大挑战有所准备。

（2）我国老年人口绝对数量大

中国是世界上人口最多的国家，也是世界上老龄人口最多的国家。据 2010 年第六次人口普查资料，我国 65 岁以上的老龄人口为 11 883 万，约占世

---

① 于学军. 中国人口老龄过程研究［M］. 北京：中国人民大学出版社，1995

界老龄人口总数的 1/5,亚洲老龄人口的 1/2,相当于老龄人口总量居世界第二位的印度的 2 倍,第三位的美国的 2.5 倍左右,比西欧各国老龄人口的总和还要多。据预测,至 2040 年,世界 65 岁以上人口为 10.96 亿,我国为 2.99 亿,约占 1/4,到那时世界上每 4 个老年人中就有一个是中国人①,这说明老龄人口负担最重的历史时期即将到来。

（3）老年人口高龄化趋势明显

在我国,80 岁及以上的高龄老人从 1953 年到 2000 年增加了 6 倍,年均增幅 5.4%。据专家预测,至 21 世纪中期,我国 80 岁以上的高龄老年人数将是现在的 7 倍,超过 8 000 万人,占 60 岁以上老年人口的 1/5。我国 85 岁及以上的高龄老人目前数量近 200 万。到 2010 年这一数量将达到 900 万,比瑞典人口总数还多出 100 万;2030 年为 1 800 万,相当于整个澳大利亚人口总数;2050 年为 4 900 万,相当于两个吉林省人口总数②。如此庞大的高龄老人数目,必然要求国家、社会、家庭承担起更多的责任。

（4）老龄抚养比提高速度

前文分析我国老龄抚养比近年来上升加快。2010 年已达 11.9%,比 10 年前提高了 1.97 个百分点。由于我国的计划生育国策始于 20 世纪 70 年代,按人口年龄结构推算,21 世纪前几十年新增劳动力年龄人口的相对比重会下降。另一方面,由于 20 世纪 50—70 年代出现的"婴儿潮"等原因,原有劳动力年龄人口的比重仍然较大,我国老龄抚养比的变化会比较平稳,仍将保持在一个较好的水平上。但在 2025 年将会达到 20.9%,超过 15.9% 的世界平均水平和 12.8% 的欠发达国家平均水平,低于 33.5% 的发达国家平均水平。此后我国老龄抚养比将会急速升高,到 2050 年将达 44.8%,虽然仍低于发达国家57.7% 的平均水平,但已超过美国 34.7% 的水平③。

（5）人口老龄化程度地区不平衡

我国幅员辽阔,很多因素导致地区之间社会经济发展不平衡,尤其是各地区生育率起点和人口增长速度存在着差异,因而各地区人口老龄化程度也存在着差异,一些大城市和发达地区(如上海、浙江)在 1990 年前后就已经成为老龄化地区,全国则在 2000 年左右才基本步入老龄阶段,西部沿边一些地区

①　田雪原.21 世纪中国人口发展趋势与决策选择问题研究[J].中国人口科学,1998(1):1～9
②　邬沧萍.我国人口高龄加剧[N].北京晨报,2009-7-27
③　谢安.中国人口老龄化的现状、变化趋势及特点[J].统计研究,2004(8):50～53.

（如宁夏、青海、新疆等），根据2013年全国统计年鉴，这些地区65岁以上人口比例还没有达到7%的标准。总体来说，我国人口是遵循自东向西的顺序逐渐老龄化的，前后相距20～30年时间①，老龄化地区发展的不平衡增加了解决我国人口老龄化问题的难度。

（6）老龄化的进度超前于经济的发展，呈现"未富先老"的社会现实

世界各国的人口发展进程表明，人口老龄化是人类由盲目再生产向自觉再生产过渡的必经阶段。一般来说，这种转变过程是随着人们生活水平逐步提高渐进完成的。而我国则是在经济建设各项事业刚刚兴起，实行计划生育政策，大幅降低人口出生率的情况下迎来了人口老龄化的迅速到来。目前成为老年型的国家地区几乎都是发达国家或地区，这些国家或地区的人均GDP一般都超过10 000美元。而我国在2000年基本步入老龄化社会时，人均GDP才860美元左右，呈现出"未富先老"的特征②。这说明我国经济发展明显低于发达国家，老龄化程度却已迈入发达国家行列，我国未来的社会经济发展将面临严峻考验。

2.2　我国城市老年居住问题的产生

人口老龄化影响了社会、经济、文化的各个领域，包括建筑学领域。研究者认为，在建筑学领域中，老年居住问题的产生是较大的影响之一。老年居住问题涉及老人问题和人类居住问题，老年人因其特有的身心变化会产生特殊的居住需求，构成了老年居住问题。老年居住问题的产生并不是在人口老龄化之后出现的，是多种因素共同影响激发的结果，研究者归纳了四个主要因素：自然老化、居住条件、家庭结构和人口老龄化，根源是人体的自然老化这一客观规律不适应居住条件，家庭结构的变化促使其扩大为社会现象，人口老龄化使这种现象变为严重的社会问题。我国人口众多、国土宽阔，不同地区之间的经济发展、社会福利、人民生活水平差异很大。尤其是我国的特大城市③，人民生活水平与社会经济发展达到了世界中等收入国家水平，不仅这些地区

---

① 褚可邑. 21世纪中国人口面临新的挑战——人口老龄化的现状和特点[J]. 中国统计，2000(8)：28～29.

② 田雪原."未富先老"机遇与挑战[N].人民日报，2004-11-16，14版

③ 城市人口数（国内现今通常指城市市区的非农户籍人口数）超过100万的城市为特大城市。根据《中国城市年鉴》与全国各市人口年报的实际状况，至2008年底全国特大城市共计118座。

已经或即将面对严重老年居住问题,而且也具备了解决老年居住问题的能力。

2.2.1　自然老化

　　老年居住问题的一个源头是人类自然老化。个体老化是自然界的普遍规律,人类无法逃避。自然老化包括生物学与社会学两方面。在生物学领域,人类个体老化是生理功能不断下降的过程,首先是视觉与听觉,继而器官、肌肉、骨骼功能,之后记忆思维能力等方面退化。在社会领域里是社会功能的变化,初期因生理功能退化失去社会生产参与者身份、失去家庭与社会相应地位,后期随着生理老化加速个体在家庭与社会的地位,由主动参与者退步为被动照顾的接受者。

2.2.2　居住条件

　　老年居住问题的另一个源头是居住条件的变化,当基本的居住权满足后,人类才会对居住提出更高要求。以我国特大城市为例,其居住条件优于全国平均水平。2002 年全国城镇人均住房面积为 21 m²,而 2000 年全部特大城市人均住房面积就达到了 23.54 m²,最高的苏州市达到 41.43 m²,超过半数的特大城市人均住房建筑面积,高于全国平均水平①。另外,特大城市的住宅质量、形式以及围绕住宅的交通、配套设施等均具有优势。

2.2.3　家庭结构

　　家庭结构功能的变化对老人居住影响是很大的,随着计划生育政策的实施,我国的家庭规模变小、家庭居住人口变少,传统的大家庭结构逐渐解体,开始出现单亲家庭。"四二一"家庭结构模式的形成、出生率的急剧下降、年轻人群体的相对减少,老年夫妇家庭逐年增多,还出现了很多单身老人空巢家庭,使得家庭对老年人的照顾越来越困难。以北京市家庭规模的变动情况为例,据统计,2010 年全国共有家庭户 40 157 330 户,全国平均家庭户规模为 3.10,北京市平均家庭户规模为 2.70,其核心家庭化的发展趋势超过了全国平均水准②。

---

①　姚栋.当代国际城市老人居住问题研究[M].南京:东南大学出版社,2007
②　2010 年第六次全国人口普查主要数据公报

表 2-3　北京市家庭规模的变动情况

	1949 年	1953 年	1963 年	1982 年	1990 年	2000 年	2010 年
平均每个家庭户人口	4.6	4.84	4.8	3.69	3.2	2.91	2.70

来源:"世纪之交的北京家庭透视",《北京市第五次全国人口普查课题论文集》;2010年第六次全国人口普查主要数据公报

2.2.4　人口老龄化

人口老龄化的直接影响是老年人口规模的扩大,也是使老年居住问题扩大为严重社会问题的重要原因。仍以特大城市为例,2000 年全国总人口为1 265 830 000 人,特大城市总人口为 283 371 000 人,占全国人口的 22.39%。相对于全国 6.96% 的老龄化水平,全部特大城市的老龄化指数为 7.61%,略高于全国水平。除深圳外,大部分城市已进入或步入老龄化社会的边缘。2000 年全国人口普查数据显示,即使将年轻的外来人口统计在内,仍然有 16座特大城市的人口老龄化程度超过了 8%。其中南京市老龄化程度达到了8.49%,苏州市达到了 9.58%,老龄化程度最深的上海市则达到了 11.46%,预计 2015 年末上海市将达到 30%。①

2.2.5　我国城市老年居住问题研究的缘起

综上所述,我国城市老年居住问题已成为严重的社会问题,特别是在特大城市,这说明随着社会经济的发展,特大城市已具备初步解决老年居住问题的社会基础。但是,我们也要认识到并非只有特大城市才有能力解决老年居住问题,随着我国社会经济的发展、人民生活水平的提高,城市之间的差距会逐渐减少。笔者坚信在不远的将来,老年居住问题必将在我国绝大部分城市全面解决,这也是我国城市老年居住问题研究的缘起。

① 姚栋. 当代国际城市老人居住问题研究[M].南京:东南大学出版社,2007

2.3 我国城市老年人居住建筑概况

2.3.1 我国老年人居住建筑历史与发展

1) 我国老年人居住建筑历史

我国最早的老年人居住建筑——"居养院"出现在宋代。宋代是我国封建社会时期经济水平最发达的阶段,同时还是当时世界上经济成就最高的国家①。居养院正是在这一历史背景下出现的。宋代继承了唐代的"养病坊"制度,并且改名为"福田院②"。当时的首都汴梁设有四所这样的机构。在此基础上,宋哲宗元符元年(1098)建立了专门收养鳏寡孤独老人的居养院③,当时的"元符令"要求"鳏寡孤独不得自存者,知州通州县令佐验实,官为居养之"。崇宁五年(1106),北宋中央政府诏令全国推行居养院、安济坊、漏泽园,要求"诸城、砦、镇、市户及千以上有知监者,依各县增置"。据此开始建立了全国性的福利制度。④

居养院的规模相当可观。以苏州居养院为例,其规划"为屋六十有五,为楹三百有十,为室三十,长廊还础,对关列序,集癃老之无子妻、妇人无亲者分处之,幼失怙恃,皆得全焉。籍官民畴千六百六十亩,募民以耕,岁得米七百石有奇"。这个居养院位于苏州城内,占据一个完整的街坊(图2-1)。⑤

居养院是以老人为主要居住者并为其建造的居住建筑。与唐代悲田养病坊和宋代安济坊、福田院不同之处,居养院具有长期居住功能,而且限定了居住者年龄。"居家鳏寡孤独之人,其老者并年满五十岁以上,许行收养,诸路依此。"其后囿于服务能力又将年龄提高到60岁以上。除了这个年龄标准之外,

---

① (法)谢和耐著;刘东译. 蒙元入侵前夜的中国日常生活. 南京:江苏人民出版社,1998

② "福田"是佛教用语,佛教徒相信"轮回报应",认为积德行善会使自己得到好的报应,而行善的具体体现之一就是救济穷人,这种施贫救苦当然会使"行者得福",就如种田会有收获一样。因此,凡有施贫救苦等善举者皆称"福田"。这一佛教用语首先被用于唐代慈善救助机构上。福田院就是唐代寺院创办的慈善组织,以收养孤独之人,当时又称病坊,养病院、悲田院等。北宋初年,继续沿用唐代旧例,在京城开封设置东、西福田院,主要赈济那些流落街头的年老之人以及身有重疾、孤苦伶仃或贫穷潦倒的乞丐。

③ 居养院设立于北宋徽宗崇宁年间,主要收养无亲属供养的孤寡老人。

④⑤ 姚栋. 当代国际城市老人居住问题研究[M]. 南京:东南大学出版社,2007

对 80 岁以上的老人还有优惠措施。①

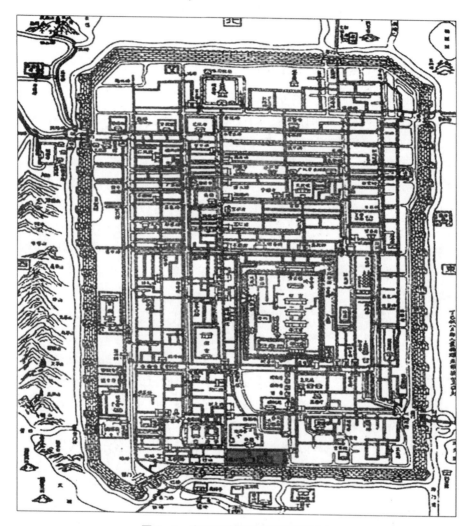

图 2-1　宋平江府图(根据碑拓简化)

说明:平江府即今江苏省苏州市。图中城墙最南端,沧浪亭下方,涂灰色部分即居养院。
来源:姚栋.当代国际城市老人居住问题研究[M].南京:东南大学出版社,2007,P17

---

① 姚栋.当代国际城市老人居住问题研究[M].南京:东南大学出版社,2007

2) 新中国老年人居住建筑发展

新中国成立后,建立并实施了社会保障制度,各地都兴建了老年人居住建筑。早期的老年人居住建筑主要有两种类型,一种是由民政部门经营管理的城市社会福利院,另一种是归属于农村各级政府的敬老院。两者均面向无家可归、无依无靠、无生活来源的孤老,农村还要求是丧失劳动力的老人。由于城乡两极分化,城市中的社会福利院条件较好,农村的敬老院设施较差。这种制度一直维持到 1980 年代末老年居住问题重新产生。

1986 年,养老保障制度开始改革。我国老年人居住建筑停滞状态逐渐改善,主要表现在三个特征上:建设规模逐渐扩大,经营方式日趋多样,老年人居住建筑类型多元丰富。

第一个特征是建设规模逐渐扩大。1980 年代中后期,随着家庭结构变小、独居老人居住比例上升、老龄化加重,全社会越来越关注老年居住问题。国家专门成立了老龄工作专门委员会。政府的一些条文、立法、优惠政策也相应出台,1993 年建设部发布《城市居住区规划设计规划》(GB 50180—93)规定,将社会福利设施尤其是老年人服务设施归入公共设施统一规划。规范明确要求"城镇人口不足 6 万的街道办事处要设立一处老年人综合福利服务设施,同时需附设一处大约可容纳 30 名老人的养老院。城镇人口超过 6 万人的街道办事处则要按上述要求增设新的老年综合福利服务设施"。1996 年颁布实施的《中华人民共和国老年人权益保障法》指出"国家鼓励、扶持社会组织或个人兴办老人福利院、老年公寓、敬老院、老年文化体育活动场所和老年医疗康复中心等设施"。2000 年颁布的《国务院 11 部、委、总局制定的对社会力量投资创办社会福利机构的优惠政策(国发办[2000]19 号)》提出了一些社会福利设施的优惠政策,指出"社会福利机构的建设用地,按法律法规规定应当采用有偿方式供地的,在地价上要适当给予优惠;按法律法规规定应当采用划拨方式供地的,要划拨用地;属于出让土地的,土地出让金收取标准适当降低"。2001 年民政部计划投资总额超过一百亿元人民币,启动"社区老年福利服务星光计划",具体做法为从中央到地方民政部门,把发行福利彩票筹集的绝大部分福利金用于资助城市社区老年人活动场所、福利服务设施和农村乡镇敬老院的建设。

第二个特征是经营方式日趋多样。新中国建立后至 20 世纪 80 年代的老年人居住建筑的经营者绝大多数为各级政府。20 世纪 80 年代中后期,国家开始了多种经营模式改革,经营方式日趋多样,包括民营、民办公助、公办民营等多种方式。1984 年上海市建设的钱湾老年乐园,1986 年安徽省安庆市兴办的第一个老年公寓——安庆老年公寓,都是我国老年人居住建筑的早期民营探索。除了传统福利体系内的经营方式外,还有在住宅体系内发展的经营方式,这方面的经营探索在 20 世纪 80 年代中后期出现,1986 年江苏省常州市建造了红梅新村,是最早针对多代合居老人家庭的住宅建设项目;1988 年上海市建造的虹口老年公寓是面向独居老人的住宅项目;1992 年上海市重点工程康乐小区中专门开发出两栋老年住宅。但是,当年这些住宅体系内的老年人居住建筑仅起样板示范作用,最后并未分配给老人家庭居住。进入 21 世纪后,住宅体系内老年人居住建筑建设逐步发展起来,2000 年建成了大连阳光家园居住区,2002 年建成了北京太阳城居住区等。

第三个特征是老年人居住建筑类型多元丰富。新中国成立后至 1980 年代中期,我国规模最大的老年人居住建筑模式是社会福利机构,属于非家庭居住的居住模式,常被命名为敬老院、养老院等。1980 年代后,福利体制内也兴建了很多以老年公寓为名的老年居住建筑。这些老人公寓建筑形式既有住宅模式也有机构模式,1999 年上海建的众仁花苑是拥有较为齐全的配套设施的住宅模式中成功案例,而 2001 年建的天津国际老龄村是一个非家庭居住机构模式的尝试。在住宅体系内也有一些积极的探索。以建成于 1986 年的常州红梅新村为例,这个居住区共有住宅 4 141 套,其中建设为多代合居家庭的居住单元共 268 套,占全部单元总数的 6.47%。

2.3.2 我国城市老年人居住建筑现状

1) 城市老年人口住房状况

2000 年第五次全国人口普查资料显示,我国家庭平均每户拥有住房 2.72 间,农村高于城镇。居住 3~5 间的老年家庭户比例占 43.8%,拥有 2 间以下的占 49.2%,市高于县。老年家庭户人均建筑面积高于 20 平方米的比例占 60.1%,人均建筑面积不足 8 平方米的老年家庭户仅占 5.9%,城乡差别不大。另外,老年家庭住房质量明显增强:一方面体现在老年住房结构上,有数据统计老年家庭住房中钢筋混凝土结构占 30.9%,砖石结构占 64.7%,其他结构占 4.3%,可见钢筋混凝土结构的住宅建筑比重增大,砖石结构的住宅建筑是我国城市住宅的主体;另一方面体现在室内设施上,我国城市家庭有洗浴设施的家庭占 49.1%,厨房拥有率为 85.4%,卫生间独自使用率为 74.6%。

而城镇、农村室内设施拥有率低于城市(表2-4,5,6)。①

表2-4　按老年家庭户人均建筑面积划分的家庭户所占比例　(单位:%)

地区	8平方米以下	9~12平方米	13~16平方米	17~19平方米	20~29平方米	30~39平方米	40~49平方米	50平方米以上
合计	5.9	11.7	15.2	7.2	28.8	16.0	7.4	7.9
市	7.7	13.3	15.5	8.6	27.5	15.2	6.5	5.7
镇	6.0	11.7	14.5	6.8	27.9	15.6	8.3	9.3
县	5.2	11.2	15.1	6.8	29.4	16.3	7.5	8.3

来源:根据2000年全国人口普查1‰资料计算

表2-5　老年人住房状况　(单位:%)

年龄组	生活用房	兼作生产经营用房	有其他合住户	无其他合住户	平房	6层以下楼房	7层以上楼房	外墙钢筋混凝土	外墙砖、石	外墙木、竹、草	外墙其他
合计	99.5	0.5	5.9	94.1	67.7	28.9	3.4	11.9	66.4	8.1	13.6
市	99.3	0.7	6.1	93.9	29.5	56.3	14.2	30.9	64.7	1.8	2.5
镇	98.5	1.5	6.5	93.5	58.4	40.2	1.4	17.2	70.3	5.0	7.5
县	99.7	0.3	5.8	94.2	82.5	17.5		4.4	66.3	10.8	18.4

来源:根据2000年全国人口普查1‰资料计算

表2-6　老年家庭户卫生间使用情况　(单位:%)

地区	独立使用抽水式	邻居合用抽水式	独立使用其他样式	邻居合用其他样式	无
合计	16.3	0.5	51.8	3.3	28.1
市	51.7	1.8	22.9	3.3	21.3
镇	22.2	0.4	41.5	5.4	30.4
县	3.0	0.1	63.8	3.0	30.1

来源:根据2000年全国人口普查1‰资料计算

---

①　陶立群.怎样设计老年住宅(上)[J].住宅产业,2006,(2):38~41

2）城市社会养老机构发展

各地政府在国家有关政策的基础上,面对我国未富先老的现实,针对经营情况,对于社会养老机构的开发给予了一定的优惠政策。如常州市天宁区委、区政府拨出专项资金 120 万元,用于开展养老服务社会化示范活动工作。对新建床位在 50 张以上、扩建床位在 20 张以上的养老机构,每张床位给予一次性补贴 1 000 元;对实施机构养老的老年公寓、敬老院,以每收养一名老人一次性补贴 1 000 元为标准进行补贴。济南市通过政策支持、市场运作等多种方式,加快养老设施的管理与建设,特别是老年公寓的建设发展,力争 2007 年实现每百名老人拥有两张床位。这意味着,济南市老年公寓的床位数量将增至 1.6 万张,比现在规模扩大了近 7 倍。北京市出台了相关优惠政策,对营业税、所得税、房产税、车船使用税、城镇土地使用税实行减征或免征,对象主要为老年社会福利院、养老院、老年公寓、老年服务中心等。上海市在"十一五"《规划纲要》中将对老年人的照料服务,作为约束性指标列入,要求 2010 年社会化照料服务覆盖人数应占上海户籍老年人口的 10% 以上,并出台了地方性规章《上海市养老机构管理办法》,从政策上鼓励社会力量投资兴办养老机构。目前,社会力量兴办的养老机构的床位数,已超过上海市养老机构床位总数的三分之一,达到近 1.4 万张。[①]

3）开发商已在新建居住区开发中将目光投向老年群体这一潜在需求市场

随着老龄化的不断发展,老年人的需求在不断改变,在一些大城市,老年人经济收入较高,他们更愿意与子女分开,居住在设备完善、服务周全的"银色住宅"小区。一些开发商瞄准商机,开发了一些老年社区项目,如北京东方太阳城、上海绿地孝贤坊、苏州新城花园等,探索了不同居住建筑模式的老年社区开发。

一些开发商在新建住宅小区时还进行了适老化设计,如运杰·龙馨园住宅小区在住宅的室内外均增加了无障碍通道;住宅楼的公共区域设置了电梯并满足放置轮椅和急救担架的需求;另外,在物业用房中设立了老年活动室。北京世界名园将适老化设计作为一个卖点,小区营造中草药植物花卉环境,位于京西生态休闲带,适合老年人居住,配有北京国粹医院、国际康复中心,同时还有网上就医、数码配餐等智能服务;住宅单元内采用了电梯、地板采暖等适

---

① 刘美霞,娄乃琳,李俊峰. 老年住宅开发和经营模式[M]. 北京:中国建筑工业出版社,2008

老化设计。苏州新城花园九层公寓中,两个小套考虑了适老化通用设计,必要时合并为老少两代居住的套型平面。

2.3.3　我国城市老年人居住建筑存在的问题

1) 住宅建设不适应老龄化趋势

其一,老年家庭住房不足,居住形式单一。很多老年人居住条件差,没有适应老年人的居室,造成家庭不和睦,加速多代家庭的解体,削弱传统居家养老的功能。

其二,住宅空间结构单一。绝大多数居住社区都没考虑二代居、多代居或老年独居要求,有的不方便交往、邻里关系冷漠,老年人在这里感到孤寂和不安全。

其三,居住空间不适应老年居住特点。由于结构不可改变、空间尺度的不适应、老年居室设置位置不当或未考虑无障碍设计,都给老人带来不便。

其四,室内建筑配件、设备、装修尚未考虑老年人的生理心理变化特点,如厨卫、水电、设备安装和操作方式不符合老年人单独使用安全方便的要求。此外,不设置电梯也给老年人生活带来不便(表 2-7)。

表 2-7　老年人希望住宅内增添的设施　　　　　　　(单位:%)

降低台阶	设扶手	老人卫生间	取消阶梯	老人用厨房	呼叫设备	不增添设备	其他	未回答
29.6	20.2	4.1	11.5	33.2	56.5	14.4	5	3.6

来源:城镇职工养老保障调查,人口老龄化与养老保障制度研究课题组

2) 居住环境设计较少考虑老年人的各种需求

居住区普遍存在着绿化率低,极少考虑无障碍设计,适应老年人活动的场地及设施缺乏或陈旧,使老年人的社会参与受到极大限制(表 2-8)。

表 2-8　老年人对现有住宅和小区环境满意度评价

项目	很满意(%)	满意(%)	一般(%)	不满意(%)	很不满意(%)	满意值(分)
住宅楼层	9.90	31.96	40.62	14.31	3.31	3.31
采光通风	9.32	32.58	44.48	11.72	3.31	3.36
建筑面积	6.05	25.25	41.65	24.73	1.90	3.08

（续表）

项目	很满意 （%）	满意 （%）	一般 （%）	不满意 （%）	很不满意 （%）	满意值 （分）
小区安全	4.65	30.94	56.96	6.93	2.32	3.32
生活配套设施	2.80	22.67	59.03	14.79	0.52	3.32
文化娱乐设施	2.31	15.81	54.68	22.34	0.71	2.88
小区健身设施	3.32	22.88	49.80	21.93	4.81	3.03
小区绿化环境	4.81	33.92	46.22	13.63	2.07	3.27

来源：杭州老年人居住现状与需求，王建春，住宅科技 2002 年 9 期（设很满意＝5 分，满意＝4 分，一般满意＝3 分，不满意＝2 分，很不满意＝1 分，杭州老年人对现有居住条件满意度偏低，满意值都在 3 分附近）

3）居家养老服务网络不健全

老年人能否在自己家中安度晚年，社区的居家服务也是一个关键，但我国目前状况不容乐观，如对健康老人提供交通、陪伴、老年食堂、法律服务、帮助就业等方面，对体弱和高龄老人提供家政、家庭保健、送饭上门、定期探访、电话确认、紧急呼叫系统等方面，都刚刚起步，有的甚至是空白。随着生活水平的提高，老人们希望得到更多个性化服务，这就需要专业服务人员为老人提供相应的服务（表 2-9）。

表 2-9　城市老人住宅服务需求调查表

需求	60～65 岁	66～70 岁	71～80 岁	80 岁以上
上门诊病	57.89	69.8	73.77	80.65
钟点工	48.25	55.7	51.64	32.26
家庭保姆	11.4	14.77	16.36	22.58
送餐服务	15.79	13.42	13.11	16.13
购物送货	32.46	26.85	36.89	29.03
陪伴	0.88	0	2.46	3.23

来源：老年服务网，http：//www.ocan.com.cn，2003

4）社会养老设施远远不能满足老年人的需求

至 2013 年底，我国各类养老服务机构 42 475 个，拥有床位 493.7 万张，每千名老年人仅拥有 0.5%，即 24.4 张床位①。即便是经济发达的上海，户籍老人到 2013 年底已达 385.7 万人，全市共有养老机构 631 家，养老床位共 10.8 万张，仅占户籍老年人口的 2.8%②。

有调查显示，尽管养老机构床位总供给数远小于老年人口总数，但是收住的老人仅占七成，这和多数老年公寓、养老院等机构养老设施设备不全、服务差、价位偏高等有关。以杭州社会养老设施为例，2002 年，杭州城区有 116 家养老设施，共 2 583 张床位，平均每家养老机构床位数不足 25 张；另外，杭州市 97% 的街道均有小规模养老设施，在满足辖区内孤寡老人收养、社会寄养的基础上，也对社会开放。而社会办养老设施数仅占总数的 12.9%，床位数占总床位数的 20%③。存在的问题主要有养老设施数量不足；养老设施环境服务有待改善；养老设施定位不准，不能适合各个阶层老年人的经济承受能力。因此，出现了一方面简陋和高档的社会养老设施入住率低，另一方面性能价格比好的社会养老设施又相对不足的现象（表 2 - 10,11）。

表 2 - 10　杭州社会办敬老院情况

项目	敬老院数（个）	职工人数（人）	床位数（张）	入住人数（人）	入住率（%）	平均床位（床/院）
全市	223	1 088	7 460	5 362	71.88	33.45
市区	103	774	4 483	3 484	77.72	43.52

表 2 - 11　养老院问题调查分析　　　　（单位：%）

社会养老机构不足	社会养老机构条件差	社会养老机构收费高	社会养老机构服务差	其他
13.65	14.52	19.82	21.25	3.8

来源：史永麟. 杭州市中老年居住现状及其对未来老年模式的影响［D］. 杭州：浙江大学,2006,P20～22

5）制约我国老年住宅市场开发的主要因素

（1）社会养老保障制度滞后

---

① 民政部发布 2013 年社会服务发展统计公报, http://www.mca.gov.cn/,2014 - 06 - 17

② 朱珉迕,栾吟之. 上海养老床位需求紧张：床位数仅占老年人口 2.8%［N］. 解放日报,2014 - 10 - 02

③ 史永麟. 杭州市中老年居住现状及其对未来老年模式的影响［D］. 杭州：浙江大学,2006

在经济水平不发达的情况下,我国大多城市居民长期为国有企业工作,退休以后的主要经济来源依靠企业效益的退休金,很难支付入住适合养老、设施全面的老年住宅的高昂费用。更为严重的是,由于退休人员与日俱增,仅靠基本养老保险账户的社会统筹部分资金根本不够目前退休人员的养老金,于是基本养老保险的个人账户资金被挪用,形成了大量的"空账"。美国卡托研究所詹姆斯·多恩博士说:"中国养老金匮乏问题会一直持续到 2050 年以后。如果养老金制度不改革,2005 年,中国养老金赤字会有 500 亿元人民币,2030年可能达到 6 300 亿元。[①]"国家应该明确老年人的养老对策,建立多种解决模式和运行机制,确保老年人的经济收入适合不同的养老模式。

(2)政府和社会对老年住宅建设支持力度不够

我国人口众多,经济发展不平衡,当前我国政府对老年住宅的开发只有一些粗放性的政策,且可操作性差,房地产开发商在金融投资、税费减免上得不到相应的优惠,老年住宅开发存在着资金投入不足、管理不善等问题。

(3)高成本制约了老年住宅的开发

作为完全市场化开发的老年住宅,房地产开发商必将考虑项目的经济性。虽然老年住宅具有巨大的市场,但是老年住宅比普通住宅投资成本高,主要体现在三方面:建设成本高,老年住宅标准高,对地段及公共配套服务设施要求高;经营成本高,为方便老年人使用,一些设备设施需定期检查维护;风险成本高,老年人具有未来收入的不确定性,在老年住宅项目贷款上存在风险,需要社会化的解决方案。

(4)现有老年住宅价位偏高且布局不佳

现有的老年住宅中,有的设施齐全,服务完善,环境优美,但是租售价格较高,令人生畏。如北京太阳城国际老年公寓租售价格是面向少数高收入者的(表 2-12),月租从 2 000 元到 15 000 元不等。北京市 2000 年调查显示,50岁以上的常住人口中 60%愿意入住老年公寓,但所能承受的平均价格为 860元[②]。这说明在我国老年人收入不高的情况下,老年住宅应面向中低收入的老年人。

有的老年住宅环境和物质条件虽然好,但布局远离城市生活区,交通不便,人口结构过于单一,使老年人感到孤独和被社会抛弃。

① 刘美霞,娄乃琳,李俊峰.老年住宅开发和经营模式[M].北京:中国建筑工业出版社,2008
② 《老年住房专题会议论文集》2002

表 2-12 北京太阳城国际老年公寓租售价格

销售价格表				租住价格表		
住宅类型	结构	楼层	期房价格（元/m²）	住宅类型	房间类型	价格（元/月）
普通居家式	砖混	1 2～4 5	4 800 4 680 4 500	公寓式和合居式	单人间	3 000
普通居家式（跃层）	砖混	1 2+3 4+5	4 800 4 980 4 800		双人间	2 000
					三人间	15 000
普通居家式（高层）	框架	1 2～4 5～10 11+12 跃层	5 280 5 100 5 280 5 280	普通居家式	一室一厅	3 500
					二室一厅	5 000
联体别墅	砖混		7 800			
独立别墅			10 000～12 000			

来源：马晖，赵光宇.独立老年住区的建设与思考[J].城市规划,2002,(3):59

（5）我国现行住房贷款方式对老年人购买老年住宅不利

老年人未来收入是不确定的,金融机构对老年住宅的项目贷款和个人住房消费贷款的风险评估比一般住宅高,老人贷款较难,购买住宅的门槛很高。有研究者提出"以房养老"的理论,运用不动产流动理论、生命周期理论,利用住房的资产价值、使用权和所有权分离等方法,将老年住宅有效供给老人[1]。如 2005 年南京汤山"温泉留园"在国内首个公开推出倒按揭性质的"以房换养"举措,即凡拥有本市 60 平方米以上产权房、年届六旬以上的孤残老人,自愿将其房产抵押,经公证后入住老年公寓,终身免交一切费用,而房屋产权将在老人离世后归养老院所有[2]。2014 年 8 月南京市《关于加快发展养老服务业的实施意见》中提出"探索开展老年人住房反向抵押养老业务试点"。

综上所述,老年人居住建筑存在的问题需要全社会的关注,政府、开发商、规划师、建筑师要齐心合力,为解决老年人居住问题共同努力。

---

① 刘美霞,娄乃琳,李俊峰.老年住宅开发和经营模式[M].北京:中国建筑工业出版社,2008
② 余美英.南京首推"以房换养"倒按揭[N].北京青年报,2004-2-22

2.4 小结

本章从总体上,就我国人口老龄化概况,城市老年居住问题的产生和老年人居住建筑概况,进行了整体分析研究。重点探究了我国人口老龄化现状与特征,提出了我国城市老年居住问题,简要叙述了我国城市老年人居住建筑现状及存在的问题,为下一章南京市老年居住现状、需求研究打下基础,力求通过对我国老年居住现状中存在的共性问题分析研究,结合南京市老年居住现状中存在的个性问题,使我们找到最佳的解决方式,希望能对老年居住问题的改善有所裨益。

第3章 南京市老年人居住现状与居住需求

3.1 南京市老年人概况

3.1.1 南京市人口老龄化现状及特征

1) 南京市人口老龄化现状

早在 1990 年代初期,南京市就已进入了人口老年型城市的行列[①]。南京是继上海、北京、天津之后进入老龄化社会较早的城市之一[②]。随着经济的迅速发展,生活水平的提高,医疗卫生条件的改善,出生率与死亡率的迅速下降,南京市人口年龄结构发生了急剧的变化,加速了人口老龄化的发展趋势。

据统计,截至 2013 年,南京市 60 岁以上常住老年人口为 121.7 万人,占全市户籍人口的 18.93%,远超过了 10% 的老龄化社会国际标准[③]。每年南京市新增的 60 岁以上老年人约 5 万,年平均增长率为 4%,远高于总人口的增长速度[④]。截至 2019 年底,南京市 60 岁以上常住老年人口为 186.03 万人,占全市户籍人口的 21.93%[⑤]。

2) 南京市人口老龄化特征

(1) 老年人口绝对量大

2010 年第六次全国人口普查资料表明:南京市常住总人口为 800.47 万人,其中 60 岁及以上老年人口达到 111.16 万人,占总人口的 14%。和 2000

---

① 叶南客,张卫,唐仲勋.21 世纪初城市人口老龄化战略对策研究—以南京市为个案[J].南京经济学院学报,2003,(3):27～32
② 陈彦.老年人口已经达到 83 万人南京已进入老龄化社会[N].南京晨报,2005-6-23
③ 江苏发布"老年白皮书"每 5 个人里就有一个老年人,新华报业网,2014-9-2
④ 董婉愉.南京老龄化比全国早来 10 年老年人总数全国第四[N].扬子晚报,2012-7-2
⑤ 江苏老龄人口"大数据"出炉 60 岁以上老人 1 834 万,南京晨报,2020-10-31

年相比,其绝对数量增加了 36.48 万人。①

（2）老年人口增长速度快

相比 1990 年,2000 年南京市总人口增长了 18.54%,年均增幅是 1.66%;同时,60 岁及以上老年人口却从 51.88 万人增加到 74.68 万人,增长了 43.95%,年均增幅为 3.59%,是总人口增速的 2 倍多。②

《南京市 2010 年第六次全国人口普查主要数据公报》表明,2010 年 11 月 1 日零时,南京市常住人口达到 800 万人。与 2000 年第五次全国人口普查的常住人口 613 万人相比,增加了 187 万人,增长 30.51%;年平均增加 18.70 万人,年平均增长 3.05%。其中 0～14 岁人口为 76 万人,占常住人口的 9.51%;15～64 岁人口为 650 万人,占常住人口的 81.29%;65 岁及以上人口为 73 万人,占常住人口的 9.20%。和第五次全国人口普查相比,0～14 岁人口比重下降了 5.94%,65 岁及以上人口上升了 0.78 个百分点。③

（3）老年人口高龄化趋势明显

伴随着经济的增长与社会的进步,南京市老年人口的寿命不断延长,2000 年南京市人口平均预期寿命已达 75.22 岁,比 1990 年提高了 2.74 岁。同时,老年人口内部结构变化也很大,低龄组老人比重下降,高龄组老人比重上升,老年人口高龄化呈现增长趋势（表 3-1）。以 80 岁及以上的老年人口为例,2005 年老年人口总数已从 1990 年的 3.5 万人增加到 9.5 万人,15 年间净增了 6 万人,2000 年到 2005 年间年均增长 5 560 人④;2011 年 80 岁以上的老年人达到 16.1 万,占老年人口的 14.5%。2000 年,南京全市百岁老人只有 49 人,2013 年全市已有 263 人⑤,2019 年达到 399 人⑥,呈现高龄化趋势。

———————————

　　①③　南京市第六次全国人口普查领导小组办公室、南京市统计局.南京市 2010 年第六次全国人口普查主要数据公报.百度文库,http://wenku.baidu.com/,2011-5-3

　　②　张良礼,蔡宝珍,李杏生,程晓,陈友华.应对人口老龄化——社会化养老服务体系构建及规划[M].北京:社会科学文献出版社,2006

　　④　叶南客,张卫,唐仲勋.21 世纪初城市人口老龄化战略对策研究——以南京市为个案[J].南京经济学院学报,2003,(3):27～32

　　⑤　江苏发布"老年白皮书"每 5 个人里就有一个老年人,新华报业网,2014-9-2

　　⑥　江苏老龄人口"大数据"出炉 60 岁以上老人 1 834 万,南京晨报,2020-10-31

表 3-1　1990—2000 年南京市老年人口年龄分布

年龄	占 60 岁及以上老年人口的比例	
	1990 年	2000 年（2011 年）
60～69	65.03	57.52
70～79	28.17	33.51
80＋	6.80	8.97（14.5％）

来源：张良礼，蔡宝珍，李杏生，程晓，陈友华. 应对人口老龄化——社会化养老服务体系构建及规划［M］. 北京：社会科学文献出版社，2006，P23；括号内数据作者根据资料绘制

（4）人口老龄化超于经济的发展

人口老龄化是社会发展的必然，一般与社会经济发展水平成正比。西方发达国家是在基本实现现代化的条件下进入老龄社会的，属于先富后老或富老同步。而南京市区的人口老龄化是在 1990 年代初期经济尚不发达、社会保障体系尚不健全、社会福利事业尚不配套、人民生活水平不高之时，依靠计划生育的催化、人口出生率人为下降而进入的。据调查，南京市区 65 岁及 65 岁以上老年人口比重在 1992 年已达到 7％时，人均国内生产总值仅为 872 美元。而日本 1970 年老年人口比重超出 7％时，人均国内生产总值已达 4 981 美元[①]。

3.1.2　南京市人口老龄化发展趋势展望

老年人口发展速度快

受人口迁移与新中国成立后持续近十年的第一次出生高峰因素的影响，在 2000 年第五次全国人口普查时，南京市 40 至 59 岁人口与其他年龄组相比数量较多，未来 20 年内这部分人陆续进入了老年行列，60 岁及以上老年人口将呈现出持续快速的上升趋势。2010 年老年人口将达 114.44 万人，是 2005 年的 1.27 倍，到 2020 年时老年人口将达到 178.81 万人，是 2005 年的 1.98 倍[②]，养老问题日益突出（表 3-2）。

---

① 叶南客，张卫，唐仲勋. 21 世纪初城市人口老龄化战略对策研究——以南京市为个案［J］. 南京经济学院学报，2003，（3）：27～32

② 张良礼，蔡宝珍，李杏生，程晓，陈友华. 应对人口老龄化——社会化养老服务体系构建及规划［M］. 北京：社会科学文献出版社，2006

表 3－2 南京市老年人口及其比例的变化

年份	老年人口数量(万人)	老年人口比例(%)	相对变化(以 2005 年为基数)
2005	90.10	13.12	100.00
2006	93.92	13.34	104.24
2007	98.33	13.63	109.13
2008	103.48	14.00	114.85
2009	109.21	14.43	121.21
2010	114.44	14.78	127.01
2011	119.80	15.12	132.96
2012	126.74	15.63	140.67
2013	133.02	16.05	147.64
2014	141.18	16.66	156.69
2015	148.50	17.15	164.82
2016	155.52	17.59	172.61
2017	163.82	18.15	181.82
2018	170.15	18.49	188.85
2019	174.29	18.58	193.44
2020	178.81	18.71	198.46

来源:张良礼,蔡宝珍,李杏生,程晓,陈友华.应对人口老龄化——社会化养老服务体系构建及规划[M].北京:社会科学文献出版社,2006,P24

1) 抚养比呈不断上升状态

老年人口和少儿人口通常在人口统计中被看作被抚养人口,这部分人口与劳动年龄人口的比值即抚养比。人口老龄化引起老年抚养比上升,直接导致总抚养比上升。南京市未来总人口抚养比变化趋势是,2005 年以前呈下降趋势,随后,劳动力人口开始下降,老年人口迅速增高,总抚养比由 2004 年 40.4% 提高到 2020 年 63.9%;至 2010 年前,总抚养比在 43% 以下,是南京市劳动年龄人口负担较轻的时期;此后逐渐上升,从 2010 年到 2030 年是总抚养比上升最快时期,2030 年以后上升态势又趋于缓和,大约到 2045 年达到高峰①。

2) 南京市人口老化的阶段性增长明显

自 1990 年代初期,南京迈入老龄化社会后,由于人口生育三次高峰的出现,人口老龄化的发展处于非平稳的过程,导致人口老龄化三个阶段性的增长高峰。

第一阶段人口老龄化形成期,从 1992 年到 2008 年之前。这一阶段的特点是,老年人口比重上升幅度略高于少儿人口比重。从 1990 年到 2008 年少儿比重下降 6.15 个百分点,平均每年下降 0.34 个百分点,而老年人口比重将上升 7.29 个百分点,平均每年上升 0.4 个百分点,成年人口的比重较为平稳,18 年仅下降 1.14 个百分点,人口年龄中位数上升较快,增长了 42.7 岁②。

第二阶段人口老龄化迅速增长期,时间在 2009 年至 2030 年。这一时期受两次生育高峰的影响,将产生两次老年人口高峰,分别为 2015 年和 2025 年。其中,2025 年南京市老年人口增多,比重上升较快,将超过 50%,人口老化指数也较高,预计将超过 60%,但老年人口的分布是以低龄老人为主的③。

第三阶段人口老龄化高峰期,大概在 2031 年至 2050 年。受第三次人口生育高峰的影响,南京市在 2045 年将迎来第三次老年人口高峰期,但是和第二阶段相比,速度逐渐趋缓,人口老龄化程度缓解,老年人口向高龄化发展,是老龄化水平最高时期。2050 年后,虽然南京市人口老龄化程度仍较高、人口老化指数有所提高,但是南京市人口老龄化趋势将日趋平稳。

3) 南京市老年人口高龄化日趋明显

21 世纪的前 20 年时间内,南京市 60～69 岁低龄老年人呈现出先慢后快、加速上升的趋势;70～79 岁中龄老年人数逐步增加,同时,80 岁以上高龄老年人口总数快速上升。到 2010 年时,60 至 69 岁、70 至 79 岁与 80 岁及以上老年人数分别是 2005 年的 1.31 倍、1.15 倍与 1.44 倍;到 2020 年时,以上各年龄组老年人数将分别是 2005 年的 2.12 倍、1.69 倍与 2.23 倍④(表 3－3)。南京市人口在不断老化的同时,老年人口内部也存在不断老化的倾向,老年人口高龄化趋势十分明显。这意味着家庭和社会在照料与赡养老人方面的花费

---

①②③　叶南客,张卫,唐仲勋.21 世纪初城市人口老龄化战略对策研究——以南京市为个案[J].南京经济学院学报,2003,(3):27～32

④　张良礼,蔡宝珍,李杏生,程晓,陈友华.应对人口老龄化——社会化养老服务体系构建及规划[M].北京:社会科学文献出版社,2006

增加,同时也要求为老年人服务的福利设施及人力资源配置须更加完善。

表 3-3 南京市老年人口及其比例的变化 （单位:万人,%）

年份	60～69 岁		70～79 岁		80 岁以上		合计
	人数	相对变化	人数	相对变化	人数	相对变化	
2005	47.56	100.00	31.62	100.00	10.9	100.00	90.10
2006	49.25	103.55	32.94	104.17	11.7	107.34	93.92
2007	51.72	108.75	33.99	107.50	12.6	115.60	98.33
2008	54.81	115.24	34.92	110.44	13.7	125.69	103.48
2009	58.98	124.01	35.48	112.21	14.7	134.86	109.21
2010	62.40	131.20	36.30	114.80	15.7	144.04	114.40
2011	65.66	138.06	37.61	118.94	16.5	151.38	119.80
2012	71.00	149.29	38.40	121.44	17.3	158.72	126.74
2013	75.70	159.17	38.80	122.71	18.5	169.72	133.02
2014	81.79	171.97	39.76	125.74	19.6	179.82	141.18
2015	87.29	183.54	40.68	128.65	20.5	188.07	148.50
2016	91.89	193.21	42.19	133.43	21.4	196.33	155.52
2017	97.28	204.54	44.35	140.26	22.2	203.67	163.82
2018	100.06	210.39	47.04	148.77	23.1	211.93	170.15
2019	100.16	210.60	50.57	159.93	23.6	216.51	174.29
2020	101.06	212.49	53.45	169.04	24.3	222.94	178.81

来源:张良礼,蔡宝珍,李杏生,程晓,陈友华.应对人口老龄化——社会化养老服务体系构建及规划[M].北京:社会科学文献出版社,2006,P26

4) 老年人口文化素质迅猛提高

南京市老年人口中文盲半文盲人口比例预计将由 2000 年时的 41.11% 急剧下降到 2020 年时的 12.15%,而小学、初中、高中(中专)与大专及以上人口比例将由 2000 年时的 28.6%、13.9%、8.8% 与 7.8% 分别提高到 2020 年时的 29.4%、27.9%、21.4% 与 8.6%,其中初中与高中文化程度老年人口比例提高幅度尤为显著①。截至 2011 年,拥有较高学历的老人占老年人口总数的 55%②。随着老年人口文化素质的提高,老年人对社会养老服务的需求增高。

5) 老年人口平均预期寿命不断延长

在未来几十年时间内,南京市老年人口平均预期寿命在目前较高的基础上将保持较快的增长势头。与过去相比,现今由于老年人的健康程度更高,受教育时间更长,经济状况更好,因此存活的时间将更长。2001 年时南京市存活到 65 岁的人口中,男性与女性预期可分别再活 15.69 年和 18.53 年,到 2020 年时南京市 65 岁男女人口的平均预期寿命将分别提高到 16.89 年与 19.91 年③。这意味着老年人需要社会和家庭供养的时间将更长。

6) 家庭结构小型化与空巢家庭的增多

南京市 2000 年第五次全国人口普查时平均家庭户规模为 2.92 人,比 1990 年的 3.44 人下降了 0.52 人,2010 年的 2.77 人又比 2000 年下降了 0.15 人,家庭户规模呈缩小趋势④。随着市场经济的发展和价值观念的变化,加之计划生育政策的推行,家庭结构趋向"核心化"的势头难以逆转,这一形势加速了空巢家庭的产生和增加。

3.2　南京市老年人居住现状

随着南京市经济和人口老龄化的快速发展,原有的老年人居住建筑,在数量和质量以及配套服务设施等方面都有待改进。

3.2.1　南京市养老机构的供给现状

1) 供给现状

截至 2003 年底,经过民政部门审核,南京市取得设置批准证书的老年人社会福利机构共有 177 家,有 9 845 个床位,入住老人共 7 474 名,每千名老人拥有床位数约为 12.24 张,床位利用率约为 75%⑤。到 2008 年 1 月,南京老人社会福利机构有 216 个,床位约 18 000 张,入住率约 67%(附录 3)。2019

---

①③④　张良礼,蔡宝珍,李杏生,程晓,陈友华.应对人口老龄化——社会化养老服务体系构建及规划[M].北京:社会科学文献出版社,2006

②　董婉愉.南京老龄化比全国早来 10 年　老年人总数全国第四[N].扬子晚报,2012 - 7 - 2

⑤　王雅乐.2025 年 4 个南京人 1 个是老人.新浪网,http://www.sina.com.cn/,2004 - 10 - 22

年各类养老机构为 245 家(附录 4)①,其中 156 家养老机构共 26 083 张床位,平均每家机构拥有床位数 167 张②。南京市政府计划"十二五"期间在祖堂山社会福利院东侧征地 130 亩,投资 5 亿元,增加床位 1 200 张。市青龙山精神病院老年康复中心即将开工,计划投资 1.2 亿元,建设床位 500 张。为方便失能老人入住老年福利机构,市政府计划每年新增带医疗功能的养老机构 30 家。③

南京市民办养老机构发展较快,2006 年市民办养老机构 27 家,共有床位 1 199 个,和 5 年前的 11 家 300 多个床位相比有了增长。据统计,其中的 25 家入住率达 77%,90% 以上的入住率有 10 家,其中 5 家为 100%。入住老人年龄 80 岁以上 456 人占 55.8%,70~79 岁 278 人占 34%,69 岁以下 83 人占 10.2%,以高龄老人占多数。入住老人男性 325 人,女性 492 人,分别占 40% 和 60%。入住老人大多在家无人照料、生活不能自理,但也有些老人生活尚能自理而入住养老机构的。有的老夫妻退休后身体尚好,就双双入住。入住者多为本市人,也有从外地甚至外省来南京异地养老的。④ 南京较大的民营养老院如占地面积 10 亩,主体建筑面积 3 600 m²,集医疗、护理于一体的江宁华茂老年康乐院,床位共 255 张⑤。

2) 存在问题

(1) 养老机构供给总量偏小

尽管南京早已实现了国务院要求的"到 2005 年每千名老人拥有福利机构床位数 10 张"的目标,但从实际情况看,还是供不应求。2006 年南京福利机构床位供给量只占老年人口的 1.224%,98% 以上的老人仍然采取了家庭养老、社区养老等方式⑥,老年人口数量一旦激增,就会引起供给总量跟不上需求。

(2) 养老机构普遍低档

在大城市随着人们生活水平提高,越来越多的老年人思想转变,渴望住进中高档养老机构,希望服务设施完善、养老居住环境好,可这部分机构还只是少数。2003 年底统计的 177 家老年福利机构中,超过 90% 的机构只能提供基

① 245 家养老机构信息. 南京市民政局,2019 - 08 - 22
② 江苏南京养老机构市场研究报告. 60 加研究院 2021 - 02 - 23
③ 董婉愉. 南京老龄化比全国早来 10 年 老年人总数全国第四[N]. 扬子晚报,2012 - 7 - 2
④ 金福元、左耕、钱锋、徐槐德、韩品嵋、范柄央、马恒芳、黄萍. 南京民办养老机构的现状和加快发展的对策建议. 银浪老龄产业网,http://www. yinlangcn. com/,2009 - 6 - 10
⑤ 张旭. 南京最大民办养老院落户江宁[N]. 江南时报,2006 - 12 - 27
⑥ 王雅乐. 2025 年 4 个南京人 1 个是老人. 新浪网,http://www. sina. com. cn/,2004 - 10 - 22

本的住养服务,仅有 10 家左右的机构能提供康复服务。1 571 名在册工作人员中,取得执业资格医生约 140 人,护士约 110 人,平均每家机构拥有 0.79 名医生,0.63 名护士[①]。2019 年带护理功能的养老机构全市仍不足 10%[②]。

（3）养老机构两极化

按照南京市老年人社会福利机构收费等级标准,养老机构可分为四个等级,以居室条件、公共设施、卫生条件和服务安全四方面区分（表 3－4）。

表 3－4　南京市老年人社会福利机构收费等级标准（以居室条件区分）

	一级	二级
居室条件	老人居室的单人间使用面积不小于 15 平方米;双人间使用面积不小于 20 平方米;三人间使用面积不小于 27 平方米。有独立卫生间、24 小时热水、地板（地毯）。配设沙发、电视、空调、电话、活动床、床头柜、桌椅、衣柜、衣架、毛巾架、毯子、褥子、被子、床单、被罩、枕芯、枕套、枕巾、时钟、梳妆镜、洗脸盆、暖水瓶、痰盂、废纸桶、床头牌等。室内家具、各种设备应无尖角凸出部分。介助、介护老人的床头应安装呼叫装置。有专为老年人服务的特灶。	老人居室的单人间使用面积不小于 12 平方米;双人间使用面积不小于 18 平方米;三人间使用面积不小于 24 平方米;合居型居室每张床位的使用面积不小于 7 平方米。有独立卫生间、电视、空调,配设单人床、床头柜、桌椅、衣柜、衣架、毛巾架、毯子、褥子、被子、床单、被罩、枕芯、枕套、枕巾、时钟、梳妆镜、洗脸盆、暖水瓶、痰盂、废纸桶、床头牌等。室内家具、各种设备应无尖角凸出部分。介助、介护老人的床头应安装呼叫装置。
	三级	四级
居室条件	老人居室的单人间使用面积不小于 10 平方米;双人间使用面积不小于平 16 平方米;三人间使用面积不小于 21 平方米;合居型居室每张床位的使用面积不小于 6 平方米。居室配设床、床头柜、桌椅、衣柜、衣架、毛巾架、毯子、褥子、被子、床单、被罩、枕芯、枕套、枕巾、时钟、梳妆镜、洗脸盆、暖水瓶、痰盂、废纸桶、床头牌等。室内家具、各种设备应无尖角凸出部分。介助、介护老人床头应安装呼叫装置。	老人居室的单人间使用面积不小于 10 平方米;双人间使用面积不小于 14 平方米;三人间使用面积不小于 18 平方米;合居型居室每张床位的使用面积不小于 5 平方米。居室应配设单人床、桌椅、衣柜、衣架、毛巾架、毯子、褥子、被子、床单、被罩、枕芯、枕套、枕巾、洗脸盆、暖水瓶、痰盂、废纸桶、床头牌等。室内家具、各种设备应无尖角凸出部分。介助、介护老人的床头应安装呼叫装置。

来源:南京市物价局、南京市财政局、南京市民政局二〇〇八年十月二十日发布的宁价费(2008)322 号文件《南京市老年人社会福利机构服务收费管理规定》

[①]　王雅乐.2025 年 4 个南京人 1 个是老人.新浪网,http://www.sina.com.cn/,2004－10－22
[②]　江苏南京养老机构市场研究报告.60 加研究院 2021－02－23

收费标准由床位费、护理费、空调费、伙食费、医药费、代办费等组成（表 3-5,6）。

表 3-5　基本床位费　(单位:元/床·天)

	单人间	双人间	三人间	四人及以上
一级	35	30	25	20
二级	30	25	20	15
三级	25	20	15	12
四级	20	15	12	10

表 3-6　基准护理费　(单位:元/床·天)

自理老人	5
介助老人	12
介护老人	30

来源:南京市物价局、南京市财政局、南京市民政局二〇〇八年十月二十日发布的宁价费(2008)322 号文件《南京市老年人社会福利机构服务收费管理规定》

根据南京市养老机构的等级及其收费标准,养老机构大体可分为两大类:第一类是中高档养老机构,即床位数 100 张以上的,拥有医疗康复、生活服务、文化娱乐等设施和专门服务人员,平均收费在 2 000～3 000 元、甚至五、六千元的养老机构,包括省办、市办、区办和社会办的养老机构。据统计,这类养老机构不到总数的三成[1]。

2009 年年底建成并投入使用的江苏省老年公寓,位于南京市集庆门大街 269 号,集庆门大街与清河路交界处,是江苏省政府 50 项重点工作及改善民生的十件实事之一。这个示范性的养老项目,是满足在宁机关、大专院校的离退休老年人入住机构养老需求的社会公益性建设项目,公寓占地面积近 100 亩,绿化率约 50%,总投资约 4 亿元,建筑面积近 6 万平方米,床位 870 张,由 12 个单体组成,分为颐养照料区、医疗康复区、餐饮娱乐区,综合保障区,是集老年人生活护理、医疗康复、娱乐休闲和老年康复研究、培训为一体的综合性社会福利机构(图 3-1)。一般自理老人收费标准约为 6 000 元/每人/每月。

---

① 王雅乐. 2025 年 4 个南京人 1 个是老人. 新浪网,http://www.sina.com.cn/,2004-10-22

图 3-1 公寓单体及服务楼

来源:作者拍摄

市办养老机构以南京市社会福利院为例,南京市社会福利院隶属于市民政局,是全市唯一市属养老机构,主要为老年人提供护理、医疗、娱乐和康复服务,1952 年建院,位于浦口区点将台路 56 号,占地 8.3 万平方米。院内现有颐养、康寿、康乐、康宁、益智 5 个生活休养区和 1 个医保定点医院——安宁医院(表 3-7,图 3-2,3),现有工作人员约 270 人,其中医护专业技术人员 66人,护理员均接受过养老护理专业培训和再培训,持证上岗。2002 年 9 月养老护理通过 ISO9001:2000 质量管理体系认证,总床位 600 余张,后勤保障设施齐全;院内环境优美,空气清新,绿化覆盖率达总面积 80% 以上。其中颐养楼、康乐楼入住自理和半自理老人,康宁楼、康寿楼入住生活不能自理老人,益智楼入住智力残疾人员(表3-8)。

表3-7　南京市社会福利院主要建筑及其功能一览图

名称	建设时间（年）	建筑面积（m²）	床位数（张）	功能分布
颐养楼	2003	6 800	200	适合自理、半自理老人入住，主要功能是精神娱乐和群体康复，有书法、绘画、唱歌、健身操等娱乐活动。
康寿楼	2001	2 600	110	适合高龄不能自理的老人入住，主要功能是生活护理和个体康复。
康乐楼	1998	3 120	70	适合自理、半自理老人入住，侧重于精神娱乐和群体康复，有书法、绘画、唱歌、健身操等娱乐活动。
康宁楼	2004	1 100	80	适合不能自理的老人入住，主要功能是生活护理和个体康复。
益智楼	重建中			适合智力残疾的人员，主要功能是特殊教育和生活技能训练。
安宁医院	2003	1 100	40	主要收治心脑血管疾病、难治性大面积褥疮、老年慢性疾病等患者。

来源：作者根据资料整理绘制

表3-8　南京市社会福利院颐养楼中双人间自理老人收费标准

（单位：元/每人/每月）

项目	单价(元/天)	天数	费用(元)	备注
床位费	36	30	1 080	一级
护理费	6	30	180	一级
空调费	6	30	180	冬、夏季按每天使用空调分摊
日杂费	—	—	25	
康娱费	—	—	10	
合计	—	—	1 475	

注：医药费、伙食费、特殊材料费等按实收取，总费用约2 000元/每人/每月。

来源：作者根据资料整理绘制

图 3-2　南京市社会福利院外景
来源:作者拍摄

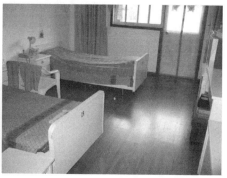

图 3-3　南京市社会福利院室内
来源:作者拍摄

区办养老机构以南京市月牙湖老年公寓为例(图 3-4,图 3-5),月牙湖老年公寓是南京市白下区规模最大、设施最高档的老年公寓,位于风景秀丽的月牙湖畔,紧临明城墙,有着深厚的文化底蕴,占地 2 500 平方米,四层中式建筑,公寓总投资 350 万元人民币,是一所集养护、托管、娱乐、康复和医疗服务于一体的老年社会福利机构[①]。公寓楼高四层,设有 106 个床位,包括夫妇床位 4 间,其余房间均为双人房间,设施齐备(表 3-9),有完善的护理服务和起居照顾。其收费标准见表 3-10。

表 3-9　南京市月牙湖老年公寓设施汇总表

房间	室内设施	位置
标准双人间	25 寸彩电,空调,电话,衣柜,写字台×2,椅子×2,私用卫生间,高级卧床(1 100 mm×2 000 mm)×2,紧急呼叫器	东 1～3 层
豪华双人间	精致装饰,25 寸彩电,空调,小型洗衣机,电话,衣柜,写字台×2,椅子×2,私用卫生间,高级卧床(1 100 mm×2 000 mm)×2,紧急呼叫器	东四层
一般双人间	25 寸彩电,空调,电话,衣柜,高级卧床(1 100 mm×2 000 mm)×2,紧急呼叫器	西 2～3 层

来源:作者根据资料整理绘制

[①]　南京市政府.南京月牙湖老年公寓投入使用.中国江苏网,http://www.jiangsu.gov.cn/,2008-3-17

表 3－10　南京市月牙湖老年公寓标准双人间自理老人收费项目明细表

（单位：元/每人/每月）

项目	单价(元/天)	天数	费用(元)	备注
床位费	30	30	900	一级
护理费	8	30	240	一级(24小时全护理需另收费)
伙食费	20	30	600	早餐4元,中、晚餐各8元
医疗服务费	5	30	150	—
日杂费	1	30	30	—
康娱费	—		10	—
水电费	—	—	50	—
合计			1 980	

注：豪华双人间：床位费为 1 000 元/每人/每月,其余同标准双人间,费用为 2 080 元/每人/每月。

一般双人间：床位费为 800 元/每人/每月,其余同标准双人间,费用为 1 880 元/每人/每月。

标准双人间一人住：床位费为 2 400 元/每人/每月,其余同上,费用为 3 480 元/每人/每月。

来源：作者根据 http://www.nj-yyh.cn/和调研整理绘制

图 3－4　南京市月牙湖老年公寓外景

来源：作者拍摄

图 3－5　南京市月牙湖老年公寓标准双人间

来源：http://www.nj-yyh.cn/

　　第二类是中低档养老机构,床位规模小,设施简单,收费较低,平均每月 400 元左右,主要包括街道主办的养老机构,约占总数的七成。以秦淮区夫子庙街道社会福利院为例。建于 1987 年的这座仿明清风格的二层楼房,由街道投资 12 万元建成。院内有 30 张床位,共 10 间寝室,每间寝室都有独立的卫生间,设有食堂、洗衣房、休闲花园,配备了冰箱、彩电、空调、淋浴器、健身器材、多功能室等基本设施;2002 年夫子庙、饮虹园两个街道合并后,地处中华门城堡东北面的饮虹园街道福利院成为分院,这是一座老式两进四合院平房,设有 20 张床位,并配置必备的日常生活设施,因其收费低廉而成为低收入老人较好的居住选择(表 3-11)。和中高档养老机构相比,这类机构设施明显缺乏,康复医疗服务不完善,仅为自理老年人提供基本住养服务。

表 3-11　南京市秦淮区夫子庙街道社会福利院基本情况表

面积(m²)	占地面积	建筑面积	室外面积	绿地面积
	750	540	230	100
床位数(张)	总数	入住人数	三无五保数	一级
	50	30	5	25
收费(单位:元/每人/每月)	自理费	介助费	床位费	餐费
	50	100~150	270	130
员工(人)	管理	医生、护士	护工	工勤
	1	—	4	1

来源:笔者根据资料整理绘制

(4) 大多数老年人不愿意入住养老机构

目前,南京市养老机构不能满足老年人各方面需求,包括心理、生理、经济承受能力、传统文化等。通过《南京市白下区社区养老服务的对策研究》调查问卷中关于养老机构的问题分析(附录 2 中表 15,16),可以看出,大部分老人还是选择家庭养老为主,这和养老机构不自由、缺乏家庭温情、与传统孝文化冲突、高档养老机构收费过高、低档养老机构条件过差有关。

3) 问题分析

通过对南京市养老机构的调查,笔者对南京养老机构存在的问题进行了分析:

(1) 南京市老龄化趋势严峻,养老机构数量不足,养老居住环境尚需改进。

(2) 南京市养老机构存在供求矛盾,两极分化明显,呈现高、中、低档倒金字塔形分布,中高档养老机构收费高、服务设施及医疗康复完善、居住环境好,适合退休金较高、子女经济状况较好的少数老年人,但这类养老机构的收费少则两三千,多则五六千,使多数老年人望而却步,入住率不高;中低档养老机构收费低,仅有基本住养设施,适合退休金较低、子女经济状况较差的大多数老年人,但这种养老机构居住环境差,入住率也不高。今后,要合理发展养老机构的规模,改善养老服务环境,鼓励社会力量的介入,使高、中、低档养老院呈现出中间大、两头小的橄榄型分布,提高性能价格比好的养老机构数量,面向大多数老年人服务。

(3) 南京市养老机构养老不适合大多数老年人养老。原因在于:① 南京是在 1990 年代初期经济尚不发达、社会保障体系尚不健全、社会福利事业尚不配套、人民生活水平不高时,依靠计划生育的催化、人口出生率人为下降而进入老龄化社会的,家庭仍是养老的第一基地。② 由于老龄化迅速发展,老年人口绝对数量大,社会养老机构远不能满足养老需求,特别是带有护理功能的养老机构数量太少,不能满足失能老人的需求,滞留在居住区的缺乏照顾的老人越来越多。"百行孝为先"是中华民族的传统美德,许多子女觉得将老年人送入养老机构是"不孝"的;一些老年人同样排斥被送入养老机构,过着脱离家庭的生活。③ 对于老年人来说,不愿意离开熟悉的环境居住生活,而大多数中高档居住环境好的老年公寓都在城市近郊,如全市唯一市属养老机构南京社会福利院位于浦口区顶山点将台路,距离市中心较远,交通十分不便;南京高淳舒乐养老院尽管环境优美,面向 20 亩小湖泊,配备专职医生,提供 500 m^2 室内活动场所,但因其地理位置是偏远的高淳区,使老年人有被社会和家人抛弃之感,入住率不高。

3.2.2 南京市老年人居住实态调查

通过前文分析,南京市大部分老年人是在家养老的,对这部分老年人的居住状况研究是本书的重点,也是探索老年人居住建筑发展之路的突破口。

1) 调查背景

为了全面了解独居老人的生存状况与服务需求,及时发现问题与总结经验,更好地为他们援助与服务提供科学的依据,南京市老龄办与南京大学社会学系于 2004 年 3 月 15 至 31 日对全市辖区内 60 岁及以上的独居老人的生存状况与服务需求进行了调查。本次调查抽取 166 个村/居委会,它们分布在全市 117 个乡镇街道中(全市共 128 个),每个村/居委会调查排序前 5 位独居老人,不足时调查紧挨的村/居委会,依次类推满 5 位为止,实际调查 836 位人,其中有 3 人在调查时不满 60 岁,因此有效样本为 833 人。从地理分布来看,六合区最多,为 126 人,雨花区最少,为 26 人。被调查的独居老人中男性 392 人,占 47.1%;女性 441 人,占 52.9%。受访者平均年龄高达 74.94 岁,主要集中在 65 至 69、70 至 74、75 至 79、80 至 84 四个年龄组,各占 20%左右;而 60 至 64 岁及 85 岁以上的独居老人较少(附录 1 中表 1～3)。本文抽取有关居住部分进行研究。

2)居住状况

(1)住房面积

独居老人在住房上有很大的差异。其中 19 位独居老人没有住房,占总数的 2.3%,在有住房的独居老人中,住房建筑面积最大的为 290 平方米,最小的只有 6 平方米,平均 39.0 平方米。独居老人拥有的住房建筑面积以 40 至 59 平方米为最多,占独居老人总数的 27.3%,而拥有住房建筑面积在 20 至 29 平方米与 30 至 39 平方米的独居老人分列第二与第三位,分别占独居老人总数的 19.0%与 18.2%。应引起重视的是,有 143 位独居老人的住房建筑面积不足 20 平方米,占总数的 17.2%,甚至有 19 位独居老人没有住房,占总数的 2.3%,这说明大约有 1/5(19.5%)的独居老人居住面积太小或根本就没有住房(附录 1 中表 4)。改善和解决这部分独居老人的居住问题成为当务之急。

(2)产权归属

独居老人现有住房产权大部分属于自己或配偶,占总数的 56.7%,其次是属于子女,占总数的 16.6%,租住公房的占 13.1%,租住私房的最少,仅占 3.2%(附录 1 中表 5)。

(3)生活设施配置

对独居老人调查数据显示,独居老人的生活设施配置很不完善。与生活密切相关的自来水、煤气/天然气、室内厕所的普及率分别仅达到 75.4%、66.0% 与 39.1%。在家用电器等其他生活设施方面,普及程度超过 50%的有电风扇(72.9%)、电视机(68.4%),普及率不足 50%的有电话(35.1%)、冰箱(31.3%)、收音机(31.1%)、洗衣机(30.6%)与空调(25.7%)。另外,分别有 24.6%、34.0%与 60.9%的独居老人没能用上自来水、煤气/天然气与室内厕所这三种老年人最基本的生活设施。甚至还有 6.5%(54 位)的独居老人没有一样上述所列的基本生活实施,这些独居老人的生活困难程度可想而知(附录1中表6)。

3) 南京独居老人居住状况分析

本次调查是针对南京独居老人的居住实态调查,这部分老年人收入低,缺乏家庭照顾,居住环境差,对他们的居住实态进行研究,对探索老年居住建筑更具有代表性和现实意义。

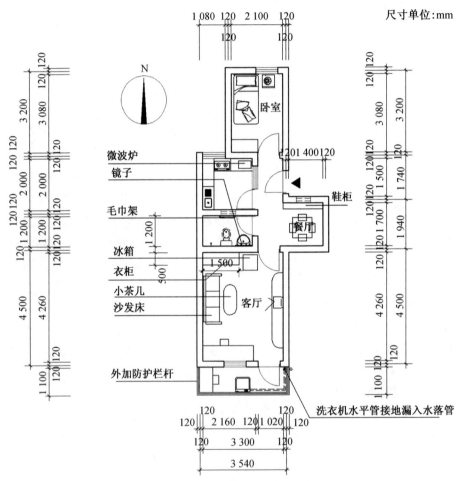

图 3-6 某独居老人居住的套型平面

来源:作者绘制

根据居住实态调查,作者发现部分在家养老的南京老年人居住环境并不好,甚至居无定所,突出表现在以下三个方面:一是住房质量差,年久失修的房屋较多;二是住房建筑面积过小;三是生活设施不配套,如与生活密切相关的自来水、煤气/天然气、室内厕所的普及率不高,更应特别注意的是少部分的老年人居然连这三个基本生活设施都没有。因此,居住建筑设计应首先满足老年人基本住房条件的要求,而后再考虑老年人心理和生理的特殊要求。

4) 独居老人居住实例

这是作者测绘的一名可自理的独居老人的住房。居住者是一位 80 岁的女性老人,因老伴去世,女儿为其租下自己楼栋中二楼的小套,既方便照料,又满足了老人独立生活的愿望。

这套住房一室一厅,建筑面积 47.42 m²,位于南京市建邺区南湖小区。因其是 1980 年代的住宅,住房质量不高,厕所经常漏水;入住前基本的生活配套齐全,但缺乏洗衣机、冰箱、微波炉、空调等家用电器的预留位置,住户入住后,只好重新安排这些设施,如将洗衣机设置在阳台,增设简易的给排水设施、冰箱放在客厅、在外墙上打洞安装空调等等;除此之外,房间面积偏小,尤其是卫生间,仅有 2.4 m²,只能放坐便器、洗漱盆两件器具,为方便老人洗澡,住户加了淋浴器。整个住宅没有适老化无障碍设计。

3.3　南京市老年人居住需求分析

3.3.1　老年人居住需求特性分析

根据美国心理学家马斯洛"自我实现理论"体系[①],可以概括老年人对居住建筑不同层次的需要。按马斯洛的理论,动机是个体成长发展的内在力量,是由多种不同性质的需求组成,这些需求之间,有高低层次之分,每一层次需求的满足,将决定着个体发展的境界。马斯洛认为,人类的需要依其先后次序为:生理、安全、爱与归属、尊重、自我实现,这些可以用在对老年人居住环境的分析上。

1) 生理需要

这是一切需求中最基本的生存需求,对于老年人来说,因身体机能的变

---

① 马斯洛(Abraham H Maslow,1908—1970)是美国著名心理学家,第三代心理学的开创者,提出了融合精神分析心理学和行为主义心理学的人本主义心理学,其中融合了其美学思想。自我实现是马斯洛的重要理论,它包括自我实现的本质、类型,自我实现者的特征,自我实现的途径等方面的内容。

化,产生特殊需求。就居住环境来说,包括居住面积、基本生活设施、住房质量、采光通风、出行方便、医疗服务,满足"老有所养、老有所医"的需要。

2) 安全需要

在人们的生理需求得到满足之后,就会产生保护自己的肉体、精神不受威胁、避免伤害的安全需求。老年人的居室应宽敞一些,便于行走和活动;内部设置无障碍设施,方便老年人使用,比如楼道要安装防护栏杆,以防其摔倒;卫生间要有安全扶手;楼层不宜太高,便于老年人进出;有条件的话可增设电梯。

3) 爱与归属的需要

在社会生活中,每个人总渴望在友情、亲情、学习、工作等各方面与他人交流,希望得到他人或社会群体的关注。老年人也有这些强烈的需求。首先,他们需要家庭的温暖,子女的孝顺,享受天伦之乐,在居住模式上希望与子女保持密切关系;其次,老年人也需要参与社会活动,与邻里、亲朋好友保持接触和交流,害怕孤独,这表明老年人还是愿意生活在熟悉的居住区环境中。这些就是"老有所依、老有所乐"的需求。

4) 尊重的需要

老年人特别爱面子,自尊心强,希望能自食其力,自己照顾自己,不希望成为社会包袱,被社会抛弃。

5) 自我实现的需要

人们都希望发挥个人的聪明才智,对社会作出贡献,取得一定成就。老年人也不例外,他们也希望为社会做一些力所能及的事情,实现自身的价值,发挥余热,发展个人爱好,追求个人兴趣。依照我国当前的社会发展水平,大部分老年人都有自己的住房,一部分老人的居住水平第一、第二层次的需求还没有满足,但随着社会经济的发展,不同生活水平的老年人的需求会不断地满足,更高层次的需求也会渐渐增多。以老年人居住为例,老年人对设施完善的老年公寓的需求增多是第一、第二层次需求,但入住了老年公寓后,远离了原来熟悉的居住社区环境,实现了与子女分开住后,又渴望子女常来团聚,期望与邻里交往,产生新的孤寂感,会有第三层次的需求;住在原有居住社区的老人,社区缺少无障碍设计使老人举步难行,出行的不便会伤害老人的自尊心,他们由此产生第四层次需求;一些文化修养高的老年人参与社会活动的热情很高,他们对老年活动中心、老年大学等各种以老年人为主的娱乐学习机构产生兴趣,有"老有所用,老有所学"的第五层次需求。

3.3.2　南京市老年人居住需求调查

1）住房满意度

数据表明，对住房条件感到"满意"或"比较满意"的占独居老人总数的六成多（62.4%），对现有住房条件感到"一般"的占独居老人总数的 16.2%，另有超过 1/5（21.4%）的独居老人对现有住房条件感到"不满意"或"不太满意"（附录 1 中表 7）。

对现有住房条件感到"不满意"或"不太满意"的 178 位独居老人中，房屋质量差与面积过小是他们对现有住房条件感到"不满意"的两大原因，分别占对住房条件感到不满意的独居老人总数的 59.0% 与 42.7%，以下依次为结构不合理（11.8%）、朝向不好（11.8%）、周围噪音大（6.7%）、楼层太高（4.5%）与治安不好（2.8%）（附录 1 中表 8）。

2）代际间居住模式

从南京市独居老人调查看出：有子女的独居老人，仅有 14.0% 的独居老人愿意或比较愿意与子女居住在一起，而近 3/4（73.2%）的独居老人表示不愿意或不很愿意与子女居住在一起，另外有 1/8 的独居老人表示是否与子女一起居住无所谓（附录 1 中表 9）。

对不愿与子女居住的 389 位独居老人进一步调查，有近三分之二（63.2%）的老人由于与子女分开住自由，近三分之一（31.9%）的老人怕给子女添麻烦，另外分别有 19.3%、13.1%、11.1%、0.8%、0.5% 的老人是因为子女工作忙没有时间照顾、房子小、子女不愿意、想再婚、子女不在国内的原因（附录 1 中表 10）。

3）南京市老年人居住需求分析

调查表明，相当部分的老年人对现有的住房条件感到不满意，老年人的居住需求还普遍停留在第一、第二层次的需求上。对于居住区的老年人居住建筑应首先满足老年人的基本需求，然后根据老年人的特殊需求，增加必要的适老化设施。从居住模式来看，随着家庭结构的缩小、思想观念的转变，大部分老年人已经不愿意和子女居住在一起，老年人更需要自己的独立空间，居家养老型的住宅设计模式应该多样化。对于那些无子女、且生活不能自理或自理能力较差的老年人，作者认为他们应在政府的帮助下集中供养，入住养老机构。

3.3.3 南京市未来养老居住需求调查

1990 年代初期,南京迈入老龄化社会后,受人口生育三次高峰的影响,2009 年后南京将产生三次老年人口高峰,分别为 2015 年、2025 年和 2045 年。2050 年后,南京人口老龄化趋势将逐渐平稳。鉴于此,有必要研究未来养老居住需求,以便探索老年居住建筑规划设计发展趋势,更好地解决老年居住问题。

1) 调查背景

南京大学社会学系与白下区社区发展暨援助研究中心于 2007 年 12 月,进行一项关于《白下区社区养老服务的对策研究》的问卷调查。调查对象是从白下区 60 万人口中随机抽取的 600 个调查对象之一,有效样本 453 人。从地理分布来看,朝天宫最多,占 11.0%,止马营最少,占 7.5%。其中男性有 186 人,占 40.6%;女性有 269 人,占 59.4%。年龄 29 岁及以下有 47 人,占 10.4%;30 至 39 岁有 53 人,占 11.7%;40 至 49 岁有 92 人,占 20.3%;50 至 59 岁有 103 人,占 22.7%;60 至 69 岁有 74 人,占 16.3%;70 岁及以上有 84 人,占 18.5%。本文抽取有关居住部分进行研究(附录 2 中表 1~3)。

2) 居住状况

(1) 住房面积

被调查者住房面积有所提高,超过八成的人(87.4%)住房面积在 90 平方米以下,不足 120 平方米、150 平方米、200 平方米及 200 平方米以上,分别占总数的 7.1%、4.2%、1.1%、0.2%(附录 2 中表 4)。

(2) 住房装修

被调查者居住环境有所改善,室内一般装修居多数,共 278 人,占总数的 61.4%,没有装修的和装修较好的各 104 人和 64 人,分别占总数的 23.0%和 14.1%,豪华装修的很少,仅 7 人,占总数的 1.5%(附录 2 中表 5)。

(3) 产权归属

现住房的产权大多属于自己或配偶,占总数的 53.4%,产权属于父母的产权占 10.2%,属于子女的占 9.6%,租住公房的占 15.8%,而租住私房的占 5.6%(附录 2 中表 6)。现居住房屋购建费用主要承担者中,自己或配偶占总数的 66.2%,父母的占 10.6%,两代人共同承担的占 8.6%,子女承担的占 6.8%(附录 2 中表 7)。

(4) 生活设施配置

自来水、煤气/天然气、室内厕所这些基本生活设施普及率很高,分别达到

99.6％、95.6％、96.3％；家用电器普及率也较高，电话、洗衣机、冰箱、空调、电视机分别达到 97.5％、96.6％、97.0％、94.2％、97.0％，以上都没有的仅占 3.2％（附录 2 中表 8）。

（5）住房满意度

数据显示，大部分被调查者对现住房还是满意的，占总数的六成多；另有近四成（38.2％）的被调查者对现有住房条件感到"不满意"或"不太满意"（附录 2 中表 9）。

对现有住房条件感到"不满意"或"不太满意"的 173 位被调查者中，房屋面积太小是他们对现有住房条件感到"不满意"的最大原因（83.4％），以下依次为周围噪音大（40.5％）、结构不合理（40.3％）、质量差（36.6％）、治安不好（35.6％）、朝向不好（33.3％）、楼层太高（20.6％）（附录 2 中表 10）。

（6）代际间居住距离

从调查数据可看出，代际间居住距离以南京主城区内为最多，其中父亲与您居住距离在南京主城区内的人数为 54 人，占 36.2％，母亲与您居住距离在南京主城区内的人数为 82 人，占 42.5％；其次是同住，其中父亲与您居住距离同住的人数为 29 人，占 19.5％，母亲与您居住距离在南京主城区内的人数为 42 人，占 21.6％；以下依次为江苏省内、江苏省外、南京郊区或郊县、同一社区、同一街道。这说明当前南京市代际之间的居住距离以南京主城区内和同住为多，家庭规模逐渐缩小，大部分父母已经不愿意和子女居住在一起，养老居住模式向多元化发展（附录 2 中表 11）。

3）有关养老机构的问题调查

《白下区社区养老服务的对策研究》中对调查者提出了有关养老机构的问题（附录 2 中表 12～16）。调查显示，近一半的中年人（47.0％）和老年人（49.3％）不了解各种养老机构；超过一半的人对各种养老机构印象一般；在问到是否愿意入住养老机构时，中年人认为"很愿意"和"比较愿意"的占 41.6％，"不太愿意"的占 15.3％，而老年人认为"很愿意"和"比较愿意"的占 28.8％，"不太愿意"的占 22.2％；对不愿意入住养老机构的原因，中老年人的意见基本一致，依次为经济上承受不起、不自由、养老机构条件差、服务不好、怕对子女有不好影响等。

4）有关社区居住养老服务及精神文化生活调查

调查表明，超过半数（52.9％）中老年人有对社区服务的需求。这些服务主要包括：上门做家务（26.5％）、家庭病房（19.0％）、陪同看病（18.5％）、法律援助(13.7%)、聊天解闷(12.2%)、日常购物(8.2%)、老年人服务热线(4.9%)、旅游(3.4%)、送饭(2.6%)几个方面(附录2中表17)。

另一方面,南京未来老年人对精神文化生活需求也很强烈。附录2中表18,19,20是对社区活动场所和参加文体活动的喜欢程度的调查。调查显示,有四成(43.5%)的被调查者经常去室外空地,接下来依次是公园(38.7%)、市民广场(37.0%)、运动场地(8.7%)、老年活动室(7.7%)、社区小商店(4.1%)、老年大学(1.7%)、老年人协会(0.7%)、老干部活动中心(0.5%)、托老所(0.2%)。可以看出,社区老年活动场所由于分布不均、设施短缺,利用率不高。文体活动的喜欢程度是通过年龄组和受教育程度来调查的。结果表明,被调查者年龄越大,越不太喜欢参加文体活动,不太喜欢的比例依次为30岁以下(17.3%)、30~39岁(21.3%)、40~49岁(29.1%)、50~59岁(31.8%)、60~69岁(34.3%)、70岁及以上(40.6%);被调查者文化水平越低,越不太喜欢参加文体活动,不太喜欢的比例依次为不识字或很少识字(65.0%)、小学(60.4%)、初中(34.5%)、高中(28.8%)、大专(12.5%)、本科及以上(8.4%)。这说明,随着教育程度的普遍提高以及自身的兴趣,未来老年人更喜欢参加文体活动。

5) 南京市未来养老居住需求趋势分析

通过对南京市白下区养老服务的调查研究,分析了区内18周岁以上的人口未来养老居住的需求,以充分应对南京市2015年、2025年和2045年的老龄人口高峰期将出现的严峻的老年居住问题。

白下区18岁以上人口的居住状况比以前有所改善,体现在住房面积增加,装修率高,基本生活设施和家用电器普及率高,虽然一部分家庭的居住面积仍然较小,但是近年来南京市开始加强小区建设,完善配套服务设施,这一状况逐渐改善。根据南京市江南八区城镇家庭住房状况调查主要数据显示,目前,我市江南八区人均住房建筑面积为29.53 m^2;人均住房建筑面积大于30 m^2的已占41.7%;户均套数1.14套,也已达到"户均一套房"的要求。此外,住房的成套率和完好率均超过90%,家庭对现有住房的满意和基本满意率达到八成;同时,"三区两县"的住房面积还应大于江南八区,可以说我市已经基本实现了住房"小康"的目标(表3-12)①。良好的住区建设为南京市未

---

① 南京市江南八区城镇居民人均住房建筑面积已达29.53 m^2. http://www.house365.com/,2008-1-11

来养老居住打下了坚实的基础,未来会有更多的老年人选择居住区养老,这是南京未来养老居住一大趋势。

表 3－12　南京市江南八区城镇家庭住房状况调查主要数据一览表

	总户数 (万户)	调查 样本 (户)	调查 人数 (人)	户均 人数 (人)	户均 建筑 (m²)	人均建 筑面积 (m²)	户均 套数 (套)	住房 需求 (%)	满意及 基本满 意(%)
江南八区	95.69	30 532	83 354	2.73	80.62	29.53	1.14	22.7	79.7
玄武区	13.42	4 300	11 771	2.74	80.61	29.42	1.14	29.9	87.7
白下区	16.49	5 306	14 506	2.73	78.11	28.64	1.11	25	78.2
秦淮区	9.56	3 030	8 049	2.67	71.74	26.88	1.11	26.7	71.3
建邺区	8.18	2 579	7 059	2.74	81.9	29.89	1.12	24.5	81.3
鼓楼区	19.71	6 292	17 630	2.8	85.76	30.63	1.15	19.9	76.5
下关区	10.66	3 437	9 199	2.68	69.92	26.09	1.11	20.7	76.1
栖霞区	10.82	3 407	9 296	2.73	89.16	32.66	1.23	14.8	85.4
雨花台区	6.85	2 181	5 844	2.68	86.3	32.2	1.14	18.6	84

来源:http://www.house365.com/,2008－1－11

　　南京未来养老居住的另一趋势是居住区老年居住模式①的多元化。本调查显示,代际之间居住以同城区分住最多,其次为同住。随着社会经济的发展,思想观念的转变,未来的老年人越来越不愿意和子女居住在一起,即便如此,交通的便利、通讯的发达使同一城市内的子女也可方便地照顾父母,由此可见,"毗邻模式"是未来老年人需求潜在的最大模式,随着父母年龄的增长、身体状况的变化,同一居住区的"毗邻模式"成为未来老年人和子女最可能的居住模式;同时,居住区中"独居模式"在整个居住模式中呈整体上升趋势,"合居模式"在整个居住模式中呈整体下降趋势;另外,"借助老年服务设施模式"在未来有上升趋势,这同未来老年人经济状况和健康状况有关,经济状况好的老年人,希望入住设施完善的小康型老年服务设施;居住区内健康状况差、生活无法自理的老年人也会选择这一模式。

　　另外,随着社会经济水平以及自身文化素质的提高,未来以家庭养老为主的老年人,更希望精神文化生活需求的加强,对住区医疗保健、文化娱乐、老年

---

　　①　天津大学建筑学院夏青将现有的老年居住形式归纳为四种模式,分别是合居模式、独居模式、毗邻模式和借助老年服务设施等四种模式。

专业照料等配套服务设施、对住区老年活动场所、中心花园等环境、对住区居家养老服务网络系统有一定的需求。

总体来说,南京未来老年人居住需求会更高,不仅仅停留在第一、第二层次上。大多数居住区内的未来老年人会对住宅、住区环境和住区服务上有更高的需求。除此之外,一些经济状况好的未来老年人,对设施完善的高档老年公寓有一定的需求。

3.4　小结

本章详细分析了南京市老年人概况,包括南京市人口老龄化现状与特征以及人口老龄化发展趋势展望;接着,对南京市老年人居住现状进一步研究,调查研究了南京市养老机构的供给现状及南京市老年居住实态,对南京市独居老人生存状况与服务需求调查报告数据进行了分析;最后,通过马斯洛的"自我实现理论"体系为理论指导,以南京市独居老人生存状况与服务需求调查和白下区社区养老服务对策研究调查数据为基准,分别分析了南京市老年人居住需求和未来养老居住需求,结合上一章整体分析了我国老年人居住建筑现状与问题,为下一章探讨我国城市养老模式下老年人居住建筑设计研究提供依据。

第4章 居家式社区养老与常态社区老年人居住建筑设计对策

4.1 国外不同养老模式下老年人居住建筑现状

4.1.1 以美国、加拿大为代表的北美国家
——以社会保障制度为核心的多元化养老模式与居住建筑

1960 年代末,美国开始进入老年型社会。1965 年制定《美国老人法》,对老年人的居住问题提供法律上的支持,近年来已修订多次,对老年住宅、福利设施和社区计划三方面作出改进。70 年代开始建造大量老年人居住建筑。80 年代出现大量老年社区,并且规划设计呈现多样化局面。太阳系布局的社区空间结构是较为典型的形式。该结构体系将老年住宅、餐饮、娱乐、商店和医疗保健等机构组织在社区居住环境内。90 年代老年人居住建筑种类更多,如有介护居住设施独立式公寓、有持续护理的退休老人社区等。与子女共居的美国老年人很少,75％的美国老人拥有自己的住宅。在社会养老设施中居住的老人仅占 5％,随着老年人口高龄化趋势进一步发展,住进社会养老设施的老人将大幅度增加。因为美国老年人普遍比青壮年富有,因此开发老年社区有很大的市场[①]。

目前美国国内主要开发三种住宅:独立式老年住宅、集合式老年住宅、护理型老年住宅[②]。独立生活住宅和持续护理型住宅是美国老年人住宅市场的主体,其中独立生活住宅的发展模式较成熟。老年住宅可结合社区服务设施、社交场所、医疗中心及交通设施布局,其优点是:可在居住社区中灵活布局,服务的针对性强,经济性较好,家居气氛较浓。

---

①② 马玉洁.适合我国多元养老模式下的社区居住空间环境研究[D].太原:太原理工大学,2002

美国解决老年居住问题，有以下几种方式：一、新建老年公寓和老年社区以及多种形式的老年住宅；二、对旧房适老化改造；三、给老年人建造活动住宅；四、政府对老年人实行各种住房优惠政策；五、对经营管理老年住宅的机构，政府予以政策上的支持。

加拿大在老年公寓建设方面采取一系列的鼓励政策，如鼓励廉租老年公寓建设，供完全自理的老年人使用，政府提供财务支持，租金固定在老年人或老年夫妻收入的 25%；各层面政府还提供财务赞助鼓励老年人长期护疗中心的建设，供失去自理能力的老年人居住①。在加拿大，将老年公寓分为三类：一、具有自理能力的老年人公寓；二、具有半自理能力的老年人公寓；三、失去自理能力的老年人公寓或长期护疗中心。大多数情况，老年公寓都是租赁的，那些极少数出售的老年公寓只针对完全有自理能力的老年人。

4.1.2 以瑞典、英法为代表的欧洲国家
——以社会福利制度为核心的独立生活养老模式与居住建筑

瑞典是当今世界上老年人口比重最大的国家之一，64 岁以上人口接近20%②，预计到 2025 年老年人的比例将达到 22.29%③。瑞典拥有完善的社会福利制度，所有公民都可享受国家提供的基本福利，是福利国家的楷模，人们的生活压力小，退休前能积蓄一定的养老金。瑞典的老年住宅政策以扶助老年人独立生活为目标④。老年人在不同的年龄阶段，根据身体的健康和个人意愿，可以选择合适的住宅模式。老年住宅模式主要有：一、自理型老年住宅，即老年人居住在适老化改造的普通住宅中，日常生活由社会福利委员会提供看护等其他服务，目前瑞典有 88%的老年人居住在普通住宅内养老；二、老年人专用住宅，即老年人专用住宅单元，室内设备为老年人设计，同时还有专门管理人员、社会服务机构，有一个卧室并带卫生间，建有公共餐厅、公共休息室和健身房等；三、老年人服务住宅，即设有卧室、厨房、卫生间、公共食堂、医务室和各种警报系统的服务单元⑤。

英国是西方倡导福利政策最早的国家。老年人的居住方式多选择分散独

---

①②⑤ 刘美霞,娄乃琳,李俊峰. 老年住宅开发和经营模式[M]. 北京:中国建筑工业出版社,2008

③ 马玉洁. 适合我国多元养老模式下的社区居住空间环境研究[D]. 太原:太原理工大学,2002

④ 从摇篮到坟墓,世界最完善福利体系即将终结,2004

立居住,与子女合居的比例较小,老年人口中住进各种政府养老设施的仅占 4%①(表 4-1)。

表 4-1　英国老年人居住建筑形式及所占人数比例

住宅形式	占老年人比例	备注
适老化普通住宅	73%	59%的老年人有自己的住房或租用私房,38%的人租用公房
老年公寓	15%	
无管理老人村	3%	
有管理老人院	5%	7.7
居民之家	2.5%	其中 35%在 85 岁以上
养老院老年病医院	1%	
贫民所	0.5%	

来源:刘美霞等.老年住宅开发和经营模式[M].北京:中国建筑工业出版社,2008,P301

表 4-2　国际慈善机构(HTA)老年人居住建筑分类法

HTA 分类	住户所需提供服务程度
1	非专用或用作富有活力的退休和退休前老人居住的住宅。他们有生活自理能力,因而可生活在自己的寓所中。
2	可供富有活力,生活基本自理,仅需某种程度监护和少许帮助的健康老人居住的住宅。包括经过专门改造的原来的住宅。
3	专为健康而富有活力的老人建造的住所,附带帮助老人基本独立生活设施,提供全天监护和最低限度的服务和公用设施。
4	专为体力衰弱而智力健全的老人建造的住所。入住者不需医疗护理,但可能偶然需要个人生活的帮助和照料,应提供全天监护和需要时的膳食供应。
5	专为体力尚健,而智力衰退的老人所建的住所。入住者可能需要某些个人生活的监护,公用设施同 4 类,但可按需另增护理人员。
6	养老院,专门为体力和智力都衰退并需要个人监理的老人所设。入住者中很多生活不能自理,因而住所不能是独立的,应为入住者提供进餐、助浴、清洁和穿衣等服务。
7	护理院。入住者除同上外,还有患病,受伤,临时或永久的病人。这类建筑应有注册医疗机构。住房几乎全部为单床间。

来源:胡仁禄.国外老年居住建筑发展概况[J].世界建筑,1995,(3):28

---

① 刘美霞,娄乃琳,李俊峰.老年住宅开发和经营模式[M].北京:中国建筑工业出版社,2008

老年住宅问题是英国社会保障的重要内容之一。1969 年英国住房建设部和地方政府首次明确规定了老年人居住建筑的分类标准,并在 1986 年开始采用国际慈善机构(HTA)制定的标准(表 4-2),按人口老龄化过程中各阶段需提供的不同服务程度,相应把老年人居住建筑分为七类,包括Ⅰ类住宅,Ⅱ类住宅、退休住宅、生活基本自理住宅、护理住宅、养老院和护理院等。英国具有代表性的老年住宅有三类:一、针对独立生活的老年人,提供内部无障碍设计;二、在上述住宅的基础上,增设常驻的特别管理人员;三、将服务对象扩大到身体衰弱、行动不便的老人,每天至少提供一次饮食服务。另外,老年住宅配套服务也很周到,博维斯公司和伯明翰大学医学系曾合作推出一种高龄老人医疗服务公寓,服务项目多达 25 种,包括饭厅、24 小时看护、车送商店购物等,销售情况好①。

法国是人类历史上最早进入老龄化社会的国家,早在 1850 年,欧洲产业革命即将结束的时候,法国 60 岁以上老年人已占总人口的 10%,进入了老龄化社会。在法国,退休的老年人每个月的收入比年轻人要高,可以享受很好的福利待遇。因此,法国的老年产业迅速发展,其养老设施大体上分为四种,即老年酒店式公寓、护理院、收容所和中长期老年医院。②

老年酒店式公寓是法国解决老年人住房问题的主要模式(图 4-1)。在这种酒店式公寓中,配套设施完全根据老年人的需要设计,如无障碍设施、防滑设施等,服务人员远远多于普通酒店或酒店式公寓,老年人根据不同的收入和生活习惯等情况选择单间或者是合住,也可以依据自己的需要选择长住或短住。收容所包括公立和私营两种,是为生活能够自理的老人而建的一种收费较低的住宅形式,除了提供食宿外,常常还会提供一般医疗保健和文化生活服务,费用由老年人自理,国家也会为一些低收入的老年人提供住房补贴。失去生活自理能力的患病老人主要收住在护理院,因其有较完备的医疗和生活服务设施。中长期老年医院属于康复医院性质,以治疗为主,收治一些经过治疗后有希望恢复生活自理能力的老年患者。在法国,各类养老设施,由社会福利部统一管理,并划入社会安全保障体系之中。由卫生部门管理养老院的医疗服务,形成了社会福利和医疗保健相结合的体制。

① 刘美霞,娄乃琳,李俊峰. 老年住宅开发和经营模式[M]. 北京:中国建筑工业出版社,2008
② 王明川. 我国老年住区发展现状及对策研究[D]. 天津:天津大学,2007 年 7 月

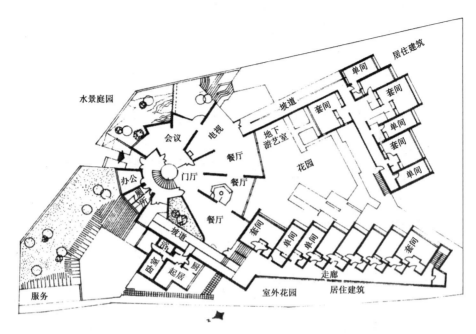

图 4 – 1　法国酒店式老年公寓

来源:王明川.我国老年住区发展现状及对策研究[D].天津:天津大学,2007,P17

4.1.3　以日本、新加坡为代表的亚洲国家
——以社会福利制度为支持的多代共居居家养老模式与居住建筑

　　1970 年日本开始进入老年型国家,1995 年老年人口占总人口的 14.37%,到 2000 年约有 17% 的人口为 65 岁以上的老人,至 2006 年日本 65 岁以上老人比例达到 21%,居世界首位①。日本养老模式在参照西方发达国家的同时,注重本国孝敬老人的传统。政府鼓励福利政策推行"多代共居"居家养老模式。在 20 世纪 60 年代,日本发展"两代居"的理念,既符合东方国家传统养老模式,又适应现代人的需求,是有分有合、老少同住的新型住宅形式(图 4 - 2)。社区中主要提供三种住宅产品:老年人与家人共同生活的住宅产品,拥有无障碍设施的老年人住宅产品,具有看护性质的老年人住宅产品。三

---

　　①　刘美霞,娄乃琳,李俊峰.老年住宅开发和经营模式[M].北京:中国建筑工业出版社,2008

种老年住宅在社区内共存,同时加强社区服务,鼓励亲子家庭形成互助网络,组成满足各类型老年人需求的生活社区。此外,日本老年住宅突出自助自理,日本老年人的生活质量高,住宅的技术和电器化程度很高,使得老人能在生活中充分实现自助和自理。对于细部设计,日本老年住宅注重适应老年人需要的无障碍设计和潜伏设计,比如增加扶手、门或过道的宽度,便于轮椅通过。日本的养老设施相对较为完善,已经形成门类齐全的服务体系。同在亚洲文化圈,日本的养老观念与中国有很多相似之处,95.5%的老人愿意在家中养老①。日本提倡从设计策划阶段开始,就对结构、布局等事项充分考虑,尤其对使老年人能独立生活的无障碍方面考虑。90%以上的日本老年住户现在居住的住宅标准高于日本政府规定的最低居住水平,现有 60 岁以上居住者的住宅中,有 18.6%在构造和设备上考虑了老年人居住的需求②。日本政府针对老人居住问题出台了许多政策,早在 1963 年,日本就颁布了"老人福利法",至

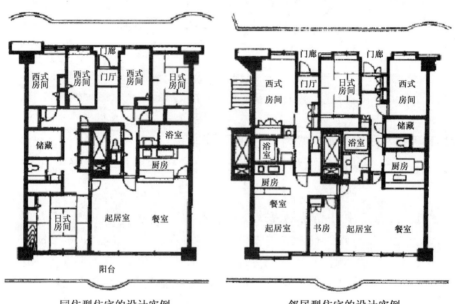

同住型住宅的设计实例　　　　邻居型住宅的设计实例

图 4-2　日本两代居设计实例
来源:王涛.老年居住体系模式与设计探讨[D].西安:西安建筑科技大学,2003,P73

---

①　刘美霞,娄乃琳,李俊峰.老年住宅开发和经营模式[M].北京:中国建筑工业出版社,2008
②　刘美霞,娄乃琳,李俊峰.老年住宅开发和经营模式[M].北京:中国建筑工业出版社,2008

今已修改五次,形成了具有东方文化传统特色的居住福利对策(表 4-3)。1995 年 6 月出台了《对应长寿社会的住宅设计方针》,对住宅室内各部分设计进行了细致的规定,以符合老年人的行为需要,目的在于帮助老年住户尽可能长时间的保持在住宅内独立、安全的生活能力;1996 年 3 月出台了《福祉性街区规划建设手册》,规定社区建设应该为老年居住者考虑;另外,《日本长寿社会对策大纲》还提出了以"适应终生生活设计"为基本原则的居住环境体系对策。

表 4-3　日本老年人居住福利对策

在宅福利对策		设施福利对策	
需要援护老人对策	老人家庭服务员派遣事业	入所设施	养护老人之家
	老人日常生活用品发放等事业		特别养护老人之家
	短期保护事业		轻费老人之家(A 型)
	日间服务事业		轻费老人之家(B 型)
	痴呆老人处理技术进修事业		
促进社会参与对策	高龄者能力开发中心	利用设施	自费老人之家(B 型)
	都道府县市老人俱乐部活动推进员		老人福利中心
	老人俱乐部活动等		老人休息之家
	创造生存意义的事业		

来源:根据"胡仁禄.国外老年居住建筑发展概况[J].世界建筑,1995,(3):30"整理

新加坡华人居多,政府鼓励多代共居以解决老年人养老问题,主要政策是实行以强制储蓄模式为特色的社会保障制度,称为公积金制度。新加坡推行"居者有其屋"的政策,提倡家庭和睦,尊重和赡养老人,鼓励兴建"多代同堂"组屋。组屋一般有两房式、三房式、四房式和五房式等多种。其空间关系基本相同,分为主体房和单房公寓,以起居室连通两户,既分又合,适应两代和谐共处。见图 4-3。

尺寸单位:mm

A型
建筑面积 165 m²
其中:主体住房 123 m² 单房公寓 42 m²

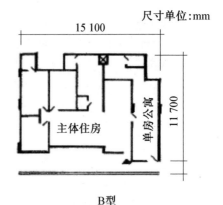

B型
建筑面积 150 m²
其中:主体住房 105 m² 单房公寓 45 m²

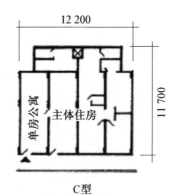

C型
建筑面积 133 m²
其中:主体住房 93 m² 单房公寓 40 m²

图4-3 新加坡多代同堂组屋套型设计实例

来源:王明川.我国老年住区发展现状及对策研究[D].天津:天津大学,2007,P26

4.2 国外不同养老模式下老年人居住建筑开发对我国的借鉴

4.2.1 借鉴东西方不同老年人居住建筑开发的研究对策

东西方不同老年人居住建筑开发是由东西方不同的社会价值观念和生活方式历史地形成的,不同的历史背景产生的不同的社会价值观念决定了各国

对待老年居住问题的态度。(表 4 - 4)

1) 西方价值观背景下的老年人居住建筑开发

西方价值观背景下,很少有传统的大家庭观念,子女结婚后与父母分居,两代人既保持各自独立的发展空间,又保留互助互爱的代际关系,因此老龄化不会给社会带来家庭居住模式的巨大影响,只给社会提出如何帮助大量老年人安全和独立生活的问题。在这种社会需求下,老年居住问题的解决主要靠老年社区服务、社会保障及老年公寓等,在社区规划上出现了提高社会效益、老年人聚居的老年社区;在住宅模式上出现了专用老年住宅,包括现代智能型住宅;在老年居住环境的建设上,政府鼓励民间机构和组织的参与和投资。对那些没有能力在自己家中独立生活的老人,根据个人的健康状况选择相应的社会养老设施居住。

2) 东方价值观背景下的老年人居住建筑开发

以日本为代表的亚洲国家,与我国有着相似的文化背景,人们大多重视传统的家庭养老功能。随着现代化社会发展、社会生活方式的改变,家庭养老模式受到了冲击,亚洲各国的政策是坚持传统的家庭养老功能,改善家庭的养老环境,逐渐适应现代家庭生活的需要。在老年住宅设计上提倡原宅养老,在设计策划阶段就有使用者年老后的潜伏设计;以福利政策推行多代同居的住宅,如日本的老少同住、有合有分的"老少居"新型住宅体系,新加坡的"多代同堂组屋计划",鼓励老年人与子女同住。在社区规划上,创造老少几代建立亲密联系的空间布局,并在社区内设立社会服务网络。身体状况差,生活不能自理的老人应入住各类社会养老设施养老。

表 4 - 4　东西方老年居住环境及对策比较

比较项	西方国家	东方国家
传统家庭观	社会风尚是独立自主、互不拖累	社会公德应赡养老人、敬老爱幼
主体家庭结构	亲子分居小家庭为主体	多代同堂大家庭为主
老年福利体制	政府立法,社会保险	政府立法,社会家庭共担
老年福利对策	增强老人独立生活能力	增强家庭养老功能
老年住宅形式	低层独立式住宅或公寓	多层集合式住宅或公寓
社区服务目标	援护纯老年家庭	援护在宅养老环境
老年居住福利设施	满足老人对居住环境多样性需求	开发社区服务网点,收养在宅养老有困难者

来源:王涛. 老年居住体系模式与设计探讨[D]. 西安:西安建筑科技大学,2003,P45

4.2.2 借鉴国外老年人居住建筑开发的经验

各国在发展老年人居住建筑的过程中,各有特色,对我国老年人居住建筑的发展有很大的启示。

1) 英法德等欧洲国家对老年人居住建筑的福利化政策

"福利制"是欧洲社会的重要特点,欧洲多数国家已将老年人居住建筑纳入整个社会保障体系中。英国是西方提倡福利政策最早的国家之一,自 1931 年进入老年社会后,英国社会保障体系的一个重要组成部分就是老年人居住建筑建设,政府特别关注的是占绝大多数的独立生活的老年人,积极建设社会服务设施;德国的民间福利团体中非营利团体为老年人居住建筑提供生活援助服务;法国也为低收入老年人提供住房补贴。受到经济水平限制,我国可效仿欧洲,对老年人居住方面采取一些辅助的福利制度,如在社区提供更多的助老服务、为老人住房提供补贴等。

2) 美国老年人居住建筑的规模效应和产业化

以美国为代表的北美富裕国家,其老龄化与经济发展是同步的,美国的老年人普遍富有,65 岁以上的老年人中约 75% 的人拥有自己的住宅,全国私有资产的 40% 被 65 岁到 75 岁年龄组的老人拥有,平均每人 12.5 万美元[①]。这些为解决老年居住问题提供了强大的经济基础。老年人居住建筑这一产业极大地吸引着商业部门,再加上政府提供了各种优惠政策鼓励私人企业投资经营,并在配套和管理方面采取支持措施,形成了老年人居住建筑开发的规模效应和产业化。以老年社区的开发为例,最初是于 20 世纪 60 年代首先在加利福尼亚、亚利桑那和东部沿海各州建造,至今它已遍布全国各地,取得了可贵的实践经验[②]。随着我国经济的发展,在一些特大城市,可适当开发一些大型集居化养老模式的老年社区,以满足少数经济状况好的老年人安度晚年。

3) 老年人居住建筑建设上的人文关怀和智能化

西方国家在老年人居住建筑的建设上充分考虑了针对老年人生理和心理特点的人文关怀,既让其方便使用,又不会使其感到无用和寂寞。同时,又采用了区别对待的关怀模式,对于那些能自理的老人,提供一些必要的帮助,使其自由独立地生活;对于那些丧失自理能力的老人提供全面的服务。在日本,由于人工成本较高,老年人居住建筑的智能化水平很高,常以高技术和高电气

---

①② 胡仁禄.美国老年社区规划及启示[J].时代建筑,1995,(3):39～41

化程度替代人工服务。如为高龄老人设计的公寓,声控的各种电气设施齐全,老人足不出户,各种基本的服务都能提供。在我国老龄化趋势严重的背景下,老年人居住建筑建设不能盲目崇尚数量,还应引入人文关怀模式和符合我国国情的智能化设计。

4) 老年人居住建筑常态化和社区化

目前,越来越多的国家鼓励老年人在家养老,鼓励老年人居住建筑的常态化,因为人的一生都将经历从幼年→青年→壮年→老年的生命过程,人进入老年后,并不愿意离开自己熟悉的居住环境。日本开发的"长寿型住宅"就是根据这一理念设计的(图4-4),一些西方国家也开始贯彻老年住宅设施的常态化,即在普通住宅的设计和建造阶段,在细部设计上考虑年老后的特殊使用要求。同样,"家"在我国人心目中的重要性是不言而喻的,积极推广老年住宅的普通化是十分有必要的。另外,美国老年人居住建筑的社区化发展也值得我国借鉴,一些大城市中经济条件好、文化素质高的老年人对大型独立型老年社区需求较大,而大部分在宅养老的老年人并不希望年老后离开长久居住的社区,因此对常态社区中老年人居住建筑更感兴趣,究竟哪一种老年社区更适合老年人心理需求和我国国情,本书将在下文深入探讨。

4.2.3 借鉴国外老年人居住建筑配套服务

西方发达国家在老年人居住建筑的配套服务方面也做得比较好。在德国,提出照料护理式住宅理念,在老年住宅中构建一个多功能和动态立体的照料护理系统。瑞典有一种为老年人统一提供服务的住宅,配备管理人员,老人生活可依靠社会服务机构上门服务。英国鼓励老年人独立生活,常在有老年人住宅的社区里,增设管理人员,老年人可通过紧急联络系统和管理人员保持联络。我国可借鉴国外对老年住宅配套服务方面的考虑,帮助老年人独立生活。尤其是发展常态社区老年人居住建筑时,在社区中建立社会性服务支持系统,并根据老年人不同的健康状况及其需求,分别提供不同的社会服务。

4.2.4 借鉴国外政府对老年人居住问题的关注态度

纵观国外老年人居住问题解决得比较好的国家,都是对老年人居住问题非常重视的,这些国家的政府颁布了许多法律、政策标准等。日本在1963年颁布了《老年人福利法》,实施后先后五次修改,已逐渐完备。《日本长寿社会对策大纲》中有专门一章讲述老年人居住问题;美国在1960年代中期制定了

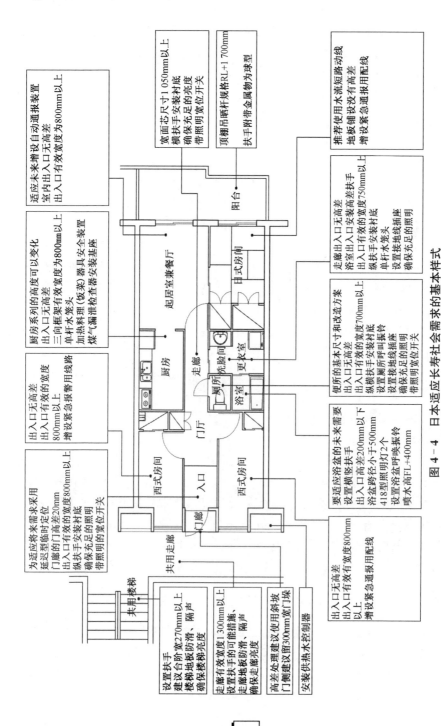

图4-4 日本适应长寿社会需求的基本样式

来源：作者根据"（日）住宅·都市整治公团关西分社集合住宅区设计[M].张桂林、张军英.北京：中国建筑工业出版社，2005，P43"绘制

适应未来增设自动通报装置
室内出入口无高差
出入口有效宽度为800mm以上

宽面芯尺寸1050mm以上
横扶手安装衬底
确保充足的亮度
带照明宽位开关

推荐使用水流短路动线
地板铺设没有高差
增设紧急通报用配线

厨房系列的高度可以变化
出入口无高差
三向框架有效宽度为800mm以上
单杆水笼头
加热料理（饭菜）器具安装装置
煤气漏泄检查器安装基座

顶棚吊晒杆规格RL=1700mm
扶手附带金属物为球型

走廊出入口无高差
浴室出入口安装高差扶手
出入口有效宽度750mm以上
纵扶手安装衬底
单杆水笼头
设置接地线插座
确保充足的照明

出入口无高差
出入口有效的宽度
800mm以上
增设紧急报警用线路

便所的基本尺寸和改造方案
出入口无高差
出入口有效宽度700mm以上
纵横扶手安装衬底
设置厕所呼叫振铃
设置接地线插座
确保无足的照明
带照明宽位开关

为适应将来需要采用
延迟型临时定位
门槽高差20mm
出入口有效安装衬底
纵扶手安装衬底
确保充足的照明
带照明的宽位开关

要适应浴盆的未来需要
设置横竖扶手
出入口高差200mm以下
浴盆跨径小于500mm
418型照明灯2个
设置浴盆呼唤振铃
喷水高FL+400mm

出入口无高差
出入口有效的宽度800mm
以上
增设紧急通报用配线

设置扶手
建议台阶宽270mm以上
楼梯地板防滑、隔声
确保楼梯亮度

走廊有效宽度1300mm以上
设置扶手的同时
走廊地板防滑、隔声
确保走廊亮度

高差处理建议使用斜坡
门槽侧建议留300mm宽门垛

安装供热水控制器

阳台

起居室兼餐厅

日式房间

厨房

走廊

更衣室

厕所

洗脸间

浴室

门厅

西式房间

入口

门廊

西式房间

共用走廊

共用楼梯

《美国老人法》；1969 年英国住房建设部制定了《老年人居住建筑分类标准》；丹麦为解决老年人居住问题实行"老年人居住三原则"，即"居住连续性""自行决定""充分发挥自立能力"；丹麦的《老年人住宅法》对住户标准作了规定。这些国家老龄化问题已引起社会各界的重视，为解决老年人居住问题采取了一系列的政策。近年来，我国也颁布了《老年人建筑设计规范》等住宅设计规范，2013 年开始执行的《老年人权益保障法》中提出"国家推动老年人宜居社区建设，引导、支持老年人宜居住宅的开发，推动和扶持老年人家庭无障碍设施的改造，为老年人创造无障碍居住环境。"

4.3　居家式社区养老与常态社区老年人居住建筑设计对策

4.3.1　我国主要养老模式

根据我国国情和社会现状，现阶段主要的养老模式一般包括家庭养老、社会养老和社区养老。

1）家庭养老

家庭养老是指老年人在家庭养老居住，老年人晚年的生活照料和精神慰藉主要由子女或者家庭成员来承担，以家庭照料为主、社区老年人设施提供必要的养老服务为辅的养老模式。尊老、敬老、养老是我国传统美德，老年人疼爱子孙、子孙尊敬长辈，扶老携幼，有利于老年人的精神抚慰、生活照料，是我国目前主要的养老模式。传统家庭养老的社会基础是：自给自足的经济形态、小生产式的家庭伦理价值观念和相对封闭的社会结构。随着社会的发展，当前家庭养老出现了新的问题，主要有：一、家庭养老的观念逐渐淡化；二、随着空巢老人、高龄老人、独居老人家庭的增多，加重了子女负担；三、"父母在，不远游"的传统观念正在改变，年轻夫妇与父母不在一起居住的趋势逐步发展；四、养老保障还没完全建立起来；五、老年人家长地位动摇，处于被动、服从地位。因此，家庭养老不是一个理想的养老模式。

2）社会养老

社会养老是由社会提供的养老机构接纳老年夫妇和单身老人居住，并提供生活起居、医疗服务、文化娱乐等综合服务的养老形式。一般包括福利型老年公寓、养老院、护理院和安怀医院等建筑。

住在养老院中的老年人大多数是疾病缠身、行动不便、缺少生活自理能力的老人。他们日常活动只是晒太阳、看电视、闲坐聊天，尤其是那些行动不便的老年人，只有长期卧床，极少与人有语言交流。特别是一些规模较大的养老院中，由于建筑物和空间尺度的扩大，不仅造成安全性下降，而且老人间的人际关系逐渐变淡，相互的距离也变远。调查表明老人们都不愿生活在纯粹由老年人组成的环境中，这种完全社会化的养老模式忽视了老年人的心理需要，把老人限制在一个特殊的环境中，让老年人感到被家庭和社会抛弃。可见，这种模式也不是理想的养老模式。

3）居家式社区养老①

通过上文分析，传统的家庭养老模式和社会养老模式都不能够很好地解决老年人的养老问题，因此更适宜的"居家式社区养老模式"也就产生了。"居家式社区养老模式"是家庭养老和社会养老两种模式的融合，它既满足了老年人对于已有熟悉环境的眷恋，又兼顾了老年人日常生活中对社会协助的需求。简言之，就是住在原来熟悉的社区环境中，由社区提供一些年老后所必需的医疗、生活、娱乐等方面的服务，以使社区中的老年人拥有一个幸福的晚年。"居家式社区养老模式"源于"家庭养老"，但适当补充了其内在含义，并限制了其外延范围。将"住宅"与"社区"看作一个整体，共同发挥功用，构成一种有利于老年人晚年生活的新型居住模式。

4.3.2 居家式社区养老模式是现阶段适合我国国情的理想模式

1）居家式社区养老含义

居家式社区养老是以家庭养老为主、社会养老为辅的新型养老模式的总称，是符合自愿、自立、可行和效率原则的最有助于社会可持续发展的养老模式；最终形成一个以家庭为核心、社区养老服务网络为外围、养老制度为最后屏障的居家养老体系，是传统家庭养老模式的历史延伸，表现为：一、居家式社区养老把老年人不光看作家庭成员，而且还是社会成员，把传统家庭养老承担的责任由家庭成员延伸到社会；二、居家式社区养老把承担养老责任的组成形式，从家庭延伸到其他涉老组织上；三、居家式社区养老把传统家庭养老的思

---

① 我国一些学者早在 20 世纪 90 年代末就在借鉴西方国家养老经验的基础上提出了一种新的养老方式——居家式社区养老，也有学者称之为居家养老、社区养老、社区化居家养老或社区服务支持下的居家养老等。尽管提法不尽相同，但他们都普遍认为，"居家式社区养老"不同于传统的家庭自然养老和社会机构养老，它是以家庭为核心，以社区为依托，以老年人日常生活照料和精神慰藉为主要内容，以上门服务和社区日托为主要形式，并引入养老机构专业服务的新型养老方式。

想由文化价值观延伸为一种社会制度,并以法律监督这些制度的实施(如社会保障制度);四、居家式社区养老有家庭保障、社区养老服务网络保障、社会养老保障制度三个安全网,提高了整个社会养老保障水平;五、居家式社区养老最终目标是实现健康老龄化,建立人人共享、不分年龄的社会,避免了只关注少数老年人福祉的历史局限性,体现了"人人平等"和"代际公平"的思想,促进了社会的可持续发展。

2)居家式社区养老服务网络体系

居家式社区养老服务网络体系指的是以下几个方面:一、提供养老服务的主体,不仅有家庭成员的照顾,还有社会的帮助,特别是起重要作用的社区照顾;二、享受服务的客体,主要是居家的众多老年人,占老年群体 92%①;三、提供的服务内容,种类很多、丰富多彩,不仅提供照料和医疗等物质生活方面的服务,还有文化娱乐、心理疏导、情感慰藉等精神生活方面的服务;四、提供的服务形式全方位、多层次、多角度,不仅请老人走出家门到社区为老服务机构中享受多种服务,而且还派为老服务的专业人员走进家庭,为生活不能自理和行动不便的老人提供多种护理服务。总而言之,居家式社区养老服务实际上是在社区建立了一个支持家庭养老的社会化服务网络体系,具有服务对象公众化、服务主体多样化、服务方式多元化、服务队伍专业化等特点,构建了符合我国国情的新型居家式社区养老服务网络体系。(图 4-5)

3)居家式社区养老的可行性

居家式社区养老模式受到人们的普遍欢迎,具有可行性。首先,居家老人日常养老的需求大部分是对社区服务的需求,因此老年家庭对社区服务需求广泛。其次,社区照顾与生活支持具有明显优势。"居家照顾"不仅是一种最经济的公共消费,而且是一种有效利用社会资源的途径。但这些绝不是以降低家庭成员生活质量、消耗自身精力来换取的。社区居家养老一定要辅以社区照顾或"社区支持"。社区照顾是通过社会和政府为不同需求的老人提供不同的服务,帮助留在家中生活的老人自助自理,提高生活质量。社区所具有的情感交流功能、组织服务功能和邻里互助功能等重要特征,满足了老年人多样化的特殊需求。

---

① 2006 年 10 月,南京市劳动和社会保障局企业职工养老保险结算管理中心组织的南京首次大规模企业退休人员养老方式调查报告显示,在参与本次调查的 379 635 人中,有 92.37%的人选择在自己家养老。资料来源:http://news.xinhuanet.com/society/2006-10/08/cc

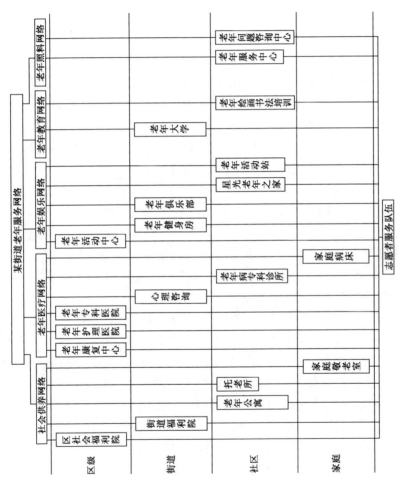

图 4－5 居家式社区养老服务网络体系示意图

来源：作者绘制

4) 居家式社区养老的优越性

居家式社区养老模式优越性体现在：一是符合老人的心理,大部分老年人不愿离开自己熟悉的家庭和生活环境,通过社会交往和参与各种活动增加老人的主观生活幸福感;二是有利于减少养老成本,缓解目前未富先老带给社会和家庭的压力;三是有效发挥社区闲置人员的作用,为他们提供就业岗位;四是具有许多优势:满足老年人不离开家的情感需求;建立老年人有效的支持网络;增强社区的关怀感、归属感、安全感,减轻了家庭家务劳动量等各方面需求。

综上所述,居家式社区养老模式弥补了家庭养老模式和社会养老模式的不足,形成了养老服务网络体系,具有可行性和优越性,是现阶段适合我国国情的理想模式。

4.3.3　我国独立老年社区发展现状、问题及实例分析

1) 独立老年社区发展现状

独立老年社区在欧美国家建设较多,原因是:一、为老年人创造同龄人间的交流空间;二、集中提供老年服务,资源利用效率提高。独立老年社区是纯粹的老年居住生活区,其中规模较小者是集居化的公寓式老年住宅群或合居式老年住宅群,规模较大者又称为长寿社区,英国和美国建协又称为"养生社区"(Life Care Communities)。独立老年社区中的住宅类型有普通居家式老年住宅、公寓式老年住宅、合居式老年住宅。独立老年社区可分为单一型或综合型。其中最能代表大型综合发展水平的,集多种老年住宅于一体的是"一贯养老住区"(Continuing-Care Retirement Communities),包括独立性最强的普通居家式老年住宅、公寓式老年住宅,依赖性最强的合居式老年住宅。美国老年人在老年社区的流动性十分普遍,老年人可随着自己身体健康状况的变化,搬迁于不同性质的老年邻里单位之间,不必脱离于已熟悉的社区。独立老年住区规模大的在 300～400 户以上,如位于荷兰阿姆斯特丹的"老年人乐园"。小的可由几十位老人组成,如我国城市中许多规模较小的老年公寓或养老院。近几年,老年住宅的开发前景开始被国内房地产商看好,许多项目破土动工,其中有像北京太阳城国际老年公寓这样的大型独立老年住区。

2) 独立老年社区存在的问题

由于我国独立老年社区的开发才刚刚起步,虽然取得了一定的成果,但也暴露出不少问题。

（1）选址问题

独立老年社区建设考虑的第一因素是选址。开发商常常效仿国外独立老年社区，追求返璞归真的自然环境情趣，选址在交通不便的城市远郊，殊不知这样就会给老年人造成与世隔绝、遭受遗弃的心理感觉，国外有些独立老年社区入住率低就是例证。开发商须将目光由"硬环境"（地理环境）投向"软环境"（社会环境）上，为老年人创造一种融于社会的开放型居住环境，既不脱离熟悉的城市生活，维护其生活尊严，又能方便地参加各种社会活动，丰富其晚年生活。

（2）建筑规模

以往建的大型独立老年社区，往往出于经济的考虑，不乏动辄数百人的大型老年社区，但从老年人本身和安全管理来看，100人上下的建筑规模应是比较合理的。如果居住人数太多，建筑物的楼层势必加高，走廊长度增长，安全性降低，管理和服务也会减弱。美国的实践证明，规模过大的独立老年社区反而不受市场欢迎。因此，独立老年社区建筑规模的大小应按照市场需求和人性特点来确定。

（3）年龄隔离

有人认为老年人集居生活的好处是年长者喜欢与年长者结伴，实际情况却是，集居化的老年居住环境中往往分为两类人，一类是行动便利的老人，平日活动大多是看看报纸、电视，闲坐聊天，生活枯燥单调；另一类是需人看护的老人，他们大多静坐轮椅或长期卧床，室内空间缺乏生机。研究表明，大部分老年人是不愿意住在特定年龄层的社区（Age-Segregated）中的。

3）我国大型独立老年社区实例分析

（1）北京太阳城国际老年公寓

2000年4月在北京小汤山疗养区破土动工的北京太阳城国际老年公寓[图4-6，图4-7，8（a～e）]，是着眼于老年人这个消费群体而投资开发的国内首家示范性大型老年居住社区。它位于京城北部著名的小汤山疗养区，近山临水，绿树繁茂，西接京汤路，北临温榆河。社区占地623亩，总建筑面积267 712 m²（一期136 655 m²，二期130 557 m²，三期建设中），全区绿化覆盖率60%，容积率0.64①，可容纳近万人。开发商希望建设成"国内最大、条件最齐全和设施最先进的大型国际性安老工程"。所以，这一项目对于我国的独立老年住区发展趋势研究有很大的意义。

---

① 于一平.北京太阳城国际老年公寓[J].建筑学报,2002,(2):33

图 4 - 6 北京太阳城国际老年公寓总平面图

来源:于一平.北京太阳城国际老年公寓规划设计[J].建筑学报,2002,(2):34

图 4 - 7 北京太阳城国际老年公寓鸟瞰图

来源:马晖,赵光宇.独立老年住区的建设与思考[J].城市规划,2002,(3):34

图 4 - 8(a) 北京太阳城国际老年公寓单体户型平面之集居式老年住宅

来源：马晖，赵光宇.独立老年住区的建设与思考[J].城市规划,2002,(3):58

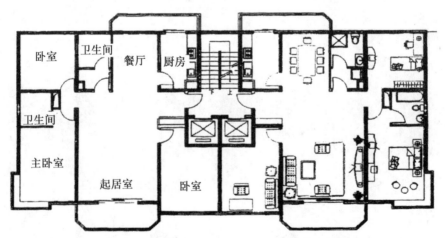

图 4 - 8(b) 北京太阳城国际老年公寓单体户型平面之普通居家式老年住宅

来源：马晖，赵光宇.独立老年住区的建设与思考[J].城市规划,2002,(3):58

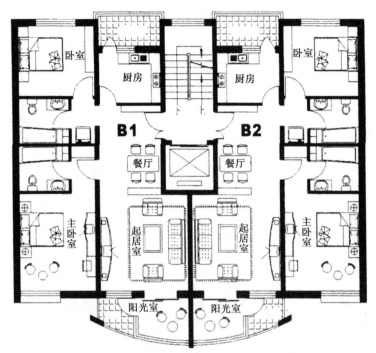

图 4-8(c)　北京太阳城国际老年公寓单体户型平面之高层公寓

来源:于一平.北京太阳城国际老年公寓[J].建筑学报,2002,(2):35

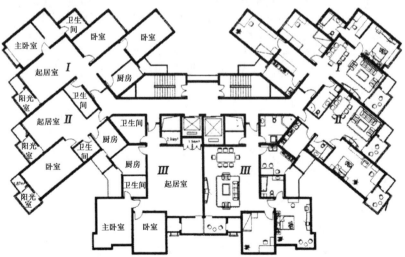

图 4-8(d)　北京太阳城国际老年公寓单体户型平面之多层公寓

来源:于一平.北京太阳城国际老年公寓[J].建筑学报,2002,(2):35

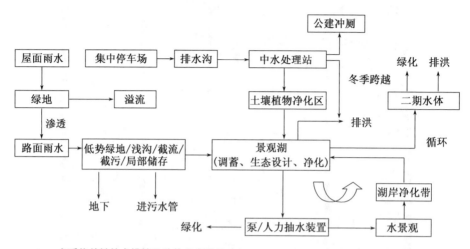

水系统关键技术措施及总体方案设计

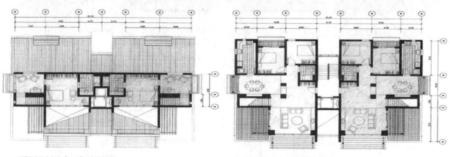

顶层跃层户型平面图　　　　底层跃层户型平面图

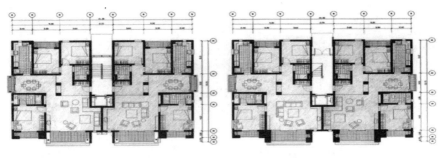

典型户型平面图　　　　　　　　　一层平面图

图 4‑8(e)　北京太阳城国际老年公寓水系统处理及联排住宅

来源:艾克哈德·费德森等. 全球老年住宅建筑设计手册[N]. 北京:中信出版社,2011,P18～21

社区周围的自然环境条件很好,有大面积的河流、绿化带、农田和果园,开挖 2 万 m^2 的湖面,创造了一个可持续发展的绿色生态老年社区。从规划的几项环境指标来看,比城市老年社区的普遍状况要好。太阳城按"老年人建筑设计规范"设计,从社区规划、住宅设计及老年配套设施等方面都采用了无障碍设计。太阳城是"一贯安养住区",类型包括普通居家式、公寓式和合居式老年住宅,适应不同年龄和健康状况的老人需要。同时,根据老年人不同的经济水平,社区提供了普通住宅、国际公寓、别墅和四合院等不同标准的老年人居住环境。太阳城有 6 个老年服务中心:医疗康复(中医为主的国医堂和西医为主的老年病治疗中心)、文化教育(老年大学等)、娱乐健身(台球厅、保龄球馆、舞厅、棋牌室、舞蹈排练厅、室内音乐演奏厅等室内场所以及文化广场、高尔夫球场等)、老年购物、家政服务和国际交流。

入住方式上采用了以租为主的方式,租购比例约为 7∶3。具体是集居性质的公寓式和合居式老年住宅以租住为主,而普通居家式老年住宅、四合院和别墅以销售为主。采用了灵活的租售方案,供多种老年人选择。一、老年人或开发商将老人原有住房出租,而后以此租金入住。二、将三环路以内原有住房与太阳城住房多退少补等价交换后入住。三、现金支付,包括分期付款和一次性付款。四、银行按揭,分别由商业银行和建设银行提供最长 20 年的按揭。五、入住前一次性交付购房款,老人离世后,开发商收回房子的同时,部分购房本金返还老人子女或法定继承人。另外,开发商还限量实行了促销手段,即 60 岁以上老人一次性交付房款后可入住,而后将房款分 20 年按月归还老人,若老人 80 岁前离世,则余款一次性返还老人子女或法定继承人;若老人 80 岁后仍健在,则住房将无偿供老人居住,直到老人过世开发商收回。

综上所述,北京太阳城与其他房地产项目相比具有以下特点:一、提供了多种老年人居住建筑类型,体现了产品的多样化;二、拥有六大公建配套,体现了配套的人性化;三、对老年人提供了多样服务,包括特殊老人的陪护照顾,陪老年人购物,对老年人抢救、治疗、安养,老年人继续学习、娱乐等各种服务,体现了服务的亲情化。四、由于将来社区周边会形成大批高档住宅社区,保证了六大公建对外经营的可能性,从而弥补了社区免费服务的资金缺口,体现了经营的市场化。五、对入住的 60 岁以上的老人实现 9 项 33 款免费服务,让老人享受到企业在公益方面的努力,体现了福利公益化。六、采取租售结合的灵活销售方式,保证了社区经营的持续性,体现了发展的持续化。七、结合原有地形的水体和绿化,这些不仅成为景观要素,也是生态环境技术中的组成部分。

北京太阳城是国内大型独立老年社区建设的有益尝试,但也存在了一些问题:一、阻止大量有需求的老年人购买的首要障碍是高昂的购房款,即使是出租户型的租金依然负担不轻,所以这种大型高档老年社区仅解决了少数经济状况较好的老年人的居住问题,而不是解决了大量普通老年人需求的最佳模式。二、社区内老年人比例太高,应适当增添青年公寓、托儿所、幼儿园、青年人活动中心等设施,增加多代人交流机会。三、道路系统混乱,没有考虑人车分流,不利于老年人社区内步行安全。四、没有考虑针对老年生理特点的景观设计,如缺乏适合老年人使用的室外健身场所、休憩面积过小、过大的水面不适合北方地区使用等。五、住宅户型设计还有欠缺,表现为:缺少适老化通用住宅户型的考虑,没有潜伏性设计;对设计上未能充分考虑老年人的特殊需求,如厨房、卫生间、浴室无障碍处理;没有针对老年人个性化选择的菜单式设计。

(2) 大连华通夕阳红老年社区

大连华通夕阳红工程规划用地 4 平方公里,其中南部是老年居住区,规划上缩小组团分散绿地,住宅设计上针对老年人的身体状况;紧靠居住区规划出老年疗养院等康复设施,保障了老年人健康。北部开发了轻型手工业商贸区为有工作能力的老年人提供实现老有所为的场所;中部设计了满足老有所学的老年大学;邻海岸的西部规划了大型游乐场,既满足了旅游业的需求,又达到了老有所乐的目的(图 4-9)。

大连华通夕阳红社区一期工程位于整个区域的中心地带临海而建,占地9 万平方米,拟建成老年住宅示范社区(图 4-10)。整个社区 7 万平方米的总

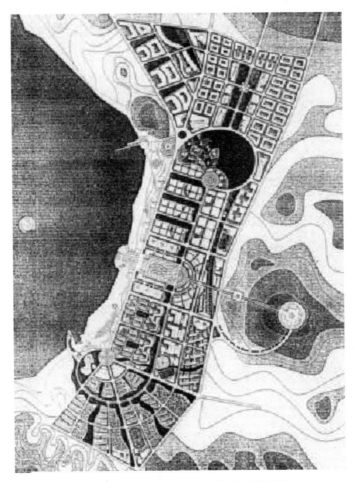

图4-9　大连华通夕阳红老年社区总平面
来源:何鹏.试析我国养老模式在居住社区规划中的发展趋势[D].
北京:清华大学,2002,P95

建筑面积,居住人口为1 620人,绿地率44.21%,容积率1.02。针对不同身体状况、不同年龄和经济水平的老年人设计了三种形式的住宅,均设有可供轮椅和担架使用的电梯。临海部分三组3~6层阶梯式长外廊住宅,既使小区沿海轮廓分明,又方便住户观海,每组建筑内均设有入口大厅和独立的内庭院,适合有服务要求的老年人使用(图4-11)。中间为四栋一梯四户的九层住宅,适合独立性较高、喜好居家工作的老年人(图4-12)。东侧为一组5~6

层短外廊住宅,适合无特殊要求的健康老人或低龄老人需求。小区内不但设有娱乐、医疗、管理等设施,而且设有种植园、门球场、游泳池等场所。考虑到老年人特殊特征,小区室内外空间环境均进行了无障碍设计,并设置了报警器、坡道、灯光照明等设施。

图4-10 大连华通夕阳红老年社区一期总平面

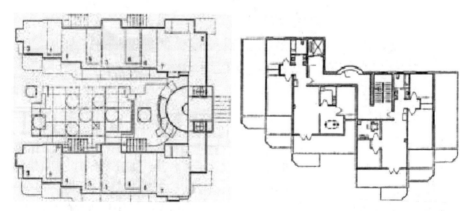

图4-11 沿海单体平面图　　　图4-12 一梯四户九层住宅平面图

来源:何鹏.试析我国养老模式在居住社区规划中的发展趋势[D].北京:清华大学,2002,P96

大连华通夕阳红老年社区设计的优点与不足如下：

一、总体规划清晰，充分考虑了老年人的居住生活需求、公共服务设施需求、环境景观需求、精神生活需求等。采用街坊式布局，规划方正，有利于分期分片开发。一期的开发采用了沿海半围合式布局，具有新意。不足之处是，总体结构图案化太强，与环境不十分协调，没给老年人提供自然生动的居住环境。

二、道路交通系统结合地形，各居住小区均部分设置了人车分流，满足老年人对小区道路安全性的要求；景观设计上引入周边的山体大海，并规划出多个景观视线走廊。通过点——中心绿化，线——各居住小区中心绿化，面——周边的山水景观构成了美丽的自然生态风光。不足之处是，景观细部设计没划分老人的健身休息区。

三、公建布局比较完善，综合考虑了老年人多样需求。不足之处是，没有加强各配套设施的专业化程度，没能提供高效方便的生活设施。

四、住宅单体设计上户型丰富，满足各种经济条件的老年人的需求。值得一提的是，设计了一室一厅和二室一厅的小户型，在许多老年人的经济承受范围之内。住宅内部设计采用老年公寓设计手法，外廊式设计便于统一管理老年人。住宅单体造型的特点是面向大海退台式的特色处理。不足之处是，户型设计没有考虑针对老年人的特殊设计，如对厨房、卫生间、浴室没有进行无障碍设计。

4）对老年人居住建筑集居化理论与实践的反思

经过多年的理论和实践的研究，人们开始反思独立老年社区这种老年人居住建筑集居化模式。国外集居化养老社区的发展，是老年人社区参与满足感的体现，老人希望在这里获得邻居和亲属那儿得不到的人际关系。除了富裕老年社区外，还有一些面向中低收入者的独立老年社区，旨在为更多的老年人提供社会养老环境。有研究者对这些年龄隔离社区的调查表明，尽管社区的老年人有较高的道德水平和社会参与意识，但是与公众社会隔离、人口结构单一、功能专一、远离城市生活等都成为不可回避的弊端。由于过于闭塞、过于同质，有批评者甚至称之为"老人集中营"。据调查，许多国家依赖安老院收容的老人仅占全国老人总数的 1%（波兰）～3%（丹麦、英国、美国、以色列等）[1]。目前，国外安养机构在各国老人福利政策中均为消极性政策，起辅助性功能，只有没有办法时才使用。因此，把老年住宅的集居化模式，甚至把大

---

① 马晖，赵光宇．独立老年住区的建设与思考[J]．城市规划，2002，(3)：59

型集居化养老视为老年人居住建筑的主要发展趋势的观点是值得商榷的。

4.3.4 我国常态社区发展现状、问题及实例分析

1）常态社区发展现状

常态社会化老年社区是老年人与其他年龄群体一起居住的普通社区,简称常态社区。这一社区下的老年人的主要养老方式是居家式社区养老,与集居养老方式相比,这类社区的优越性在于,既使老年人延续原有的生活方式,还保持原有的邻里关系,又使老年人与各种年龄群体相互交流。因此,即使在西方发达国家,常态社区仍是老年人主要居住环境。

在我国,受到传统东方文化的影响,老年人更重视家庭,居家养老是首要选择。常态社区中居民构成多样,避免了年龄隔离,两代居的模式在同一社区内可分可合,具有现实性。常态社区是老年人普遍选择,也是我国老龄化背景下城市老年社区发展的主要趋势。

长期以来,我国居住社区及其住宅建设都以青壮年人群为对象,缺少针对老年群体的开发。近二十年来,虽然我国住宅建设发展繁荣,但居住社区还长期处在重数量、轻质量的时期,开发商为追求经济效益、急功近利,住宅粗制滥造现象十分普及,为居住社区配套的老年服务设施建设更是很难实现。随着我国生活水平的提高,在人口老龄化日趋加速的背景下,我国已开始重视社区中老年人居住环境的理论和实践研究,如对多代同居型、网络式家庭共居型住宅的研究,亲情社区的实践,住宅适老化改造实践,增设社区老年公共配套设施等。

2）常态社区存在的问题

随着房地产市场的发展,有些开发商纷纷打出"两代居""银色住宅"的旗号,以满足市场上越来越多的老年人居住需求。但根据相关调查,许多开发商只是借"亲情"之名,并未真正在居住社区的开发中关注老年人的居住需求。存在的问题主要有:一、住宅空间不满足老年人居家养老的需求。当前住宅空间设计趋于标准化特征,缺乏对多代同居、独居等老年家庭的设计,缺乏针对老年人不同年龄阶段需求的潜伏设计。二、居住社区室内外环境设计及设施未考虑老年人生理、心理变化。从室内环境设计上,体现在居住环境的安全性和适应性设计,如厨房、卫生间没有针对老年人安全性的考虑;室内楼梯、走廊、出入口缺乏老年人适应性的布置。从室外环境设施上,体现在老年人活动设施数量和质量上的欠缺。当前我国常态社区的环境设计已越来越被人重视,但更多的是局限于景观处理上,而忽视了居民的活动场地,尤其是老年人

这一特殊群体的活动场地。据调查有 35％的广州老年人不满意现有住区提供的活动场所数量①。同时，缺少相应的安全扶助设计，也打消了行动不便的老人室外活动的积极性。三、缺乏绿色适老技术设计，诸如整体厨房卫生间工业化装配技术、无吹感低温辐射采暖制冷技术、急症呼救及燃气报警智能家居技术等。四、居住社区服务设施建设、服务内容、居家服务网络与老年人的需求存在较大差距。有关调查显示，广州老年人对社会供给最不满意的就是老年设施的数量（占被调查老年人总数的 51％）②。2007 年前一些城市已在这方面做出努力，如广州规定小区建设中配置托老所，上海将某些老年设施列入小区的公建配套项目，增添居家服务网络；2007 年建设部发布《城镇老年人设施规划规范》更对此做了具体要求，但是从现状看，现有居住社区老年人的需求与获得的养老服务存在很大的差距。

根据以上分析，常态社区缺乏对老年居住需求的设计，尤其要从以下四个方面着手：一、住宅空间设计满足多元化老年人居住模式；二、从社区室内外环境细部和设施提高老年人使用的安全性和适用性；三、增加绿色适老技术；四、建设完善的老年服务设施和居家服务体系，鼓励居家式社区养老模式，让居家生活的老年人独立自主地生活。

3）我国常态老年社区实例分析

（1）常州红梅新村

1986 年建成使用的常州红梅新村在规划中，将"老少户"布置在居住社区中部，和社区活动中心紧密联系，形成较好的小社区空间，亲人邻里间的交往较多。但遗憾的是，因住宅分配体制上的限制，没能全按照规划目标分配使用。有关民意调查显示，这种"老少户"的居住模式是普遍受欢迎的居住方式（图 4 - 13,14）。

（2）苏州新城花园

苏州新加坡工业园区房地产公司，于 1997 年初将新城花园五小区以建设老年社区公开邀标。机械工业部第二设计研究院提供的规划设计方案，因其设计理念对老龄社会居住环境有较为系统的认识，并提出了合理的解决方案，最终赢得评委的肯定并中标。

新城花园位于苏州新加坡工业园区的南面，最后建设规模将达到 30 万 ㎡，

---

①②　陈清.广州市居住区配套定额标准控制方法和项目设置研究［D］.广州:华南理工大学，2001

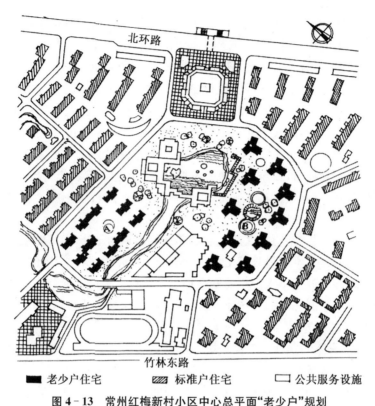

北环路

竹林东路

■ 老少户住宅　　　▨ 标准户住宅　　　▢ 公共服务设施

图4-13　常州红梅新村小区中心总平面"老少户"规划

来源：胡仁禄，马光. 老年居住环境设计[M]. 南京：东南大学出版社，1995，P69

五小区选择布置在新城花园中部，因其交通方便、环境幽静，适于老年人居住。五小区规划要求建设42 000 m² 住宅，占地21 072 m²[①]。设计人员根据苏州当地情况分析，将此老年社区设计为常态社区。特征是整个社区老年人比例较高，既有较为齐全的老年设施，又有一般住户。

新城花园的设计特点如下：

一、总图设计

社区建筑总面积为34 280 m²，容积率1.63，绿化率为35.6%[②]。社区人车分流，内部不考虑小汽车驶入和停放。小汽车均停放在社区外围，保证社区

①②　姜传铣. 营造适合老人生活的居住环境——苏州新城花园老年社区设计[J]. 新建筑，2001，(2)：21～24

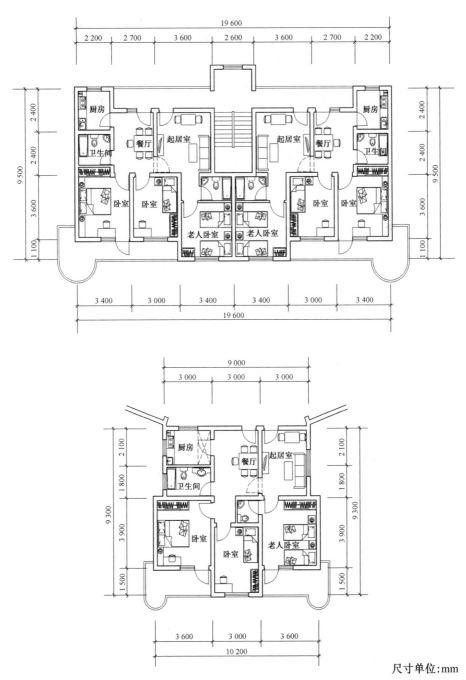

尺寸单位:mm

图 4 - 14　常州红梅新村总平面"老少户"住宅平面

来源:作者根据资料绘制

内老年人安静的生活。社区内无高差变化,场地平整,确保了老年人活动安全。建筑日照间距大于1:1.5,满足了日照要求。中间有以草坪为主的宽敞庭院,环通的亭子和游廊可供老年人休闲健身之用(图4-15)。

1—公寓 B   2—四层公寓   3—六层公寓   4—九层公寓   5—托儿所   6—亭子

图4-15 苏州新城花园总平面设计方案

二、建筑设计

社区内建筑由数栋四～九层公寓和一栋二层建筑组成。二层建筑是新城花园规划配建的托儿所。九层公寓底层是老年社区的各项服务设施,包括活动站、医疗站、餐厅、托老所、特殊浴室带助浴、管理中心(图4-16),九层公寓标准层共四个单元,一梯六户,套型分为大、中、小套型,如有必要,可将两个小套型合并为一个大套型(图4-17)。六层公寓为一梯两户公寓,四层公寓为跃层公寓,有较高标准(图4-18)。

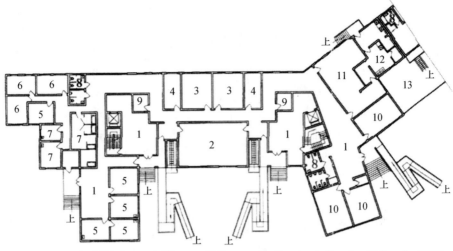

1—门厅 2—多功能厅 3—阅览 4—棋牌 5—诊疗 6—办公 7—服务 8—厕所
9—储藏 10—托老 11—餐厅 12—备餐 13—院落

图 4‑16 苏州新城花园九层公寓底层平面

来源:姜传钺.营造适合老人生活的居住环境——苏州新城花园老年社区设计[J].新建筑,2001,(2):23

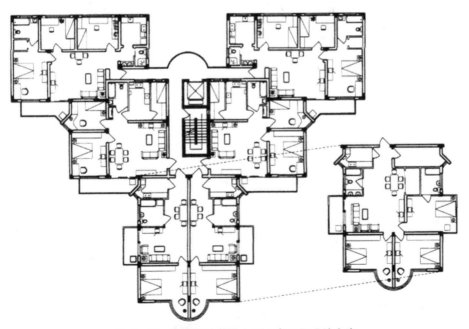

图 4‑17 苏州新城花园九层公寓平面设计方案

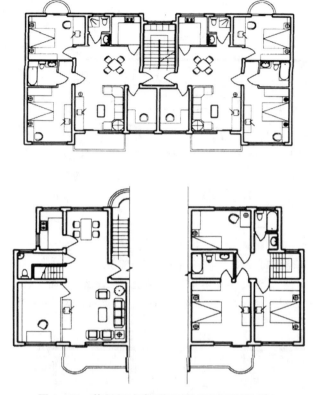

图 4 - 18　苏州新城花园跃层公寓平面设计方案

来源:姜传錤.营造适合老人生活的居住环境——苏州新城花园老年社区设计[J].新建筑,2001,(2):23

　　社区公寓套型平面设计特点如下:一、主卧室、起居、书房均朝南。主卧室尺寸较大,尺度上考虑到床两侧的护理空间。二、主要卫生间比较宽敞,位置靠近主卧室,浴缸和坐便器墙面均装有安全扶手。三、厨房空间较大,操作台L型布置,紧凑方便,操作台外宽度较大。四、厨卫洞口尺寸均不小于 0.9 m,主卧、主卫、分户门均为外开门,避免紧急救援时碰伤老人。五、公共楼梯踏步平缓,中间休息平台宽大并设置了休息座椅,墙面两侧均设有扶手。六、跃层公寓室内楼梯适当放大踏步宽度,并在楼梯两侧设扶手。

　　三、设备设计

　　照明设计采用高照度,适合老年人视力特点。公寓设置了应急呼叫系统,每个住户都可实现应急和报警呼叫。呼叫点设置在主卧、主卫、起居室、厨房等处。总台设在管理中心并可识别信号来源。所有电、水、煤气表均采用智能型产品,耗量全部实现自动抄收,方便了老年人使用。

四、修改设计

据设计者介绍,新城花园是分批施工的,首批施工的是四层公寓。根据市场情况,业主担心九层电梯公寓造价较高难以销售,要求变更设计。最终设计者将九层公寓取消,由四、五、六层公寓取代,并对总图作了调整(图 4 - 19),同时,园区管委会也同意开发商在此社区不建托儿所的要求,因此九层公寓底层全部服务设施转设在原托儿所处,且将其改为三层。由于老年社区的公寓容积率低、日照间距大、绿化率高、户型合理具有优势,但其价格定位受安居房价格控制,实行同周边普通安居工程同价销售,因此价值优势十分明显,尤其

1—管理服务中心　2—四层公寓　3—五层公寓　4—六层公寓　5—自行车库

图 4 - 19　苏州新城花园总平面设计修改方案

来源:姜传镃.营造适合老人生活的居住环境——苏州新城花园老年社区设计

[J].新建筑,2001,(2):23

是跃层公寓甚至还出现排队购房现象。但是入住对象老人的比例远低于设想,导致开发商不敢真正实行老人服务设施的经营。令人欣慰的是,相当一部分理念得到了实施,很多住户已入住该社区,达到了设计者应对老龄化"潜伏设计"的初衷①。

4.3.5 我国常态社区老年人居住建筑设计新思路

1) 大型独立"老年社区"的认识误区

目前,我国某些城市大型"老年社区"有较快的发展趋势,其完善的软硬件设施不仅满足了老年生活的自立与舒适,而且有助于老年人实现自身价值,因此就有人认为这是我国老年人居住的发展趋势。

其实不然,由于项目的示范作用,建设这类高档老年社区确有其必要性,但从我国综合国力和经济发展水平来看,大量性的老年社区仍应立足于绝大多数中低收入老年群体的需求,靠政府补贴和福利政策来解决老年人居住问题是不可能的,必须根据国情因地制宜地采取适宜对策。

西方发达国家"老年社区"迅速发展是适应各自的国情。比如美国,子女18岁就自立生活,对家庭依赖性小,父母年老后独自居住。强大的社会养老保障、高度独立的生活方式是其独立老年社区发展的根本原因。因此,以我国的经济条件与社会保障现状,不可能大面积建设大型独立"老年社区",常态社区才是我国老年人主要养老基地,是我国城市应主要发展的老年人居住环境。

2) "老年社区"模式发展的新思路

根据前文分析,"与子女共居"的家庭养老模式仍是我国重要的养老模式,常态社区是我国进入老龄化时代城市居住社区的一个发展方向。但我们也看到,我国社会发展的同时,家庭养老功能逐渐弱化。根据老年人的具体情况,我们不仅以发展混合居住模式为主,还要以发展独立居住模式为辅,在居住社区既鼓励多代同堂的居家养老方式,也尽可能地帮助社区中独立居住和那些体弱多病、须全天候护理的集居生活的老年人。因此,在具体建设的对策上,应借鉴国外"一贯养老住区"的建设方式,在居住社区中引入多种老年住宅形式,同时,根据适当比例在局部范围内"镶嵌"小规模的集居化纯老年居住设施,这样不仅避免了独立老年社区"与社会隔离"的弊端,也满足了城市居住社

① 姜传鉷.营造适合老人生活的居住环境——苏州新城花园老年社区设计[J].新建筑,2001,(2):21~24

区中老年人多样化的养老居住需求,使普通居住社区呈现出大范围混合居住、小部分集居养老特征的常态社会化。另外,居住社区还要完善老年配套设施、适老化的室外环境以及居家服务网络的建设,最终形成一个以家庭为核心,社区养老服务为外围,养老机构为最后屏障的居家式社区养老体系。

4.4　小结

　　本章在前两章我国老年人居住建筑概况以及南京市老年人居住现状与需求分析的基础上,从养老模式入手进一步研究我国老年人居住建筑发展趋势。首先阐述了国外不同养老模式下老年人居住建筑现状;接着分析了国外不同养老模式下老年人居住建筑开发对我国的借鉴,并举若干国外老年人居住建筑实例;最后重点阐述了我国常态社区老年人居住建筑设计对策,指出现阶段适合我国国情的理想养老模式是居家式社区养老模式,通过比较独立老年社区和常态社区发展现状、问题及实例,提出了我国城市老年人居住建筑设计新思路,即居家式社区养老模式下的常态社区是我国老年人居住的主要基地,居住模式以混合为主,独立为辅,应借鉴国外"一贯养老社区"的建设方式,在居住社区中引入多种老年住宅,面向大多数居家养老的老人,并根据适当比例在局部范围内"镶嵌"小规模的集居化纯老年人居住设施,使普通居住社区呈现出大范围混合居住、小部分集居养老特征的常态社会化。

第5章　我国城市常态社区老年人居住建筑设计

5.1　常态社区老年人居住建筑设计依据与原则

5.1.1　设计依据

人到老年,其视觉、听觉、嗅觉、触觉等生理功能逐渐退化。而且退休后他们的生活环境模式发生变化(图5-1),引起老年人生理、心理和行为方面的变化。

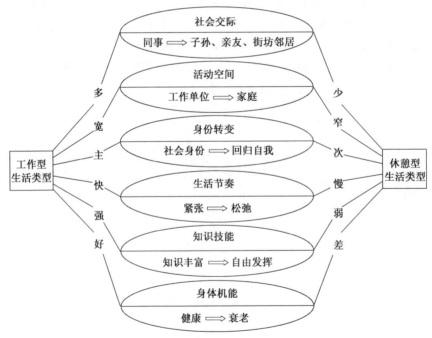

图 5-1　老年人生活环境变化模式

来源:作者绘制

1) 老年人生理特征和需求

(1) 老年人生理特征(图 5－2、表 5－1)

① 感知能力的退化

老年人感知能力的变化影响着他们对周围环境中信息的获取,感觉系统的衰退大约发生在 65 岁左右,首先表现在视觉和听觉这两项获取信息的重要渠道发生障碍,紧接着,其他感觉系统也开始出现功能退化。在视觉上,眼角膜变厚使老年人视力模糊;视网膜上的黄斑作用会滤掉紫色、蓝色和绿色,导致辨色能力下降;70 岁以后,眼睛对光线质量要求增高,对眩光较敏感。在听觉上,衰退主要表现为经常性地短时间失去听力以及对高频声音不敏感,因而老年人交谈时需靠近谈话人以弥补听觉上衰退,这在很大程度上决定了老年人社交空间的尺度。在触觉、味觉和嗅觉上的退化表现为利用触摸、品尝、闻味辨别事物比较缓慢,由于触觉和嗅觉的减弱,老年人在使用厨具烹调时特别容易烫伤。

② 中枢神经系统功能的退化

一方面,脑细胞的减少造成的反应迟钝是老年人神经系统变化的反映;另一方面,疾病也会导致老年人对外界事物的反应。因此,由一个熟悉的生活环境形成的"认知地图"有利于弥补老年人反应上的不足。

③ 肌肉及骨骼系统的退化

一般人的肌肉强度在 20～30 岁之间达到顶峰,之后逐渐下降,70 岁时其强度只相当于 30 岁时的一半。骨骼也会随着年龄增长逐渐变脆,骨髓再生机

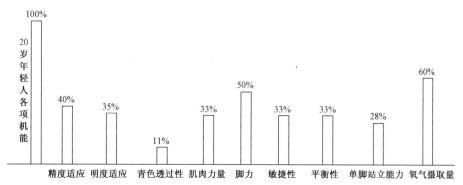

图 5－2a　60 岁老年人身体机能衰退状况(比对 20 岁年轻人)

注:本图以 20 岁年轻人各项能力为 100％为基数,绘制了 60 岁老年人衰退程度。
来源:作者根据资料绘制

老年人听不清声音，对交流造成不便

老年人听觉衰退，常常听不到电话铃、门铃等声音

老人会因对地面高差反应不及而跌倒

老年人的触觉变得不敏感，对身体擦伤不易察觉

老年人嗅觉退化，闻不到异味，易造成危险事故

温湿度的剧烈变化易引发老年人的慢性疾病发作

老年人由于记忆力减退常常忘记东西存放在何处

老年人肢体灵活性降低，起身下蹲等动作变得较为费力

老年人的主要活动空间应争取较好的采光通风

图 5-2b 老年人生理特征与居住障碍示意图

来源：周燕珉，程晓青，林菊英，林婧怡. 老年住宅［M］. 北京：中国建工出版社，2011，
P25～P31

表 5 - 1　老年人生理特征与居住环境障碍

生理特征		居住环境中常见问题和障碍
视觉	低视觉能力	形象分辨能力降低;色彩辨别能力降低;
		弱光下识别物体能力降低;适应光亮突变能力降低。
	无视觉能力	丧失对周围环境的辨别能力,易跌伤,丧失方位感,易迷路;
		丧失使用无声设备的能力,易失联。
听觉	听不见或听不清	电话声、门铃声、报警声小听不见;
		发生声源位置距离远或有阻隔时听不清。
	对声音敏感	睡眠时易受噪音干扰。
触觉、嗅觉与味觉	触觉退化	对疼痛的感知能力退化,受伤时不易察觉,延误医治;
		对温度的感知能力退化,易烫伤。
	味觉退化	易食用变质食物。
	嗅觉退化	对气体感知能力减弱。
神经系统	记忆力减退	易忘记常用物品的摆放位置;相似物品辨别困难;
	认知能力减退	不适应陌生环境;惧怕环境改变以及物品移位;
	智力障碍	行为能力下降;判断力下降,丧失时间、地点的概念。
运动系统	肢体活动能力下降	上下楼梯费劲;有高差的地方容易摔倒;获取过高过低的物品困难。
	肌肉力量下降	上肢抓取物品困难;下肢支撑力下降;
		不能搬运大而重的货物;不能使用沉重的推拉窗及难以抓握的把手。
	骨骼韧性及弹性降低	易骨折,且不易康复。
免疫机能	易生病且不易好转	患者对护理人员和周边环境要求高,不宜使用一般住宅设施。
	对温湿度变化敏感	害怕没有自然通风和阳光;不能空调冷风直吹;
		不能适应冷热突变的环境。

来源:作者根据资料绘制

能下降,这是老年人摔跤容易发生骨折而且不易恢复的原因。所以,为老年人提供的活动场所中防滑设计十分重要。

④ 对温、湿度和气候变化更加敏感

老年人新陈代谢减慢,内分泌减少,对温、湿度和气候变化更加敏感,适应能力减弱,健康状况受到影响。

⑤ 老年性疾病的产生

生理机能的衰退还表现为老年人常患有各种慢性病,如心脏病、高血压、糖尿病、关节炎、风湿病等。

（2）老年人生理需求

① 声环境

老年人因其生理上特殊性，易失眠、爱清静、怕干扰，应减少居住区环境噪音对其生活的影响。

② 热环境

因老年人新陈代谢和血液循环退化，老年人冬天怕冷、夏天怕热。冬季应为老年人设计晒太阳的休憩场所；夏季应为老年人设计通风纳凉的环境。

③ 光环境

光环境包括天然光环境、人工光环境两类，具体分为日照、采光、照明三部分。良好的采光和照明是老年人获得外界信息的主要手段，另外，充足的日照可防止老年人骨质老化、增强老年人抵御疾病的能力。

④ 无障碍环境

无障碍环境是指无障碍的居住环境和社会环境，广义上说，是为所有人创造安全、方便和平等参与社会生活的整体环境，有利于残疾人、老年人、儿童、妇女以及一切行动不便者。

⑤ 人体工效环境

人体工效学(Ergonomics，Human Engineering)是研究人体多种行为状态所占空间的尺度，以科学来确定人们生活空间的环境和尺度的学科。按照人体工效学的原理，科学确定人们生活空间的环境和尺度，是现代工程设计普遍采用的方法①。

在有关常态社区老年人居住建筑设计中，研究老年人体工效学非常重要。一般的人体工效学提供的人体生活模型尺度泛指人体在生活自理阶段的需求。而设计老年人居住建筑的人体模型尺度应以老年群体身体代谢功能差引起的身体各部分产生相对萎缩的过程作为人体测量依据，最明显的变化表现在身高的矮缩。

我国根据老年医学研究，28～30 岁时人的身高最大，35～40 岁之后逐渐衰减，一般老年人 60 岁时身高会比年轻时降低 2.5%～3%，女性的缩减量最大可达 6%。因此利用此身高的降低率可近似推算出老年人身体各部位大概

---

① 梁娅娜. 居住区户外环境老年人适应性研究[D]. 大连：大连理工大学，2006，P8

的标准尺寸,作为老年人体模型的基本尺寸(图 5 - 3)。[1]

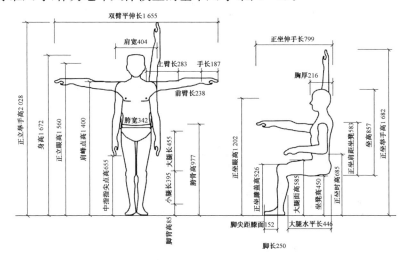

a. 老年男性人体测量图(样本平均年龄:78.9岁,尺寸单位:mm)

图 5 - 3a　老年男性人体尺寸图

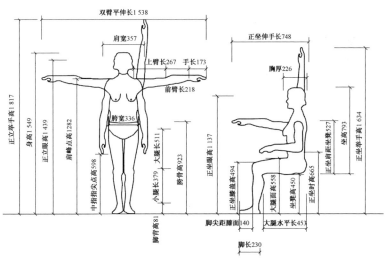

b. 老年女性人体测量图(样本平均年龄:79.6岁,尺寸单位:mm)

图 5 - 3b　老年女性人体尺寸

来源:周燕珉,程晓青,林菊英,林婧怡.老年住宅[M].北京:中国建工出版社,2011,P43

---

[1]　胡仁禄,马光.老年居住环境设计[M].南京:东南大学出版社,1995,P77

　　另外,由于老年人运动技能的退化,患有重病和高龄的老年人在活动时大多依靠拐杖或轮椅,因此,人体工效研究中有必要探讨一下轮椅使用者的人体模型尺度(图5-4)。

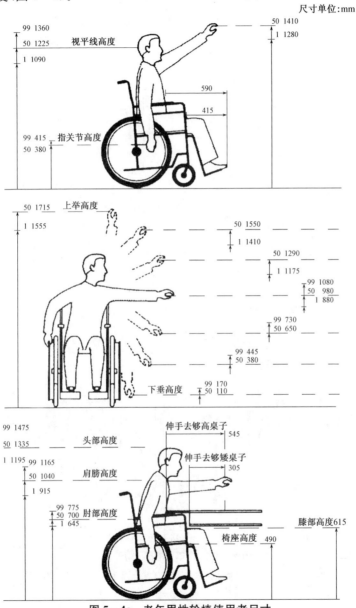

图5-4a　老年男性轮椅使用者尺寸

来源:王涛.老年居住体系模式与探讨[D].西安:西安建筑科技大学,2003,P27

尺寸单位:mm

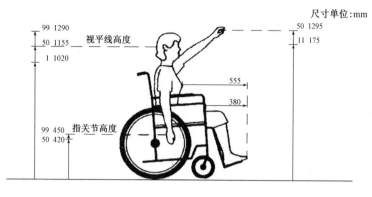

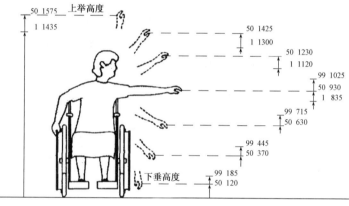

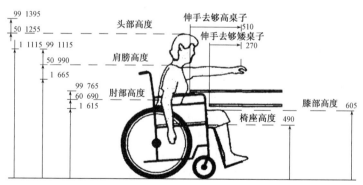

图 5－4b　老年女性轮椅使用者尺寸

来源:王涛.老年居住体系模式与探讨[D].西安:西安建筑科技大学,2003,P26

　　以上分别是自理老人和使用轮椅的老人人体尺寸,体现出不同的特征。自理老人在人体尺寸上比中青年略小,虽然这种缩小的程度不明显,但是因为老年人肢体伸展范围的下降,加上肌肉力量的衰退,在居住环境中会产生一些障碍,设计中要妥善处理,例如自理老人使用按成年人标准尺度设计的家具感觉吃力;对支撑身体和有操作台面的家具高度有要求;难以使用通过下蹲、踮脚才可使用的矮柜、吊柜等。

使用轮椅老人的人体尺寸变化明显,产生了许多居住环境障碍,主要体现为室内设计缺乏轮椅通行空间及使用空间、家具与设备的设计不能满足使用轮椅的老人的操作要求;另外,由于手臂活动范围缩小,使用轮椅的老人够高处物品拿低处物品均困难(表5-2)。

自理老人和使用轮椅的老人所处时期是老年人的不同身体状况下的生活阶段,我们在老年人居住建筑设计中应灵活可变,充分考虑老年人身体不同阶段的可改造性,方便各阶段老年人的使用。同时,还要考虑一种特殊情况,即独立老年家庭中老年夫妇一方为自理老人,一方为使用轮椅的老人,居住环境应兼顾两者的使用需求,具有通用性。

表5-2 老年人人体尺寸特征与居住环境障碍

人体尺寸特征		居住环境中常见问题和障碍
自理老人	肢体伸展幅度变小	对需要弯腰下蹲或踮脚才可使用的家具与设备使用不便,如吊柜、地柜等;
		对成年人标准设计的家具与设备使用困难;
		对带有操作面或支撑身体的家具的高度敏感,如书桌、灶台等。
使用轮椅的老人	轮椅占用空间,使用不便	住宅室内设计缺乏轮椅通行空间,如走廊、入口宽度等;
		居住环境设计极少预留轮椅回转空间;
		居住环境设计缺少对轮椅使用者的操作空间,如厨房灶台下没有预留轮椅放置空间;
		使用者无法双手拿物,故沉重物品或热水等拿取困难。
	手臂活动范围小	够取低处物品易造成轮椅翻倒,拿取高处物品困难,如低处的电源插座,高处的外开窗把手。
	水平视线高度变低	无法使用按成年人高度标准设计的家具与设备,如吸油烟机开关、大衣柜、户门观察孔等。

来源:作者绘制

2）老年人心理特征和需求

（1）老年人心理特征

退休后的老年人,其生活和空间会发生一系列的变化。首先是社会角色和经济地位由主导变为辅助,其次是从社会工作环境空间为主变为主要依赖社区居住环境空间。随着人体生理机能和脑功能的老化以及社会角色的转变,老年人的心理必然会产生变化,孤独感、失落感等心理感受随之增加,这是由其自身的生理因素和社会因素共同造成的。

以下重点分析老年人的几种心理感受:

① 孤独感

退休后,老年人的生活圈子逐渐变小,闲暇时间变多,一些老年人会感到空虚、孤单。另外,不同的老年人会有不同的体验,闲居型老年人较少参加社会活动,其孤独感强,活动型和知识型老年人与社会接触较多,其孤独感较少。

② 失落感

由于职业生活的终结及社会角色的转变,许多老年人离退休后会产生被抛弃的失落感,尤其是那些原来社会地位高的老年人,退休后这种失落感更强。

③ 抑郁感

老年人脑力退化后,情绪易波动,差不多半数以上的老年人都有因心情抑郁而失眠的情况,主要表现为焦虑不安、不愉快等。

④ 自卑感

退休后,由于社会地位、经济收入、身体状况的改变,一些老年人存在着自卑心理,有着今不如昔的心理体验。

（2）老年人心理需求

心理需求是人类深层次的需求,是一种高层次的社会性需求。不同年龄组的人对环境有着不同的要求,老年人的心理需要是衡量环境质量的标准之一,为此,必须分析老年人的生理、心理等特征,找出需求的共性,使居住环境切合老年人实际需求。

① 安全需求

随着生理机能的退化,老年人自身安全的维护能力相应降低,他们有着更强烈的安全需求。针对老年人这些需求,可采用无障碍、防火、防盗等设计措施。

② 家庭需求

老年人希望生活环境中拥有家庭气氛,他们对家庭生活依存心理加强,希望有亲人照料,外出就医要家人陪伴,期望与家人经常交流,需要家人尊重和理解。

③ 邻里需求

不少新建的居住社区中,楼层增高和空间增大导致邻里关系淡漠,这对于主要依赖居住环境开展全部生活的老年人是十分不利的。亲密的邻里关系和互助活动对居家养老环境起着积极的作用,可采取尺度宜人的院落空间设计,合理的住宅入口、通道、户外休息的场所设计,有利于亲密的邻里关系和互动活动的形成。

④ 归属需求

老年人作为社会和群体的一员,有着融入社会、群体的心理感受,主要表现为希望他人接纳自己,也希望能参与社会某个群体和组织,得到别人的认可。我们应为老年人设计多种形式的文化娱乐设施,并鼓励老年人积极参与各项社会活动,增强其归属感。

⑤ 私密需求

尽管老年人的生活起居需要得到亲人的帮助,但这并不意味着老年人没有自己的私密空间。如果老年人的私密性受到侵犯时,势必引起老年人的焦虑和不安。这要求我们在设计时考虑老年居室的私密性要求,满足其独立自主的生活要求。

⑥ 舒适需求

随着老年人物质生活水平的不断提高,他们对居住环境的舒适性要求也不断提高。舒适环境一般有下列因素:空气清新,无污染和臭味;安静,无噪声;高绿化率;靠近水景;街景整洁;有适合散步的场所;有游乐设施等。

3) 老年人行为特征和需求

(1) 老年人行为特征

① 互感——集聚性(图 5-5)

老年人在相互交往及参与公共活动时,因其社会背景、文化层次、特长爱好、健康状况等不同,交往中会产生相互吸引及内在感应。我们经常可以看到,那些老年棋友、牌友、舞蹈爱好者聚集在一起,并有许多老人围观,这种主动性与协同性的活动,有助于活跃气氛,增进老年公共活动氛围。

② 行为活动的时域性

指在不同地理区域、气候条件及季节时辰等条件下老年人的活动行为特征,表现出老年人活动与时间矢量的互动关系。不同地区、季节、时间等条件下,老年人的活动特征是不相同的。南方城市中老人活动时域性选择多于北

图 5-5　晨练的老人
来源:作者拍摄

方,可选择室内外各种场所,而北方气候干燥、绿化稀少,老人们只好选择一些既能遮挡风沙又能沐浴阳光的场所。

③ 行为活动的地域性

老年人习惯活动的地方和专门空间范围,称为行为活动的地域性。老年人对自己熟悉的地方有着特殊的偏好。美国纽约市设计师弗利德博格观察到一种现象:景观设计师费尽苦心专为老年人提供一个避开喧嚣人群的活动场所,但是老年人并不愿意到新辟的场所活动,仍回到原有的步行道上。

④ 行为活动的价值取向

老年人的行为活动特征还体现出老年人的价值取向。他们交往活动是通过视觉交流手段体验自我存在价值,不是简单地"凑热闹"。我们常会看到老年人坐在城市公园、广场或干道旁,看着别人活动,并以此为乐趣。这说明交往不一定是语言上的,还可以是视觉上的。所以,在对老年社区户外交往空间设计时,可适当围合为老人留出一定私密性空间,既让老人独处,又让其保持与外界的交流。

(2) 老年人出行活动特征

老年人出行活动特征可由其活动分布圈反映。出行活动分布圈指城市老年人在外出活动中,不同活动层次的空间分布领域,包括出行的时间、活动的半径和频率以及出行的范围。它可以划分为基本生活活动圈、扩大邻里活动圈、市域活动圈和集域活动圈等。①

基本生活活动圈是老年人日常生活使用频率最高、停留时间最长的场所，主要是老年人家庭及周围领域，其活动半径约在 180～220 m，满足老年人 5 分钟的出行距离。这种范围内的老年人交往的对象是家庭成员和邻居，老年人在这种活动范围内易产生亲切感、安全感和信赖感。

扩大邻里活动圈是指以居住社区为出行规模的老年人活动范围。由于老年人对居住区的人文地理环境有着强烈的怀旧感，这里是老年人长期生活的区域，也是老年人乐于活动的场所。在此范围中，老年人活动以步行为主，其活动半径不大于 450 m，满足老年人 10 分钟的疲劳极限距离。

老年人更大的活动范围是以市区为出行规模的，此处的出行频率低于扩大邻里圈内活动，出行活动时间较长，活动半径较大，出行方式以乘车为主。

（3）老年人行为需求

依据活动的形式和特征，可将老年人的活动领域划分为三个相互独立、相互补充的层面。

① 个体活动领域

老年人需要有一个自己的活动领域，在此空间内老年人不会受到外界的干扰，这应是一个具有私密性、防卫性和排他性的安全领域。

② 成组活动领域

当老年个体活动领域意识逐渐降低，自身防卫空间缩小时，由许多个体集体活动而构成的领域称为成组活动领域。如果老年个体参与成组活动领域，此领域中的个体活动领域便退而次之，成组结构领域内部的半私密性和个体间的内聚力明显加强，对外界成员有着较强的排他性。

③ 集成活动领域

这是由多个老年成组领域构成的复合式活动领域。特点是虽然活动内容相同的领域间有着聚合力，但各个成组领域间存在着独立性。对老年人来说，各领域存在一定的选择性。一般来说，老年集成活动领域属于开放性交往空间，如公园、绿地、广场、老年活动室等。

5.1.2 设计原则

常态社区中的老年人不愿年老时离开他们熟悉的居住环境，不愿割断他

---

① 王江萍.老年人居住外环境规划与设计[M].北京:中国电力出版社,2008,P20

们与家庭和邻里的关系,因此常态社区老年人居住建筑设计原则应充分考虑老年人的日常起居、生活习惯、个人爱好、社会交往以及文化娱乐等方面,尽可能长久地维持老年人独立生活能力,满足其在常态社区长期居住的需求,老年人居住建筑应重视以下几个方面。

1)"以老人为本"原则

以往的常态社区居住建筑都是以健康成年人标准为依据的,这给老年人居住生活带来了很多不便和障碍,老年人居住建筑应为老年人创造出健康、安全、方便、舒适的居住环境,树立"以老人为本"原则,并将其贯穿于居住建筑类型、配套设施、室外环境等方面规划、设计及建造过程中。

2)安全性原则

随着年龄的增长,老年人各种生理机能逐渐衰退,日常生活中极易发生意外。常态社区中只有少数老年人能得到全天照顾,老年人安全不能保证,老年人生活质量下降。常态社区老年人居住建筑安全性原则主要体现在室内外环境的无障碍设计;厨房、卫生间、卧室等易发生意外房间须安装紧急呼叫系统,使在家发生意外的老年人得到及时救助。

3)适应性原则

新建常态社区中,老年人居住建筑应能适应老年家庭居住模式的多样性;社区中不同年龄的人对住宅的居住空间有不同的需求,年老之后,大多数居住者希望仍能在自己的住宅中方便生活,这对居住建筑根据不同的人生阶段可改造的适应性提出了要求。同时,大批已建常态社区中居住建筑也对适老化改造的适应性提出了需求。另外,适应性还体现在空间设施、交通设计、结构设计等。

4)方便性原则

普通居住建筑设施是针对健康的成年人设计的,老年人的生理与心理上与成年人差别很大,很多年轻人方便使用的设施对老年人来说,就有可能成为障碍。如五层以上住宅不安装电梯,会使老年人出行不便;旋钮型水龙头和球形门把手,令手指不灵活的老年人使用不便;住宅楼梯坡度太陡,老年人攀爬困难等。所以,居住建筑的室内设施和公共设施应按照老年人的标准,保证其使用方便。

5)舒适性原则

老年人居住建筑室内外环境应满足舒适性原则。由于视力下降和体温调节性减弱,老年人对居住建筑内的光照和温度都有要求,如老年人卧室要有充足的采光和适宜的温湿度。老年人居住建筑室外环境的舒适性体现在自然环境、物质环境和社会服务环境上,这不仅仅是消除疾病而使身体产生舒适感,而且可使老年人在身体、精神以及社会上都表现出良好状态,体现在空气清新、无污染、无噪音、阳光充足的自然环境;安全方便、休闲的社区物质环境和完善的社区服务环境。

5.2 常态社区大范围居家养老的住宅设计

5.2.1 住宅类型设计

5.2.1.1 居家养老型住宅设计

我国新建常态社区中部分开发的居家养老型住宅家庭主要有五种类型[1]:

一、老年独居家庭,由老年人独自一人组成的家庭,包括单身家庭以及由于丧偶或子女离开等原因形成的老年独居家庭。

二、老年主干家庭,由老年夫妇与一对已婚子女组成的家庭。

三、老年核心家庭,由老年夫妇和单独子女组成的家庭,子女可能是未婚或离异后与老年夫妇同住。

四、老年夫妇家庭,由老年夫妻两人组成的家庭,包括空巢家庭、老年丁克家庭等。

五、老年联合家庭,由老年夫妇与已婚子女以及其配偶,再加上已婚子女的儿女组成的三代大家庭,称为多代同堂类型的家庭。

从近年来发展状况看,老年独居家庭存在数量增加,但存在时间较短;老年夫妇家庭具有一定数量;老年主干与核心家庭数量较多且存在时间较长;老年联合家庭数量呈下降趋势,两代夫妻"分而近"的居住方式是较普遍的模式。根据前文常态社区居家养老型家庭的不同类型,老年居住模式可分为多代合居、多代毗邻和空巢独居三种模式,居家养老型住宅不同居住模式的套型组合见表5-3。

---

① 王德海. 居家养老及其住宅适应性设计研究[D]. 上海:同济大学,2007,P33

表5-3 居家养老型住宅不同居住模式的套型组合

居住模式	类型	老年住宅形式	特点	代际关系示意图
多代合居	同居型	代际间完全生活在一起	所有生活空间整个家庭共有,没有私密性	○
	半同居型	代际生活在同一户内,并公用一部分空间	各代际拥有各自的公共空间并有其私密性	⊙
	连居型	代际生活具有各自独立性并在套内相联系	各代际在家庭内部既独立生活又相互交流,彼此照顾	○○
多代毗邻	邻里型	代际家庭相邻居住	各代际家庭虽独立生活,但联系方便	○○
	网络型	代际家庭就近居住	各代际家庭独立生活,其联系范围为"一碗汤不凉"的距离	○ 一碗汤 不凉 ○
空巢独居	集中型	纯老年社区或整栋老年住宅	代际家庭居住无直接关系,纯老年家庭相对集中居住	○○○○○
	分散型	普通社区引入老年住宅	纯老家庭与普通家庭混合布置,缓解纯老家庭成员的失落心理	○○○○○

注:○表示老年家庭,○表示年轻家庭。

来源:作者绘制

1) 多代合居型

这种供老年人与年轻人同居的住宅,1960年代中期源于日本,称为"两代居"。这种居住模式的住宅不仅迅猛发展,而且在我国建筑界也引起了关注和研究。多代合居模式下老年一代与年轻一代保持着大家庭共同居住的传统,其居住类型并不局限于多代共同生活的形式,而是多元化的,其本质是按现代生活的要求,重新组成大家庭的居住空间。表5-4为这种模式下不同套型空间关系组合。

表5-4 多代合居模式下不同套型的居住空间组合

类型	套型居住空间组合	特点	示意图
同居型	同厅同厨同卫分卧	老年人除了卧室分开,共享其他功能空间,代际间干扰强。	Ⓑ LDKT Ⓑ
	同厅同厨分卫分卧	老年人与年轻人拥有各自相对独立的卧室及其卫生间,避免了卫生间使用功能的相互干扰。	⒯Ⓑ LDK Ⓣ Ⓑ
半同居型	同厅分厨分卫分卧	在维持多代合居的基础上,保证各代际拥有完整的居住功能,分厨减少代际之间因口味不同和家务劳动造成的矛盾。	ⓀⒹⓉⒷ L ⓀⒹⓉⒷ
	同厨分厅分卫分卧	在维持多代合居的基础上,保证各代际拥有完整的居住功能,分厅减少社会交往方式和休闲娱乐方式不同造成的相互干扰。	ⓁⒹⓉⒷ K ⓁⒹⓉⒷ
连居型	连厅分厨分卫分卧	可看成2个具有完整居住功能的独立居住单元,出入口可分可合,通过各套型客厅间设移门使各代际家庭内部连接。	ⓀⒹⓉⒷⓁ—ⓁⓀⒹⓉⒷ
	连厨分厅分卫分卧	可看成2个具有完整居住功能的独立居住单元,出入口可分可合,通过各套型客厅间设移门使各代际家庭内部连接。	ⓁⒹⓉⒷⓀ—ⓀⓁⒹⓉⒷ
	分厅分厨分卫分卧	老年家庭和年轻家庭不仅同住在一起,而且都有各自相对独立齐全的居住空间设施。	ⓀⒹⓉⒷⓁ | ⓀⒹⓉⒷⓁ

注:◐表示老年家庭单独使用空间　○表示年轻家庭单独使用空间
来源:作者绘制

（1）同居型

老年人与年轻人完全生活在一起,除基本生活空间外,其他各个家庭共用。这种类型面积较经济、标准较低,两代人共同进餐、共用厨房让老年人摆脱寂寞。这种住宅适合高龄或丧偶的老人和子女同居,便于照顾老年人,实质上是多室大户型的改造。套型主要包括下面两种居住空间组合形式:

① 多代同户同厅同厨同卫分卧（表5-5）
② 多代同户同厅同厨分卫分卧（表5-6）

表 5 - 5　多代同户同厅同厨同卫分卧型

尺寸单位：mm

与子女的居住关系	居住空间构成说明	户型设施设备配置		示意简图	户型样例
同居型	居室分离浴厨公用	老年人有一间居室，老年人与子女最低程度的分离。	门厅	1	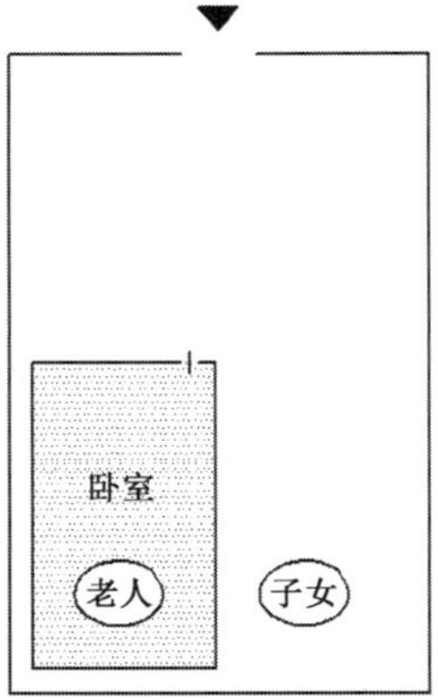	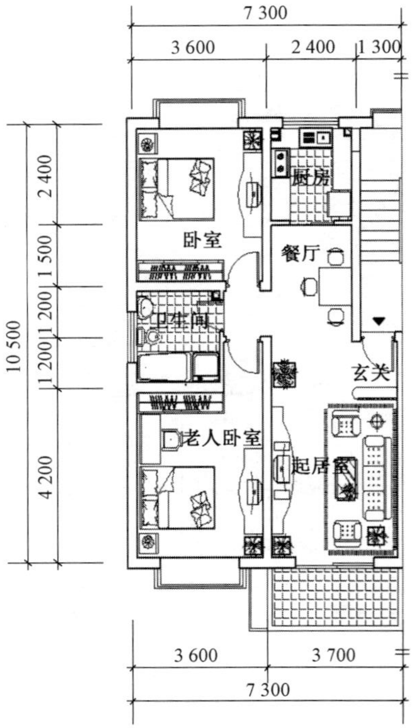
			起居室	1		
			厨房、餐厅	1		
			卧室	>2		
			卫生间	1		

来源：作者绘制（户型样例方向为上北下南）

尺寸单位:mm

表5-6 多代同户同厅同厨分卫分卧型

与子女的居住关系	居住空间构成说明	户型设施设备配置		示意简图	户型样例
同居型	居室分离 浴厕分离	老年人生理变化引起的使用厕所频率增高。	门厅	1	
			起居室	1	
			厨房、餐厅	1	
			卧室	>2	
			卫生间	2	

来源:作者绘制(户型样例方向为上北下南)

（2）半同居型

老年人与年轻人同居一户,共用住宅的客厅或厨房。这种套型既保持多代家庭合居的家庭模式,又保持各代完整的居住功能。各代居住生活独立性大,居室空间也相对独立、互不干扰。共用客厅或厨房促使不同代际间交往。这种类型面积较为经济、标准也较低,适合主体户在经济生活和精神生活占主导的老年家庭或两代夫妇带第三代共同生活的家庭。主要包括下面两种居住空间组合形式:

① 多代同户同厅分厨分卫分卧（表 5 - 7）

② 多代同户同厨分厅分卫分卧（表 5 - 8）

（3）连居型

包括两种类型,一是老年人和年轻人共享一个出入口或拥有各自的出入口的连居套型,各代维持各自居住生活空间,套型内部相互联系;二是两户设有独立户门,其他功能各自配套使用,仅保持共享的交通空间。这种形式适合双亲年龄不高且身体健康,希望独立自主生活的家庭。主要包括以下三种形式:多代同户连厅分厨分卫分卧;多代同户连厨分厅分卫分卧;多代同户分厅分厨分卫分卧。

① 多代同户连厅分厨分卫分卧（表 5 - 9）

② 多代同户连厨分厅分卫分卧（表 5 - 10）

③ 多代同户分厅分厨分卫分卧

上述前两种套型居住空间组合形式属于第一种类型,两代各自独立生活,节假日时可共聚会餐。多代同户分厅分厨分卫分卧型属于第二种类型,比第一种类型独立性更强,其空间关系对住房分配具有灵活性,分为水平相拼和垂直叠加两种。

A. 水平相拼（表 5 - 11）

B. 垂直叠加

这种套型一般 2～3 层,两代人拥有各自独立完整的生活空间配套设施,标准较高,在发达国家常见。在我国,一般适用于高收入者;在农村地区,因其土地和建造费用便宜也较多见。根据入户方式不同分为以下几类:

a. 共用门厅,分区使用。（表 5 - 12）

b. 在共用门厅的基础上,二层增设一个直通室外的楼梯。（表 5 - 13）

c. 底层分设两个门厅入口,其中一个直接通向二层。（表 5 - 14）

尺寸单位:mm

表 5-7 多代同户同厅分厨分卫分卧型

与子女的居住关系	居住空间构成说明	户型设施设备配置		示意简图	户型样例
半同居型 居室分离 浴厕分离 厨房分离	既有利于老年人独立自主地生活,又与子女保持联系,分厨会减少因口味不同和家务劳动而造成的矛盾。	门厅	1	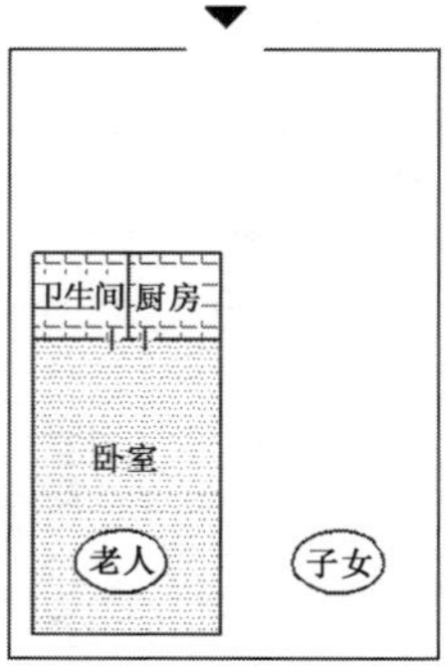	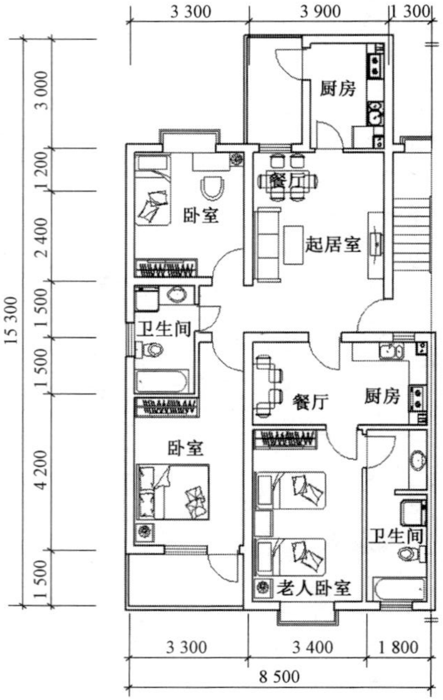
		起居室	1		
		厨房、餐厅	2		
		卧室	>2		
		卫生间	2		

来源:作者绘制(户型样例方向为上北下南)

表5-8　多代同户同厨分厅分卫分卧型

尺寸单位:mm

与子女的居住关系	居住空间构成说明	户型设施设备配置		示意简图	户型样例
半同居型 居室分离 浴厕分离 起居分离	既有利于老年人独立自主地生活，又与子女保持联系；分厅会减少因娱乐方式和社会交往方式不同而造成的相互影响。	门厅	1		
		起居室	2		
		厨房、餐厅	1		
		卧室	>2		
		卫生间	2		

来源:作者绘制（户型样例方向为上北下南）

表 5 - 9　多代同户连厅分厨分卫分卧型

尺寸单位：mm

与子女的居住关系	居住空间构成说明	户型设施设备配置		示意简图	户型样例
住宅单元部分分离 连居型	既有利于老年人完全独立地生活，又具有几代人共同生活的空间感。出入口可分设也可合用，通过起居室型保持各代家庭内部联系。	门厅	1~2	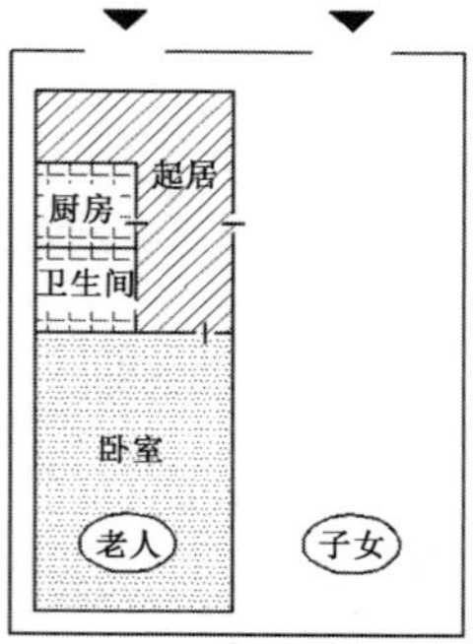	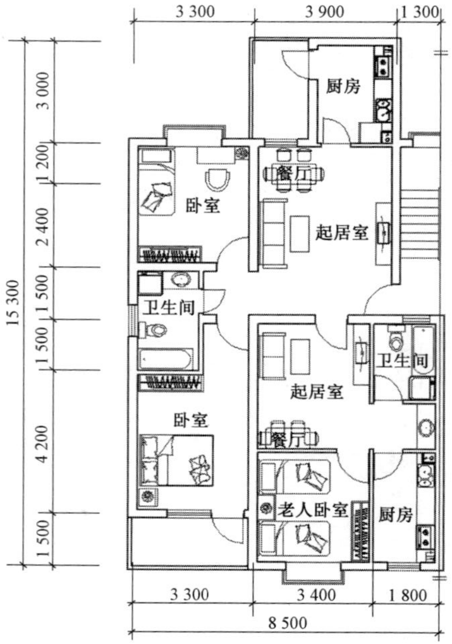
		起居室	2		
		厨房、餐厅	2		
		卧室	＞2		
		卫生间	2		

来源：作者绘制（户型样例方向为上北下南）

124

尺寸单位:mm

表 5－10　多代同户连厨分厅分卫分卧型

与子女的居住关系	居住空间构成说明	户型设施设备配置		示意简图	户型样例
住宅单元部分分离	既有利于老年人完全独立地生活,又具有几代人共同生活的空间感,出入口可分设也可合用,通过各套型厨房设防火门保持各代家庭内部联系。	门厅	1～2		
		起居室	2		
		厨房、餐厅	2		
		卧室	＞2		
		卫生间	2		

连居型

来源:作者绘制(户型样例方向为上北下南)

125

尺寸单位:mm

表5-11 水平相拼型

	户型样例	示意简图	户型设施设备配置		居住空间构成说明	与子女的居住关系
连居型			门厅	1	这种套型分布于同层建筑内,两代人拥有独立的起居室、厨房、卫生间,既可使用同一入口又可分开入户,可方便地分成两个独立户型,适用性强。	住宅单元基本分离
			起居室	2		
			厨房、餐厅	2		
			卧室	>2		
			卫生间	2		

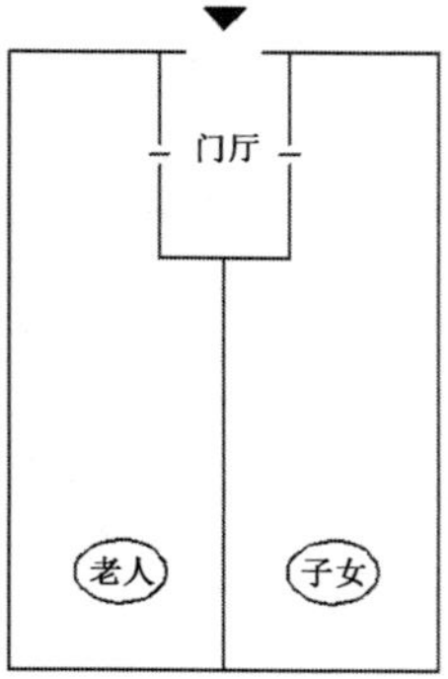

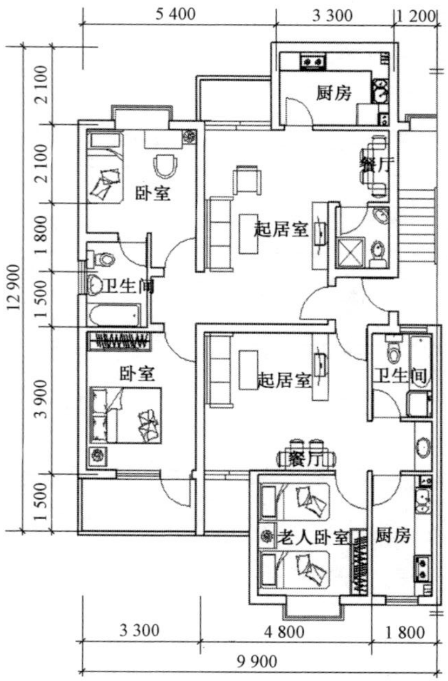

来源:作者绘制(户型样例方向为上北下南)

表 5 - 12　垂直叠加型 1

连居型	与子女的居住关系	居住空间构成说明	户型样例
	住宅单元基本分离	这种套型共用门厅,位于上下层建筑内,老年人居住在底层,年轻人住在楼上,底层起居室至居大,供两代人团聚及社交时用其"合"的成分居多,楼梯尽量靠近入口,减少干扰。	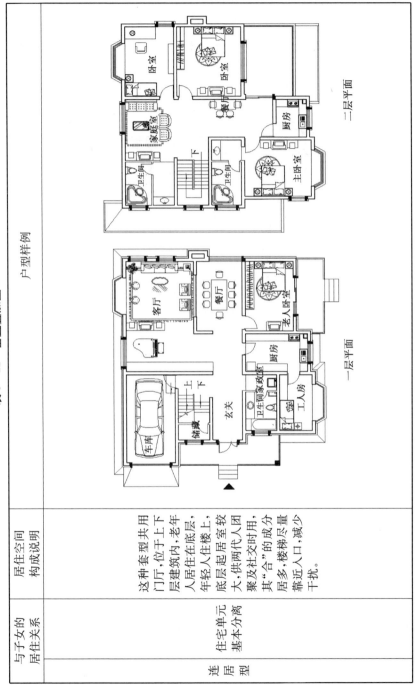 二层平面　一层平面

来源:作者绘制(户型样例方向为上北下南)

表5－13　垂直叠加型2

与子女的 居住关系	居住空间 构成说明	户型样例
连居型 住宅单元 基本分离	这种套型在共 用门厅厅的基础 上,增设一个直 通二层的室外 辅助性楼梯,可 使子女的自由 度增大.子女可 直接上二楼,避 免相互干扰,这 种套型较垂直 叠加型1的独 立性强。	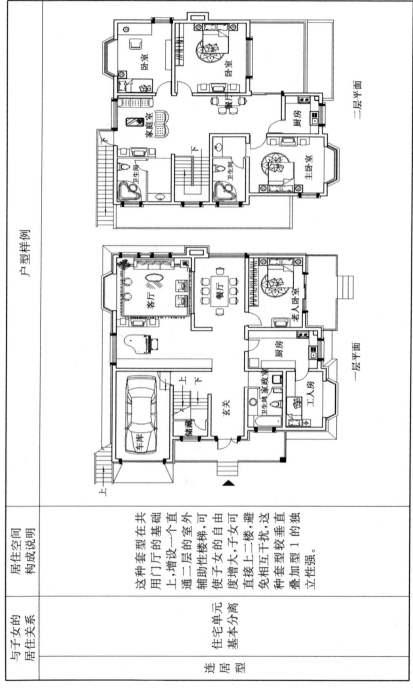

来源:作者绘制(户型样例方向为上北下南)

表 5 - 14 垂直叠加型 3

与子女的居住关系	居住空间构成说明	户型样例
连居型	住宅单元基本分离	这种套型底层分设两个门厅入口,其中一个可直通二层。两代人既可从内部相互往来团聚,又可相对独立地生活。这种套型较垂直叠加型2的独立性更强。

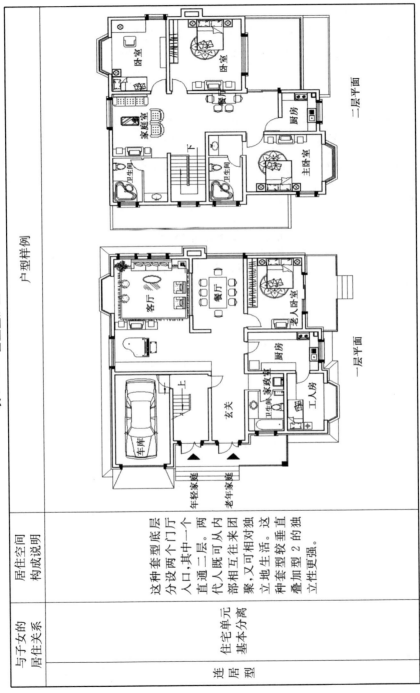

来源:作者绘制(户型样例方向为上北下南)

2）多代毗邻型

随着老年人居住质量的提高,一方面一些文化水平较高的老年人,对晚年生活充满自我实现的愿望,另一方面许多老年人在"避干扰"和"怕冲突"的思想下,选择"分住靠近"的居住方式,即大家庭解体后,老少两代家庭仍想保留"藕断丝连"的相互依存与照料的居住愿望,从完全靠家庭和子女照顾,向需部分靠社会服务照料的转变。其套型空间组合形式为分户分厅分厨分卫分卧,按老人家庭和年轻人家庭空间距离的远近,可分为如下几种类型:(表 5-15)

表 5-15　多代毗邻模式下不同套型的居住空间组合

类型	套型居住空间组合	特点		示意图
邻里型	分户分厅分厨分卫分卧	同楼层近居	老年家庭和年轻家庭居住在同一层,老少家庭通过公共走廊获得横向联系,生活既各自完全独立,又利于相互照顾和情感交流。	老人家庭 ←同一楼层→ 子女家庭
网络型	独代独居	同楼分层近居	低层单元布置老年住户,与年轻家庭以垂直交通联系,既方便老年人室外活动,又利于子女照料父母。	老人家庭 同一楼层 同一组团 同一社区 子女家庭
		同组团分楼近居	老年家庭和年轻家庭位于一个院落空间,共用组团居民服务点,闲暇便于互访、互助,又保持生活独立性。	
		同社区分组团近居	空间距离较远,仍在老年人步行范围之内,保持了代际间亲密关系,是健康老人或低龄老年家庭的首选居住方式。	

来源:作者绘制

① 邻里型

老年家庭和年轻家庭生活完全独立,同楼同层近居,居住单元通过公共走廊横向联系,有利于两代日常生活的相互照料和情感上的相互交流,其套型居住空间组合为多代分户分厅分厨分卫分卧。(表 5-16)

表 5 - 16　邻里型

与子女的居住关系		户型设施设备配置		示意简图	空间关系
邻里型	同楼层近居	门厅	2		
		起居室	2		
		厨房、餐厅	2		
		卧室	>2		
		卫生间	>2		

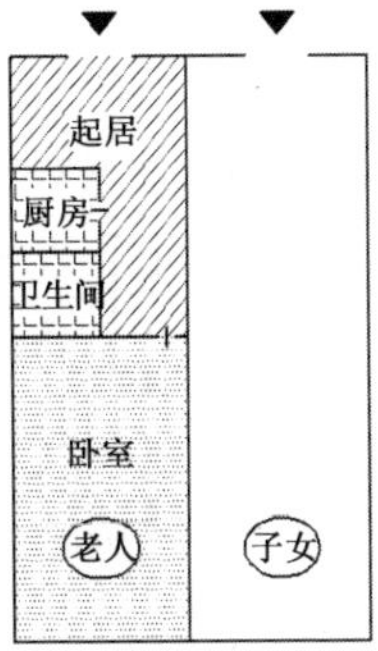

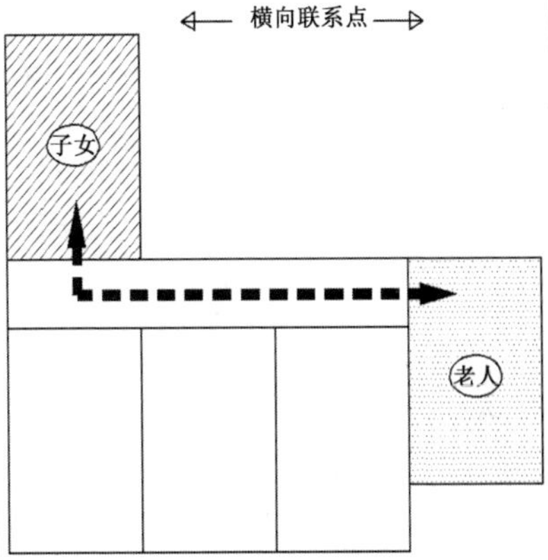

来源:作者绘制

② 网络型

老年家庭与年轻家庭相对独立,就近居住,可形象地比喻为"端一碗汤不凉"的距离。一般健康老人步行疲劳极限为 10 分钟,步行大约 450 m,以此为半径确定常态社区的居住规模为 400 m～500 m,即网络型住宅居住距离范围。其套型空间组合形式为独代独居,按照空间距离的居住方式主要有三种:同楼层分层近居;同组团分楼近居;同社区分组团近居(表 5 - 17)。

表 5－17　网络型

与子女的居住关系		户型设施设置配置		示意简图	空间关系
网络型	同楼分层近居	门厅	2		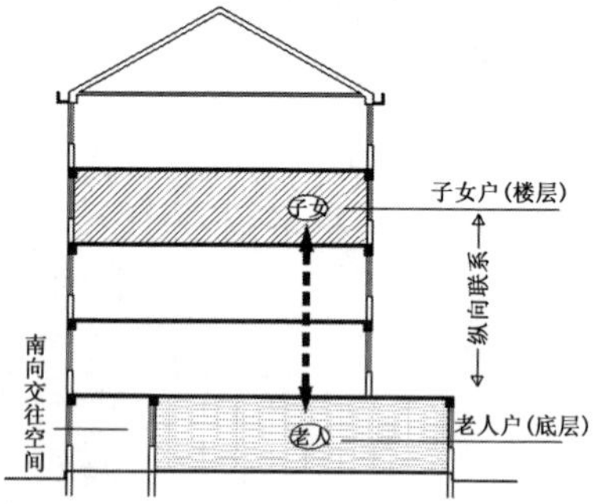
		起居室	2		
		厨房、餐厅	2		
		卧室	>2		
		卫生间	>2		
	同组团分楼共居	门厅	2	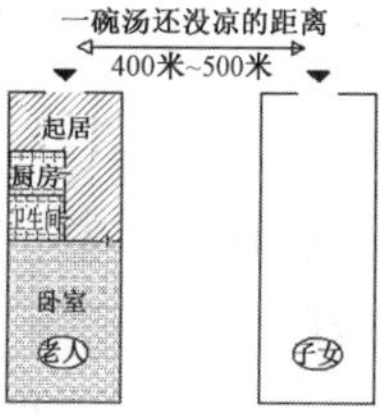	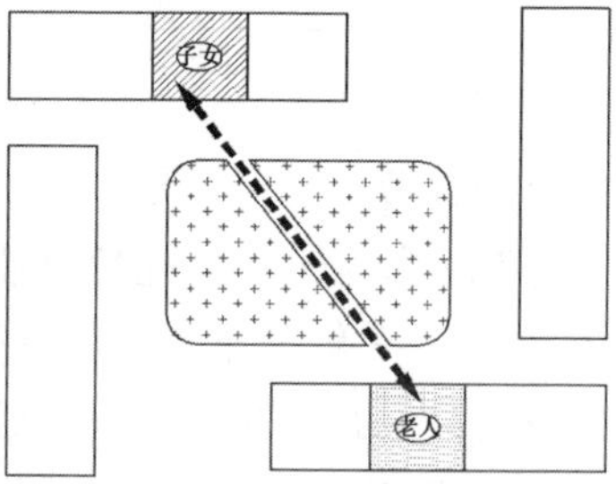
		起居室	2		
		厨房、餐厅	2		
		卧室	>2		
		卫生间	>2		
	同社区分组团共居	门厅	2		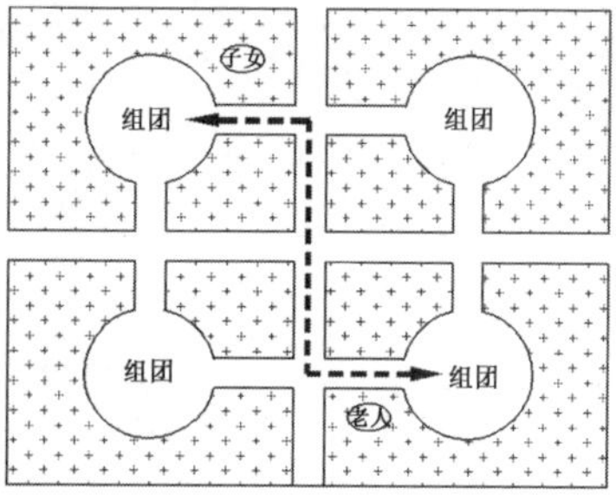
		起居室	2		
		厨房、餐厅	2		
		卧室	>2		
		卫生间	>2		

来源：作者绘制

3）空巢独居型

① 居住方式

除多代居住的套型组合外，对那些子女离身边较远、不能得到家庭照顾的空巢老人来说，常态社区中可为其提供两种方式，一是集中设置公寓型住宅并提供集中的空巢家庭养老环境；二是将其分散在普通住宅内并配备必要的养老设施。

A. 集中型

集中建设在常态社区中的老年住宅，其建筑形式是社区中的单独组团，或是社区组团中的独栋建筑。这种老年住宅以无障碍设计为标准，为空巢老人提供完善的家庭居住环境，不同于国内新建的老年公寓，为空巢老人保存了更多的个人空间，而且集中建设的方式更方便管理和社区服务，有利于老年人相互帮助和交流。但是，由于老年人的集中居住，与一般居民隔离，容易使老年人产生不良心理。这种常态社区中小范围集居养老的老年公寓将在下文详细分析其策略。

B. 分散型

集中居住形式不可避免地使空巢老人与一般住户的交往产生障碍，因此出现了分散布置的老年住宅类型。主要有以下三种布置形式（图 5 - 6）：

a. 横向布置：在普通住宅中至少布置一层为空巢老人设计的户型，一般位于住宅的底层。

b. 纵向布置：在普通住宅局部的竖向至少布置一列为空巢老人设计的户型，使各层都有老年住户，且邻近电梯。

c. 混合布置：在普通住宅楼的适当位置布置老年人居住户型，这种老年户型常被包围在一般住户之间，并且靠近电梯，较好地解决了老年住户与一般住户之间空间位置关系问题。如日本岛根县滨田市绿之丘小区市营住宅的90 户中有 20 户，县营住宅的 70 户中有 10 户老年人住户，这些老年住户每层成对布局，同时被两侧布置的一般住户包围，避免产生"孤立化"①。

5.2.1.2 适老化通用型住宅设计

适老化通用型住宅是根据 1980 年代提出的通用性设计原理发展而来的，通用性设计原理初旨是为尽可能多的人提供无障碍的环境，并且包容更广泛的人类的各种活动。经过近 30 年的发展，现有的通用性概念早已超越了无障

---

① 王晓敏. 新型在宅养老模式的城市住宅设计研究[D]. 西安:西安建筑科技大学,2008,P87

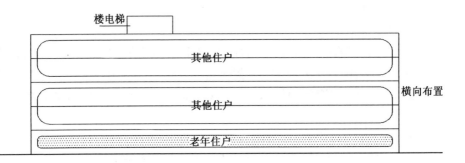

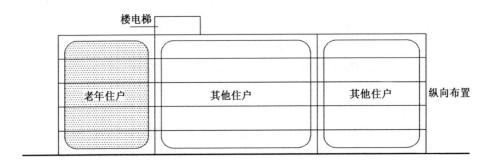

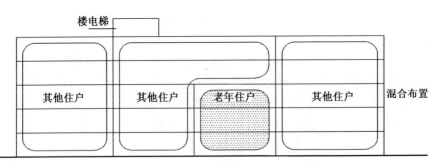

图 5-6　分散型老年住宅三种布置形式

来源:作者绘制

碍的设计概念,旨在创造人人平等生活的空间。

适老化通用型住宅指的是建立长效的概念,即在住宅设计和建造时,尽可能把老人的各种需求考虑进去,将老年住宅的必要技术措施贯彻在住宅建造中,以便居住者年老之后,及时根据需要增加设施和设备,提高自理能力。

适老化通用型住宅的三个基本理念是:一、应是至少可使用 40 年以上的长效住宅;二、为适应灵活可变的需求,可预留一些安装必要设施和设备的空间;三、不管是年轻人还是老年人,都应满足其居住需求。

适老化通用型住宅的特点是:一、满足大部分老年人养老需求。许多老人进入老龄后,仍愿生活在原来的常态社区,居住在自己熟悉的家中。适老化通用住宅是"一生的家园",适合居住者从年轻到年老时的居住。同时,适老化通用住宅实现了"让老人能自己照顾自己"的理念,延长其自理时间,使老年人感到自己没有成为社会和家庭的包袱。二、重视建筑的潜伏设计。适老化通用型住宅满足了住宅随着老年人身体状况由自理→介护→介助的居住需求变化,使整个居住环境根据不同的条件,动态地适应人们生理和心理的变化。潜伏设计的好处在于并不是一开始就进行适老化设计,而是逐步实现这些功能的,不影响居住者在年轻时期和进入中年时对住宅的使用。三、从根本上消除了年龄歧视,没有强调其使用者的特殊身份,如残疾人、老年人专用等。这种特点消除了老年人对年龄的忌讳心理,避免了因体力衰退而被社会分离出来的担忧。适老化通用型住宅既方便了老人的使用,又消除了人与人的隔离,促进了社会和谐。

适老化通用型住宅设计又可分为新建常态社区适老化通用住宅设计和已建社区原宅适老化改造设计。

1) 新建常态社区适老化通用住宅设计

(1) 套型结构体的适应性

常态社区住宅中建筑的骨架是结构体,当调整套型与空间时,结构体是不可变的,因此有必要在建设住宅时配备适应使用者不同使用期的结构体。

① 砖混结构

砖混结构中的承重墙在很大程度上限制了空间和尺寸,很少受到技术和材料的制约,结构上区分承重墙与非承重墙,其中非承重墙根据需要改变,达到空间和功能的改变。(图 5-7)

② 框架结构

现代建筑的框架结构给住宅带来经济性,减少了墙体对空间的限制,增多了开放空间,通过分隔墙实现结构对多种针对老人功能变化的适应性。(图 5-8)

③ 剪力墙结构

剪力墙结构对空间的限制较大,应在开始设计阶段考虑到日后重新分隔的可能性,在允许的条件下,设计成短肢剪力墙。(图 5-9)

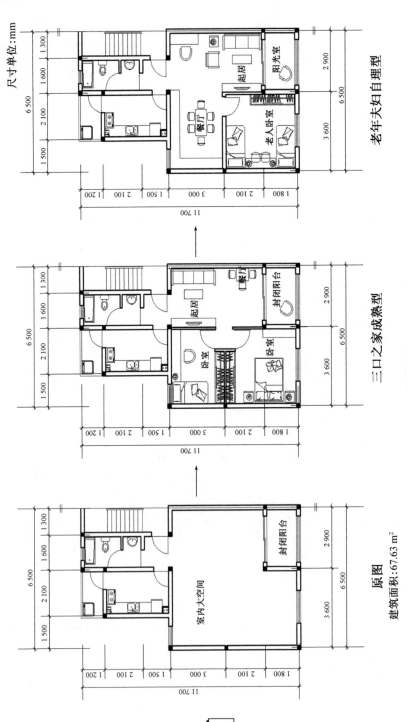

图 5-7 灵活划分空间的砖混结构 1

尺寸单位:mm

老年夫妇自理型

三口之家成熟型

原图
建筑面积:67.63 m²

来源:作者绘制(方向为上北下南)

尺寸单位:mm

入户花园保留并带两卧室的套型分隔

入户花园改为厨房(带服务阳台),一卧室带书房的套型分隔

入户花园改为厨房并带两卧室的套型分隔

带入户花园的原图

图 5 - 8　带入户花园适老化多功能变化的框架结构

来源:作者绘制

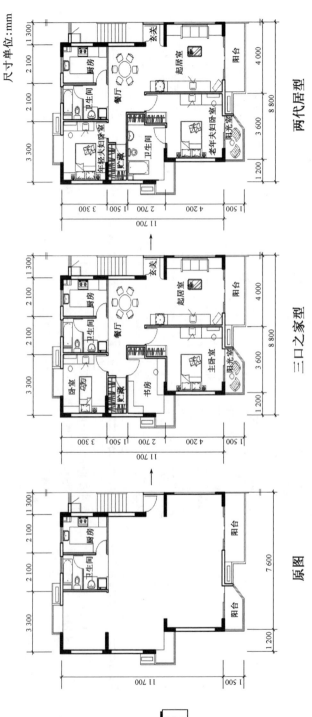

图 5 - 9　可灵活变换功能的短肢剪力墙结构

来源：作者绘制（方向为上北下南）

④ 钢结构

目前,在我国的经济水平下,钢结构是较少采用的住宅结构,但不可否认的是,因其钢柱支撑所允许的大面宽和大跨度,留给住宅空间极大的灵活性,胜于以上所列的结构,给居住者适老化的改造留下了很大的余地。如图5-10 所示,在 2 个基本单元的基础上,创造了 6 种不同的户型平面。

(2) 套型空间的合并

住宅初始设计的是独立的标准单元套型,每个标准单元有独立的入口、厨卫系统。适老化通用住宅可考虑将套型之间预留门洞口,产生两套、三套等合并式,将原有的三口之家或单室改为合居式或老年夫妇居住的户型。(图 5-11)

(3) 套型空间的转移

新建适老化通用住宅中,通过预留洞口、重新分隔,使处于两个套型中的空间发生转移,这种方法可实现住宅改造过程中的户型变化。但当一个空间交换到另一个套型中时,应保证各自的厨卫空间不变,避免上下水及烟气道竖向的变化;同时在设计中应预留可能的转向开关、接线头和暖气线路等。图5-12 表示的是两套户型通过空间交换,满足了家庭结构从三口之家到多代合居式的转变。用户年轻时购买两套住房,根据需求划分两套户型,一套自住,一套出租,既经济实惠又使用方便。

(4) 套型空间的组合

实际设计适老化通用住宅可变套型平面时,并不是固定使用一种模式的,如都是合并式或都是转移式等,可同时灵活运用多种组合方式,原则是保证厨房和卫生间空间位置不变,套型内多采用轻质隔墙或预留洞口,方便住宅改造。

图 5-13(a,b,c)所示就是套型空间组合的例子,组合一将三套型空间合并成一套型,在走廊增加入户门,组成典型的 4+2+1 老少三代同居型,三户各自有门,既保持独立生活,又可相互照料,是传统大家庭在现代社会的演变。组合二将三套型空间合并及转移,形成一个三代同居型套型和一个两代同居型套型,其中三代同居型在老年夫妇卧室中添加专用卫生间;两代同居型年轻夫妇和老年夫妇两代各自独立生活,均拥有完整的设备设施,在预留洞口设门,既保持相互联系,又方便照顾。

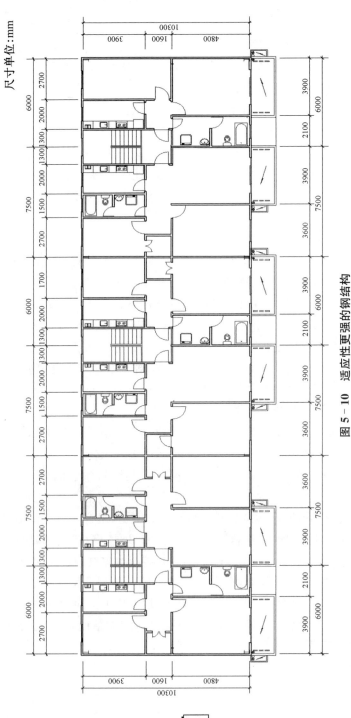

图 5 - 10　适应性更强的钢结构

来源:作者绘制(方向为上北下南)

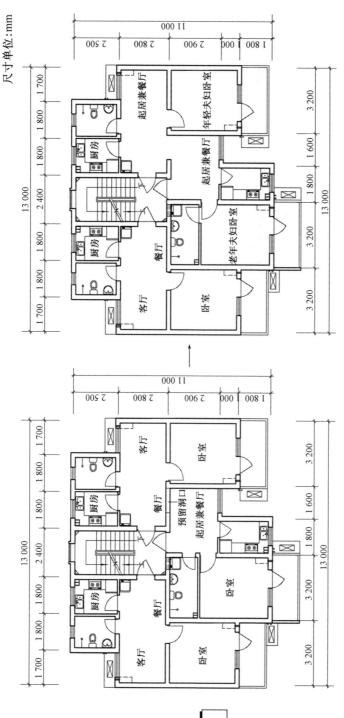

尺寸单位:mm

套型合并为两代居

原图预留洞口

图 5 - 11　套型空间的合并

来源:作者绘制(方向为上北下南)

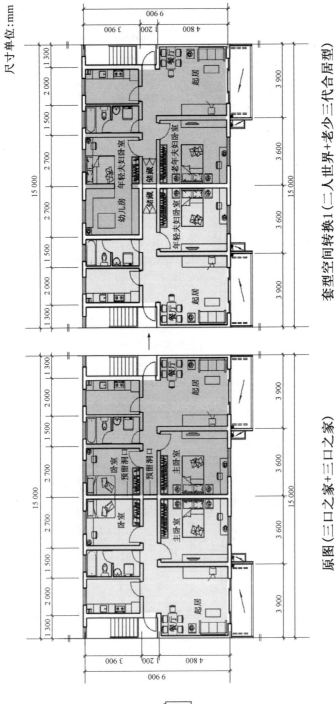

尺寸单位:mm

套型空间转换1（二人世界+老少三代合居型）

原图（三口之家+三口之家）

图5－12 套型空间的转移

套型空间的转移

来源:作者绘制（方向为上北下南）

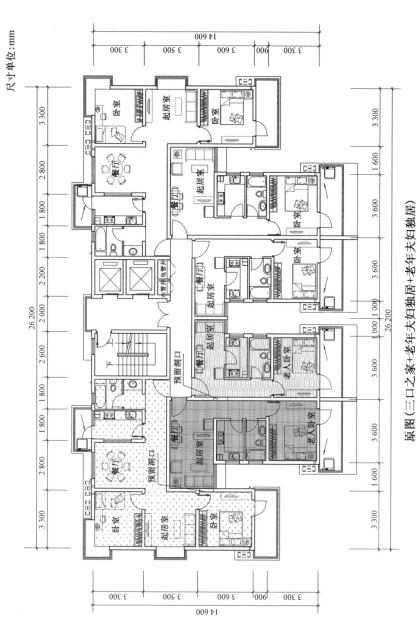

图 5 - 13a 套型空间的组合(一)

原图(三口之家+老年夫妇独居+老年夫妇独居)

来源:作者绘制(方向为上北下南)

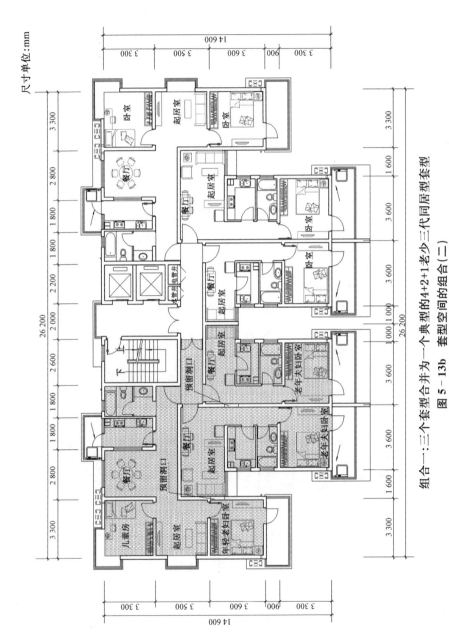

尺寸单位: mm

组合一: 三个套型合并为一个典型的4+2+1老少三代同居同型套型

图5-13b 套型空间的组合(二)

来源: 作者绘制(方向为上北下南)

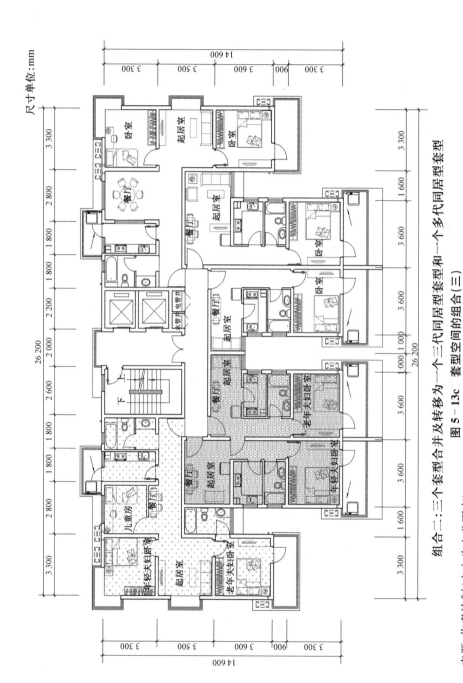

尺寸单位：mm

组合三：三个套型合并及转移为一个三代同居型套型和一个多代同居型套型

图 5 - 13c　套型空间的组合（三）

来源：作者绘制（方向为上北下南）

2) 已建常态社区原宅适老化改造设计

（1）单元公共空间不利于适老化的问题及其改造对策

① 单元公共空间不利于适老化的问题，主要有以下几个方面：（图5-14a,b）

A. 楼梯门口设置了台阶，却没有坡道，不利于老年人出入。有的楼梯门口虽补设了坡道，其坡度设计并未满足老年人使用的规范要求，有的坡道甚至还被垃圾桶、自行车占用，不能方便轮椅通行。

B. 楼内走廊、楼道设计局促，不利于担架或轮椅通行。许多住宅楼道内还摆放了诸如箱子、柜子等杂物，有的住宅还在走廊上设置凸出的消火栓，这些更加容易碰伤老人，尤其是老年人出现危急情况，走廊、楼道空间的狭小将导致医生难于及时抢救病重老人。

C. 在单元内的公共区域，特别是疏散楼梯，没有必要的扶手，一些住宅楼梯侧面的墙壁前又堆积了杂物，使上下楼梯更加困难。

D. 既有住宅中，绝大部分的六层以下的住宅都不设电梯，甚至七层、八层都不设电梯。对于许多老人来说，只能选择不经常下楼，这直接影响到老年人的身心健康。据统计，因上下楼梯不便使得大部分老人每天外出时间不足4小时[1]。

图5-14a　既有住宅单元出入口虽有坡道却被占用

来源：作者拍摄

---

① 常怀生.关注老人居住质量[J].新建筑,2001(2)

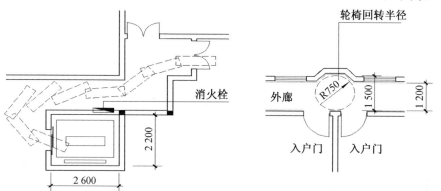

走廊的曲折、消火栓凸出不利于担架的通过　　适老化住宅出入口需满足轮椅回转半径要求

图 5-14b　既有住宅单元公共空间不利于适老化设计问题

来源:作者绘制

② 单元公共空间不利于适老化的改造对策如下:

A. 楼梯门口应设置满足规范要求的坡道,并保证通畅,方便老年人出入。

B. 楼内的走廊和楼道内避免放置杂物,尽可能保持流通,消火栓之类的凸出物应改造进墙内。

C. 疏散楼梯增设老年人使用的安全扶手,上下楼道避免障碍物。

D. 有条件的情况下,老年人居住较多的既有住宅增设电梯。

(2) 卫生间不利于适老化的问题及其改造对策

① 调查显示,既有住宅卫生间不利于适老化的问题较多,主要体现在以下几点:(图 5-15)

A. 既有住宅中卫生间的空间都比较狭小,面积一般在 3 m² 左右,有的甚至小于 2 m²,这使卫生间无法改造为适合坐轮椅以及需照顾的老年人使用。

B. 我国目前既有住宅中卫生间的门开启后的净宽,大都为 700 mm,不满足轮椅出入宽度。

C. 既有住宅的卫生间普遍缺乏适合老年人使用的安全扶手,家人不能放心地让老年人独立完成洗浴或排便。

D. 既有住宅卫生间面积狭小,干湿分区不理想,易引起老人滑倒;淋浴下的老人没有可坐的地方,很多家庭选用塑料板凳,不但不防滑,反而容易引起

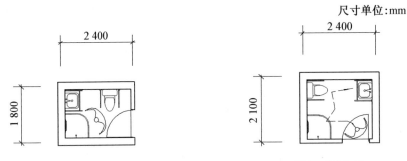

尺寸单位:mm

卫生间空间较小,老年人行动回转不便

干湿分区不合理,
湿区的水容易带到干区,老人易滑倒

图 5 - 15　既有住宅卫生间不利于适老化设计问题

来源:作者绘制

老人摔倒。

E. 大部分既有住宅的卫生间都有电热水器、浴霸等,但缺乏足够的防溅电插座,不仅对老人而且对儿童都存在安全隐患。

F. 老年人喜欢泡澡,浴缸的设置既满足其需求,又免除淋浴造成的其他伤害。但在既有住宅中,浴缸设计得较滑、较高,加大了老人进出浴缸的危险性。

G. 由于既有住宅卫生间空间面积较小,没有放置洗衣机的位置,给老人生活带来不便。有的老人选择手洗,增大了生活负担;有的老人选择放置小型洗衣机,虽然可洗小件衣服,但大件衣服的清洗仍是问题;有的老人选择将洗衣机放置在过道、阳台等没上下水通道的地方,使用很不方便。

H. 北方地区的既有住宅中,卫生间的取暖设施成为老年人生活不便的原因。一是暖气片占据了较大的体积,使卫生间更加局促;二是老式暖气片位置设置不当,易碰伤老人;三是暖气片被人为拆掉,冬天老年人只好到公共浴室,减少在家洗澡的次数。

② 卫生间不利于适老化的改造对策如下:

A. 在条件允许的状况下,扩大卫生间面积,预留设有上下水通道的洗衣机位置。

B. 将既有住宅卫生间的门洞口宽度加宽至 900 mm,开启后净宽 800 mm,满足轮椅出入宽度;还可考虑外开,增加卫生间内使用面积。

C. 给既有住宅卫生间内的卫生设施增设老年人使用的安全扶手。

D. 既有住宅卫生间如使用淋浴的,增设防滑坐凳,方便老人使用。

E. 卫生间的洗浴设备最好使用浴缸,方便老人泡澡,改造后的浴缸要防滑且高度适宜。

F. 使用电器的卫生间应设置足够的防溅电插座。

G. 北方地区有住宅暖气片的设置,位置应合理,尽可能减少其占用卫生间的空间并避免碰撞老人。

(3) 厨房不利于适老化的问题及其改造对策

① 现实生活中,既有住宅厨房的设计较少能满足老人的需求,主要体现在以下几点:(图 5 - 16)

A. 既有住宅中厨房面积较小,主要表现为面宽小,使用轮椅的老年人不仅得不到他人的帮助,而且也无法自行使用厨房。

B. 一般住宅厨房门开启后净宽为 700 mm～800 mm,难以满足轮椅进出的尺寸要求。

C. 厨房设施没按照"洗、切、烧、搁"的流程进行布置,老年人做饭时既增加了不必要的流程,又增加了滑倒、烫伤的机率。

D. 厨房的地面没使用防滑的地砖,老人容易滑倒。

E. 既有住宅内厨房中的储物柜设置不合理,如吊柜比较高,老人够不着;橱柜最下的柜子对老年人来说,也是不容易够的地方。

F. 多数煤气灶缺少煤气泄漏报警装置,给年老体衰的老人带来安全隐患。

② 厨房不利于适老化的改造对策如下:(图 5 - 16)

A. 可能的情况下,增大既有住宅厨房的面积,满足老年轮椅使用者的回旋空间,采用 U 型、L 型操作台布置有助于轮椅旋转

B. 增大厨房门洞口的宽度至 900 mm,门开启后净宽 800 mm。

C. 厨房操作台布置按照流程设计,避免因流程混乱而给老年人带来的麻烦。

D. 厨房地面使用防滑地砖,防止老人滑倒。

E. 厨房内储物柜的设计满足老年人的活动范围要求,既没有过高需要够的地方,也没有过低的、需下蹲、弯腰这些老年人感到困难的动作才能够着的地方。

F. 老年人使用的厨房应增设煤气泄漏报警装置、电器专用插座等安全设施。

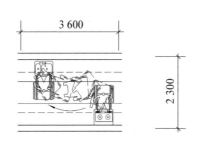

相对布置的洗涤池和煤气灶造成坐轮椅的老人行动不便

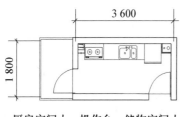

厨房空间小，操作台、储物空间小

吊柜设置过低，容易碰头

图 5-16　既有住宅厨房不利于适老化设计问题

来源:作者根据周燕珉等著《老年住宅》绘制

（4）起居室不利于适老化的问题及其改造对策

① 普通住宅的起居室一般没有潜伏设计,住户年老后,很少增加适老化设施,既有住宅起居室在适老化方面存在的问题主要有:(图 5-17)

A. 起居室内缺乏必要的安全扶手,这给老人带来不便。

B. 有些开发商为创造空间层次感,开发错层住宅,在起居和餐厅之间或起居和卧室之间,设置 2～4 个台阶,不仅破坏了结构的整体性,而且也给老人生活带来了潜在的危险性。

C. 起居室空间成为通过式空间,且缺乏轮椅回转半径的适老化考虑。

② 起居室不利于适老化的改造对策如下:

A. 在一些必要位置,比如起居和玄关之间设置安全扶手。

B. 避免在起居和餐厅、起居和卧室之间设计高差,满足使用者年老后安全需求。

C. 通过家具的挪移,扩大起居空间,满足老年人轮椅回旋半径空间的要求。

尺寸单位:mm

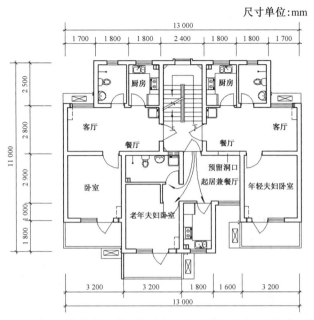

从入户门到其他空间,均需经过起居室,对起居室内活动造成干扰

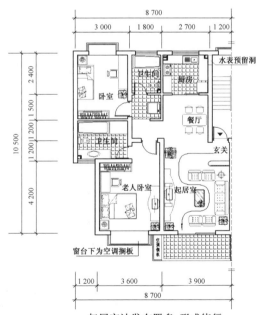

起居室沙发布置多,形成绕行

图 5 - 17　既有住宅起居室不利于适老化设计问题

来源:作者根据周燕珉等著《老年住宅》绘制(方向为上北下南)

（5）卧室不利于适老化的问题及其改造对策

① 既有住宅卧室适老化方面存在的问题有：（图 5 - 18）

A. 既有住宅卧室较小，仅可摆放一张大床，没有考虑老年人睡眠轻、夜间起夜较多、易相互干扰的生理特征。

B. 大多数住宅的卧室入口狭窄，没有为老年人安装紧急呼叫装置，当老年人发生危险时，无法得到及时的救助。

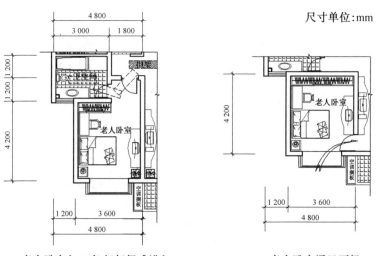

老人卧室入口窄，担架很难进入　　　　　老人卧室通风不畅

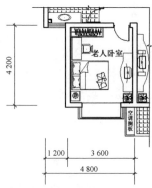

老人卧室内没考虑多数老年夫妇同室不同床的模式，
且应满足轮椅回转半径要求

图 5 - 18　既有住宅卧室不利于适老化设计问题

来源：作者根据周燕珉等著《老年住宅》绘制

② 卧室不利于适老化的改造对策如下：

A. 既有住宅的卧室可根据多数老年夫妇选择同室不同床的模式，尽可能布置两张单人床，并满足轮椅回转半径空间需求。细部设计上注重老年人特殊要求。

B. 如果条件允许，在老年人使用的卧室中安装紧急呼叫装置。

（6）既有住宅不利于适老化的其他问题及其改造对策

① 既有住宅不利于适老化存在的其他问题有：

A. 既有住宅户内因结构降板、地面铺装材料不同，在不同空间的交接处产生高差。20 世纪 80 年代设计的住宅多采用蹲便器，为同层排水铺设管道，卫生间往往抬高 10 厘米以上。较小的高差老年人不易察觉，容易产生摔跤；超过 20 mm 以上的高差，不利于使用轮椅和行动不便的老人通行；

B. 既有住宅室内空间相对封闭，没有形成回游动线，既不方便老年人通行，也不利于视线联系、声音传达、通风采光、紧急呼救；

C. 户内空间没有视线和声音加强设计，不能保证老年人与家人或护理人员密切联系；

D. 有些住宅没有按照老年人的生活流程进行设计，老年人活动区分散；

② 既有住宅不利于适老化的其他问题的改造对策如下（图 5 - 19）：

A. 厨房、阳台、卫生间等处的过门石或压条，可采用抹圆角或八字脚的方式过渡；不同地面铺装材料在交接处调整厚度局部找平；

B. 既有住宅应在起居室和卧室之间，起居室、阳台、卧室之间，卧室、卫生间、户内交通空间之间等设置"回游空间"；

C. 户内老年人主要生活区如起居、餐厅等应为开敞空间，使视线和声音不受遮挡；对于厨房、阳台等不能敞开的空间可采用设置洞口、镜子等加强声音和视线联系；对于卫生间等视线不宜贯通的空间，可以局部安装透光不透影玻璃。

D. 老年活动区域相对集中，如老年人卧室应与卫生间、厨房紧靠。

（7）已建常态社区原宅适老化改造实例

· 南京板桥经济适用房小高层

概况：板式小高层，建于 2006 年，建筑面积分别为 100.23 ㎡ 和 127.06 ㎡。

① 楼层中原宅适老化改造主要是在单元公共空间增加电梯、安全扶手；在住宅内部重装修，增设适老化设施，并扩大空间，满足使用轮椅的老年人生理特征及不同套型结构的老年家庭需求，是既有住宅适老化改造的主要方面（图 5 - 20）。

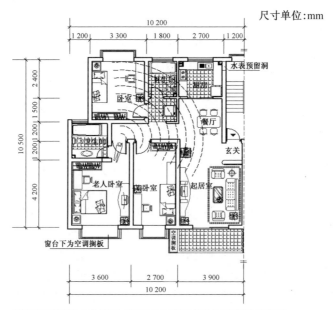

利用门洞保持声音通透,方便老人出现意外时得到及时救助

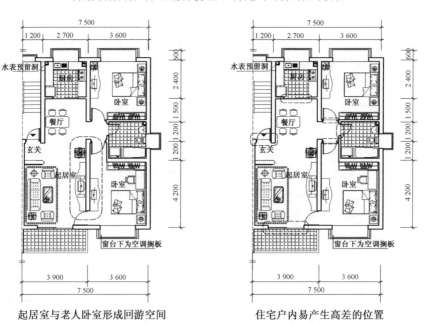

起居室与老人卧室形成回游空间　　　　住宅户内易产生高差的位置

图 5 – 19　既有住宅不利于适老化其他设计问题

来源:作者根据周燕珉等著《老年住宅》绘制(方向为上北下南)

A. 现状：

a. 单层平面为一梯两户，户型为三室两厅一卫，适于两代人或三代人居住；

b. 南北通透，采光良好，阳台空间宽敞；

c. 动静分区明确，客厅与卧室使用互不干扰；

d. 卫生间位置离老人卧室较远，使用不便；

e. 没有适老化设计，如无障碍通行、设施等。

B. 改造后

a. 取消书房，将卫生间位置移此，可分别从起居、老人卧室双向进入，方便老年人夜间如厕；此外，卫生间增加安全扶手，采用防滑地面；并使起居、老人卧室、卫生间形成可通行空间；

b. 餐厅位置移至厨房旁，形成回游空间，便于轮椅通行；

c. 老人卧室设双床，方便陪护，并为轮椅回转提供宽敞的空间；

d. 尽量消除阳台与客厅、餐厅与厨房、老人卧室与卫生间等高差；

e. 为老年人提供日光阳台，满足其享受阳光及休闲娱乐的需要。

② 底层中的原宅适老化改造方法

有些既有住宅小区中靠近服务娱乐设施以及环境较好的住宅底层适老化改造，既省去了增设电梯的造价，又与室外环境结合得较好，增进了老年人的邻里交往。

图 5 - 21 所示是板桥经济适用房小区中三室两厅双卫的大户型，其适老化改造方法为：

A. 采用局部架空方式抽取大户型中的两个卧室和卫生间进行架空处理，剩下两室两厅一卫就改造为空巢家庭的老年住宅。南面架空部分可以用于底层老年住户做花园，北面架空部分可以用于小区公共服务。

B. 底层设置地面花园比屋顶花园具备更多的优势，它不需考虑土壤及植被的重量和水分对建筑结构的影响。在花园绿地，老年人不仅可以享受种植和护理花草的乐趣，而且能与邻里产生更多交流的机会。

C. 底层住宅的适老化改造可使老人不通过公共楼梯进入户内，而是通过自家花园进入住宅，我们可为那些坐轮椅的老年人设置入户坡道，同样，住宅室内按照无障碍要求，根据适老化的需求，分别对起居、厨房、卫生间、卧室等空间进行无障碍设计。

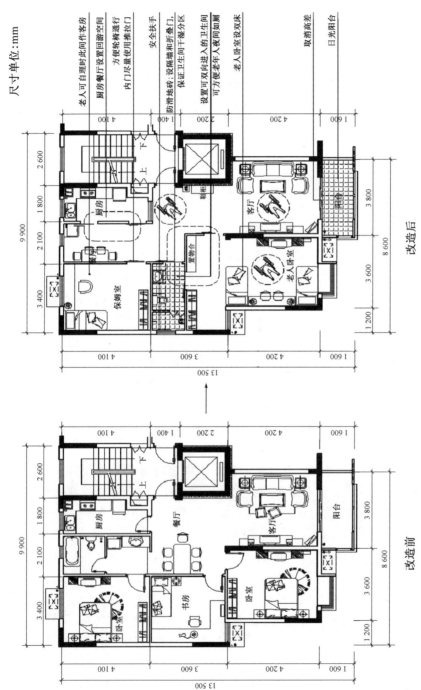

尺寸单位:mm

老人可自理时此间作客房

厨房餐厅设置回游空间

方便轮椅通行

内门尽量使用推拉门

安全扶手

设置防滑地砖,设隔墙和折叠门,

保证卫生间干湿分区

设置可双向进入的卫生间

可方便老年人夜间如厕

老人卧室设双床

取消高差

日光阳台

改造后

改造前

图 5 - 20　板桥经济适用房楼层原宅适老化改造实例

来源:作者绘制

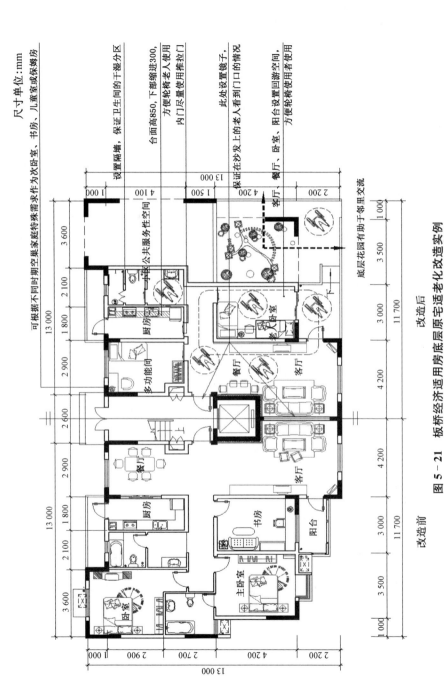

尺寸单位:mm

可根据期不同时期空巢家庭特殊需求作为次卧室、书房、儿童室或保姆房

设置隔墙

保证卫生间的干湿分区

台面高850,下部缩进300,方便轮椅老人使用 内门尽量使用推拉门

此处设置镜子,保证在沙发上的老人看到门口的情况

客厅、餐厅、卧室、阳台设置回游空间,方便轮椅使用者使用

底层花园有助于邻里交流

改造后

改造前

来源:作者绘制

图 5 - 21　板桥经济适用房底层原宅适老化改造实例

5.2.2 空间设施设计

5.2.2.1 住宅室内功能空间设计

按照老年人室内活动行为,将住宅室内空间划分为会客交流空间、阅读写字空间、美食餐饮空间、睡眠休息空间、盥洗洗浴空间和公共空间等。这些功能关系紧密、相互穿插,可分为起居室、餐厅、卧室、厨房、卫生间、阳台、门厅、储藏等。

1) 出入口和门厅设计(图 5 - 22)

老年人住宅入口应适当增大面积,增加门宽度。一般住宅分户门洞口宽是 1 000～1 100 mm,也有些标准较高的套型,入户门洞口 1 200 mm 宽,这些都可满足老年人的基本使用要求。研究证明,1 100 mm 门洞口宽的住宅入户门是最经济和方便的,便于推行者及轮椅使用者通行。

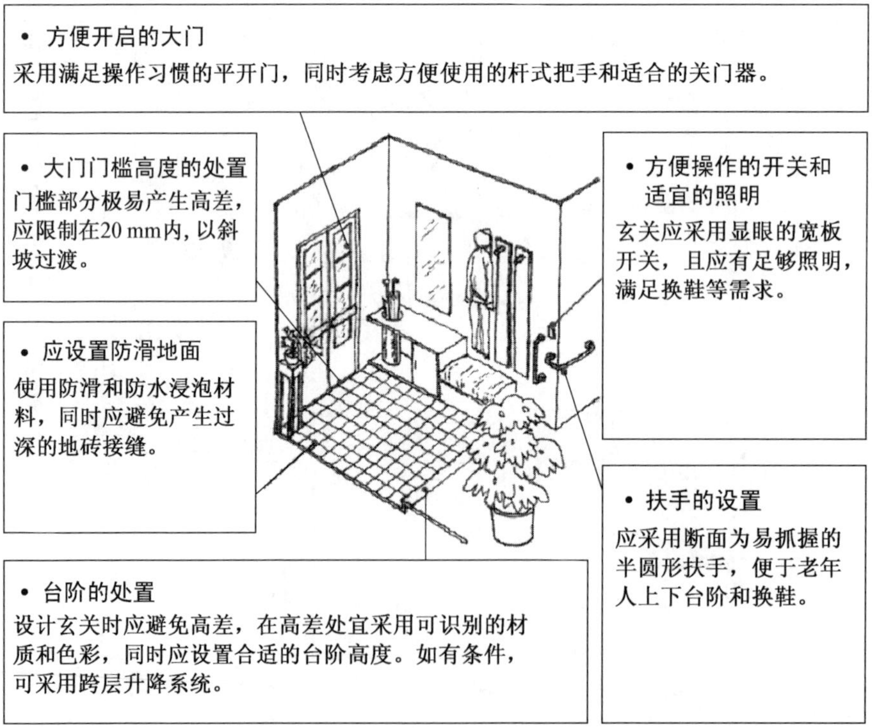

• **方便开启的大门**
采用满足操作习惯的平开门,同时考虑方便使用的杆式把手和适合的关门器。

• **大门门槛高度的处置**
门槛部分极易产生高差,应限制在20 mm内,以斜坡过渡。

• **应设置防滑地面**
使用防滑和防水浸泡材料,同时应避免产生过深的地砖接缝。

• **方便操作的开关和适宜的照明**
玄关应采用显眼的宽板开关,且应有足够照明,满足换鞋等需求。

• **扶手的设置**
应采用断面为易抓握的半圆形扶手,便于老年人上下台阶和换鞋。

• **台阶的处置**
设计玄关时应避免高差,在高差处宜采用可识别的材质和色彩,同时应设置合适的台阶高度。如有条件,可采用跨层升降系统。

图 5 - 22 出入口和门厅设施设计

来源:作者绘制

门厅是衔接房间内外的过渡空间,直接关系到老年人是否方便外出。这个场所面积虽然不大,但却是老年人频繁使用的地方。更衣换鞋空间一般位于门厅,对老年人来说,弯腰下蹲换鞋是比较费劲的事情,设计上可考虑两种情况:当门斗空间较宽敞的时候,可安放防滑扶手和座凳;当门斗空间较紧凑的时候,可合并鞋柜和座凳,以节约空间。此外,还应留出接待来客、担架出入等空间。

2) 起居室设计(图 5 - 23)

年老之后,起居室成为老年人家庭生活的核心,老年人大部分活动都在这里进行。他们希望拥有一个既能娱乐又能社交的休息空间,最终获益身心。常态社区中的适老化住宅内的起居室应有充足的阳光、良好的通风、优美的景观。

(1) 平面设计:功能上应满足老人通行和简单的活动、接待之用,根据《住宅设计标准》(DB32/ 3920—2020)第 5.3.1 条规定起居室的使用面积最小值为 12 m²,以满足老年人基本使用功能要求。

(2) 无高差设计:应保持起居室内无高差设计,宜选用木地板。

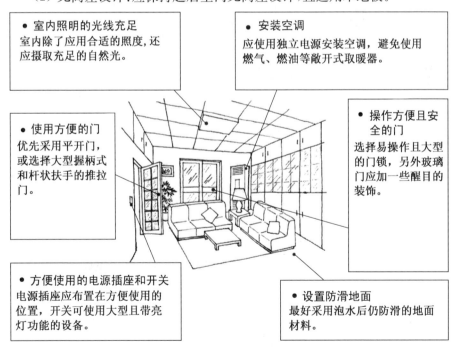

图 5 - 23　起居室设施设计

来源:作者绘制

（3）家具陈设：避免电视屏幕正对采光窗口，否则影响老年人白天收看电视；避免棱角尖锐和大面积玻璃的家具；家具布局应整齐有序。

（4）与周边布局关系：参照《住宅设计规范》（GB 50096—2011）第 3.2.3 条规定，起居室门洞布置应综合考虑使用功能要求，减少直接开向起居室的门的数量，起居室内布置家具的墙面直线长度应大于 3 m。会客接待、收看电视等老年人经常停留的空间，在出入处预留老人专座以及 800 mm 以上的轮椅通行位置。

（5）隔音设计：老年人听力衰退，看电视或对话时音量比常人大，因此，起居室、餐厅的隔墙和门宜做隔音设计，避免干扰。

（6）朝向设计：根据有关调查，在满足起居室和卧室至少且仅有一室朝南的情况下，多数人选择卧室朝南，因此，起居室可朝向景观较好的方向，而不必强求朝向。

3）卧室设计（图 5-24）

（1）平面设计：对于老年人来说，卧室的功能不仅是睡眠、休息，还可兼书房、起居、用餐等功能。老年人随着活动能力的减弱，最终卧室将成为其全天使用的生活空间，居家老人应根据自身条件合理选择生活范围并同卧室结合。目前流行的"大厅小卧"的做法，主卧室尺寸的确定，是以双人床为依据的，不能满足老年人的需求。由于多数老年人有"起夜"的习惯，会吵醒同床休息的老伴，一些老年夫妇不得不分房而居，这给老年夫妇相互照料带来麻烦。因此，老年卧室不仅应容纳双人床，也要考虑两张单人床的余地，床边还应有方便的操作空间。卧室的设计还应考虑轮椅通行和上下床的方便。同时，卧室应留出足够的门宽、回旋和护理空间。可见老年人卧室不仅不能压缩面积，而且比普通住宅中的卧室要求高。根据《老年人居住建筑设计规范》（GB 50340—2016）第 6.3.1 条规定，老年人居住建筑双人卧室使用面积不应小于 12 m²，单人卧室不应小于 8 m²，兼起居的卧室不应小于 15 m²。

（2）私密性好：多代同居型住宅中代际间生活作息时间不完全相同，容易产生相互干扰。为减少干扰，老年人卧室应与客厅和其他卧室保持距离。

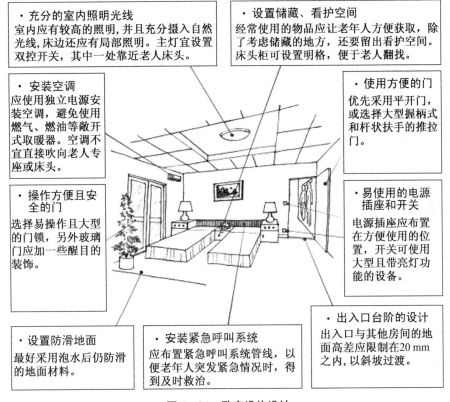

・充分的室内照明光线
室内应有较高的照明,并且充分摄入自然光线,床边还应有局部照明。主灯宜设置双控开关,其中一处靠近老人床头。

・设置储藏、看护空间
经常使用的物品应让老年人方便获取,除了考虑储藏的地方,还要留出看护空间。床头柜可设置明格,便于老人翻找。

・安装空调
应使用独立电源安装空调,避免使用燃气、燃油等敞开式取暖器。空调不宜直接吹向老人专座或床头。

・使用方便的门
优先采用平开门,或选择大型握柄式和杆状扶手的推拉门。

・操作方便且安全的门
选择易操作且大型的门锁,另外玻璃门应加一些醒目的装饰。

・易使用的电源插座和开关
电源插座应布置在方便使用的位置,开关可使用大型且带亮灯功能的设备。

・设置防滑地面
最好采用泡水后仍防滑的地面材料。

・安装紧急呼叫系统
应布置紧急呼叫系统管线,以便老年人突发紧急情况时,得到及时救治。

・出入口台阶的设计
出入口与其他房间的地面高差应限制在20 mm之内,以斜坡过渡。

图 5-24 卧室设施设计

来源:作者绘制

4) 厨房设计(图 5-25)

厨房是家庭生活中重要的活动场所,标准的厨房操作设备常不利于老年人独立生活,甚至带来麻烦。创造安全舒适的厨房环境能为老年人的健康生活提供可靠保障。

(1) 适合老年人的操作范围:厨房设计中有必要根据老年人体工程学,考虑老年人在厨房中的操作范围,以及适合老年轮椅者的活动范围。

(2) 平面设计:从面积来说,老年人使用的厨房不能太紧凑。一方面,厨房应有足够的空间满足老年人的活动范围以及轮椅的回转半径,根据《老年人建筑设计规范》(JGJ 122—1999)第 4.6.2 条规定,供老年人自行操作和轮椅进出的独用厨房使用面积不宜小于 6 m²,短边净宽不宜小于 2.1 m;另一方

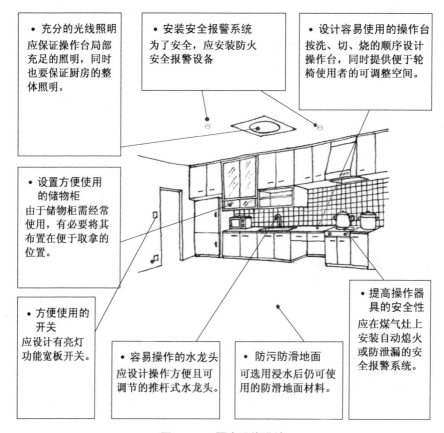

- 充分的光线照明
  应保证操作台局部充足的照明，同时也要保证厨房的整体照明。

- 安装安全报警系统
  为了安全，应安装防火安全报警设备

- 设计容易使用的操作台
  按洗、切、烧的顺序设计操作台，同时提供便于轮椅使用者的可调整空间。

- 设置方便使用的储物柜
  由于储物柜需经常使用，有必要将其布置在便于取拿的位置。

- 方便使用的开关
  应设计有亮灯功能宽板开关。

- 容易操作的水龙头
  应设计操作方便且可调节的推杆式水龙头。

- 防污防滑地面
  可选用浸水后仍可使用的防滑地面材料。

- 提高操作器具的安全性
  应在煤气灶上安装自动熄火或防泄漏的安全报警系统。

图 5－25　厨房设施设计

来源：作者绘制

面，如果厨房面积太小，储藏空间受限，一些设备尺寸不是过高就是过低，致使老年人很难舒适地操作。从平面布局形式来说，通常有Ⅰ型、Ⅱ型、L型、U型布局，适合老年人使用的平面形式是 L 型，其优点是工作路线便捷、流畅，不受外来交通干扰。采用Ⅱ型或 U 型布局时，要考虑轮椅回转半径。

　　（3）厨房设备尺寸：一般以身高偏低的老年妇女为设计标准的（表5－18）。厨房操作台前至少留有 900 mm 宽空间，方便老年人下蹲取物或走动，厨房操作台上部的吊柜高度、水池高度和水龙头开关都应考虑操作的适合范围。

表 5‑18　老年住宅中厨房设备建议尺寸一览表

设备	尺寸(mm)
厨房操作台面高度	800～850
水池面高度	800～850
灶台面高度	800～850
坐时,操作台面高度	650～700
无底柜时,最高搁板高度	1600
有底柜时,最高搁板高度	1400
厨房内最低搁板高度	300

来源:胡仁禄,马光.老年居住环境设计[M].南京:东南大学出版社,1995,P86

（4）厨房和餐厅间距离尽可能短:老年人本身行动不便,再加上端着易洒的、热的食物,移动起来就更加困难,这就要求灶台与餐桌就近布置便于老年人操作。因为老年人单独使用的住宅,在家吃饭的人少,饭菜也简单,可考虑将厨房兼作餐厅使用。

（5）充足阳光和照明:老年人视觉衰退后,对光线的照度要求比年轻人高。居家养老的老年人,停留在厨房、餐厅内时间相对较长,白天接受充沛的阳光,有利于老年人生理、心理健康;夜晚厨房也要有良好照明,尤其是操作台、灶台上方等处增设局部照明,保证足够的照度。

（6）安全性设计:安全性是厨房设计中的重要部分。首先应避免高差,即便是健康的老人,地面的台阶和踏步也是相当危险的,特别是坐轮椅的老年人,厨房的台阶更成为他们进出的巨大障碍。其次,采用防火、防滑材料,厨房的地面材料应注意防滑,尤其不能局部铺设地毯,导致老人摔跤;天花、墙面等装饰材料及灶台周边材料要注意防火和保洁;地面铺设以防滑地砖或弹性的塑料地面为主。再次,厨房中一定要选用安全灶具。老年人记忆力逐渐退化,常会忘记关燃气的阀门,存在安全隐患;同时,老年人的嗅觉、视觉退化,不能及时处理燃气泄漏和火灾事故,带来严重后果,有条件的话可采用带报警应急措施的燃气设备。

5）卫生间设计(图 5‑26)

卫生间是老年人最易发生意外的主要空间,其设计的合理与否,无障碍设计情况等直接影响到老年人。

（1）卫生间的设计要点

① 靠近老人卧室

卫生间的功能主要包括盥洗、洗浴与便溺，分为干区和湿区，是老年人使用频率最高的地方，干区地面应防滑、防水，湿区布置尽量靠内，不被穿越。随着老年人年龄的增长，夜间上厕所的次数增多，卧室与卫生间距离应尽可能短，有条件的老年人卧室应有独立的卫生间，方便老年人使用。

② 充足的空间尺寸

老年人使用的卫生间尺寸比普通卫生间的略大一些，应考虑能容纳轮椅移动、回旋空间，洁具设计要适应老年人的特殊要求，尤其是不同时期老年人的不同需求（表5-19）。

表5-19　各类使用者对卫生间的设施要求　（单位：mm）

使用者 / 设施		门净宽	厕位	浴位		盥洗位	轮椅及护理用空间
				淋浴	盆浴		
自主期老人		650～700	留出设抓杆的位置				/
介助期老人	使用抓杆、杖类及助行器	650～700	设置抓杆	设置抓杆及座凳	设置抓杆座位或座台	设座凳	/
	使用轮椅	750～800				/	需要
介护期老人	使用抓杆、杖类及助行器	750～800				设座凳	需要
	使用轮椅	750～800				/	需要

来源：王晓敏. 新型在宅养老模式的城市住宅设计研究［D］. 西安：西安建筑科技大学，2008，P94

③ 入口内外无高差

一般情况下，卫生间应低于室内地坪20 mm左右，老年人使用的卫生间应设计成缓坡，防止绊倒老人或使坐轮椅的老人感到不便。

④ 地面应防滑

为防止老年人因意外摔倒而造成事故，卫生间地面应采用防滑地砖等防滑材料，另外，地面坡度和地漏位置要设置合理，防止地面积水。

⑤ 应外开卫生间门

根据《老年人居住建筑设计标准》（GB/T 50340—2016）第6.8.4，6.8.5，

6.8.6 条规定,卫生间门应能从外部开启,应采用可外开的门或推拉门,门扇应设置透光窗,采用横执杆式把手,宜选用内外均可开启的锁具。这样设置一方面可增大卫生间使用空间,另一方面可及时救治在卫生间滑倒的老年人。

⑥ 卫生间应设呼叫系统

有关资料表明,老年人在卫生间发生意外的概率很高,有必要在卫生间内设紧急呼叫系统,一般在坐便器一侧设置垂直地面的拉铃,可考虑拉索的末端离地面不应超过 1 m,这样即使老人摔倒也可使用。

(2) 卫生间的洁具要求

① 洗浴设备

年老之后,体力衰减较大,大多数老人选择以盆浴为主,淋浴为辅。洗浴空间考虑轮椅出入的可能,浴盆最好设置坐台和冲洗台,供不同身体状况和年龄阶段的老人使用,能自理的老人可使用浴盆侧的座台,保证其出入浴盆身体和血压的稳定性;坐轮椅的老人可使用浴盆旁的冲洗台,并使浴盆顶与轮椅高度应一致,方便其从轮椅上移至浴盆冲洗台上洗头和擦洗身体,冲洗台下应留有轮椅前部插入空间,方便轮椅接近浴盆进出。此外,浴盆的深浅长度适中,盆壁应保持竖直,确保老年人在浴盆中保持平衡,避免摔倒。淋浴间应设供老人坐姿使用的淋浴凳。

② 盥洗设备

由于老年人身体萎缩,洗脸池高度应比正常人使用高度低一些,并且使用时应尽可能留有老年人伸脚空间。坐轮椅的老人使用洗脸池的高度,应以轮椅的扶手插入洗脸池而水又不会顺手流向肘部为准。洗衣设备应适当降低上部开口的洗衣机,宜选用前开门的滚筒洗衣机,并在洗衣机前留有轮椅回转空间。

③ 便溺设备

老年人使用坐式便器既省力又较安全,且高度与轮椅高度接近,方便移动;另外,由于身体机能下降,老年人常有便后擦洗不净或忘记冲水,可设置带自动冲洗和吹干功能的坐便器;为帮助老人检查排泄物,坐便器上方增设防水射灯。

④ 水龙头和安全扶手的设计

由于老年人记忆力衰退,洗脸盆、浴盆时常有不关水龙头的现象,另外,老年人感知能力的下降,放热水时经常发生烫伤事故,所以卫生间内使用的龙头应采用恒温型龙头,顶部最好为短操作杆,与标准操作杆相比,它们更易操作。

安全扶手应按照老年人使用洁具的动作路线合理安排，浴盆竖向扶手应设置在浴盆出入一侧；水平扶手应设于浴盆内侧；洗脸盆周边的扶手是为了支撑行走，保持身体平衡；设置 L 型坐便器扶手可帮助老人站立。

（3）卫生间的物理需求

① 采暖与通风

年老之后，人体对温度急剧变化适应能力变差。冬天，当卫生间与卧室的温差较大时，老年人在寒冷的空气中出入，热水对其身体的刺激易引发事故，卫生间必须设置采暖设备，有条件的话可采用红外线辐射供暖形式；使用普通暖气片应注意设置位置，最好增加保护罩，防止烫伤。除了自然通风外，卫生间还应设机械通风装置。老年人常有遗忘打开卫生间排风的情况，可将排风扇开关和照明开关联动起来，开灯排风扇则开，关灯排风扇继续工作一会儿自动关闭。

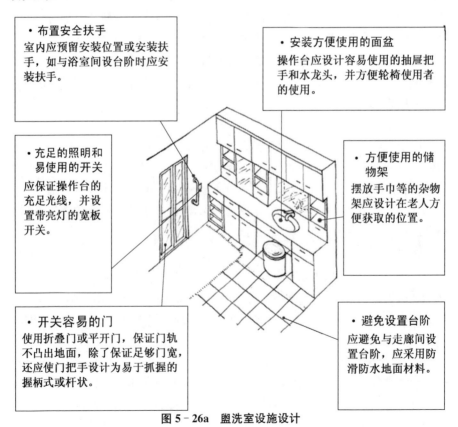

图 5 - 26a 盥洗室设施设计

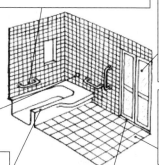

• 布置易使用的水龙头
选择方便操作并能调节
水温的喷头或水龙头,
布置在老人容易获取并
安全的地方。

• 设备安全扶手
应根据需要在浴室出入口、水
龙头一侧的墙壁及浴缸边的墙
壁上分别布置垂直扶手和水平
扶手。

• 安全且方便开关的门
可采用折叠门或推拉门,
且门上应选取不容易打碎
的透光不透影玻璃,方便
观察老人在内的使用情况。

• 留出看护空间
浴室应将尺寸适当放宽,
留出必要的看护空间。

• 安装紧急报警系统
设置必备的配套管线,
以安装老年人突发紧
急情况时的报警系统。

• 地面选取防滑材料
可选取防滑且防水的地
面材料。

• 设置适当高度的浴缸
浴缸边缘到地面高度应为
30-50CM,防止由于浴缸太
深,增加了老年人进出浴缸
的难度。

• 出入口设置高差的处置
更衣与浴室间不宜设台阶。若有台阶,应在浴
室和更衣分别安装安全扶手。

图 5－26b　浴室设施设计

来源:作者绘制

② 充足的照明

老年人对照度的要求比年轻人要高,尤其是当老年人夜间上卫生间时,亮
度对比太大,会使老年人感到不适,甚至发生危险,应采用亮度可调节的照明
器具。另外,开关要设计在醒目且顺手的地方,如有可能可考虑安装感应式
开关。

6) 阳台设计(图 5-27)

对老年人来说,住宅的阳台不仅可晒衣服、被褥外,而且还可种植花草、享
受日光等。阳台设计可减少老年人闭门独处带来的失落感,并使老年人充分
感受自然风光和市井气氛,对老年人的身心健康起着积极作用。

一、阳台设施:根据《老年人建筑设计规范》(JGJ 122—1999)第 4.8.1 条
和 4.8.3 条规定,老年人居住建筑的起居室或卧室应设阳台,阳台净深度不宜
小于 1.50 m;阳台栏杆扶手高度不应小于 1.10 m,寒冷和严寒地区宜设封闭
式阳台;顶层阳台应设雨篷;阳台板底或侧壁宜设可升降的晾晒衣物设施,并

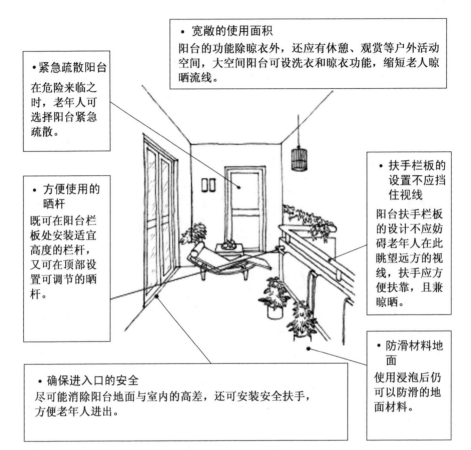

图 5－27　阳台设施设计

来源：作者绘制

提供方便晾晒被褥的条件。

二、取消高差：为使阳台与居室之间出入安全，宜取消室内外地面高差。

三、避难通道：发生危险时，阳台应是紧急避难通道，老人可通过阳台到邻居家避难。

四、保温隔热处理：阳台与居室间的门应做好保温隔热处理。

7）储藏设计

老年人保存旧东西比较多，储藏空间应宽敞一些。储藏空间多是壁柜，深度为 450～600 mm，搁板的高度可调整，最低一层搁板应高于 600 mm，最高一层搁板应小于 1 600 mm,柜门较大时可采用折叠式平开门①。

5.2.2.2　住宅公共交通空间设计

住宅的公共空间与室内空间是相互依存的两方面,只有两者同时发挥作用,才能让老年人出入方便,接触社会并在人身受到威胁时及时获救。

1) 水平交通设计(图 5 - 28)

(1) 公共出入口设计

住宅的公共出入口人流集中,根据《养老设施建筑设计规范》(GB 50867—2013)第 6.1.3 条规定,老年人居住建筑出入口,宜设无障碍休息区;出入口顶部和平台应设照明灯;出入口上部还需设计雨篷,深度超出台阶边缘 1 000 mm 以上。出入口内外应留出不小于 1.50 m×1.50 m 的轮椅回转面积;老年人居住建筑出入口门前平台与室外地面高差不宜大于 0.50 m,并应

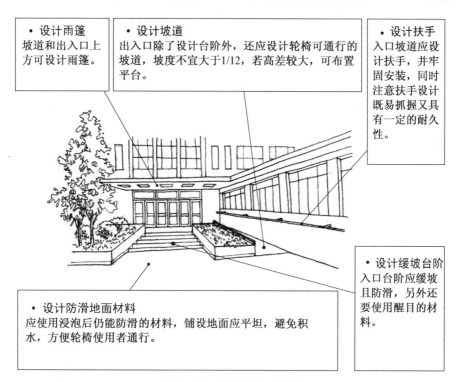

图 5 - 28　公共出入口设计

来源:作者绘制

---

① 胡仁禄,马光.老年居住环境设计[M].南京:东南大学出版社,1995,P72,88,89

采用缓坡台阶和坡道过渡;缓坡台阶踏步踢面高不宜大于 120 mm,踏面宽不宜小于 350 mm,坡道坡度宜小于 1/12;台阶与坡道两侧应设栏杆扶手;当室内外地面高差较大设坡道有困难时,出入口前可设升降平台;出入口台阶、踏步、平台和坡道应选用坚固、耐磨、防滑的材料。

(2) 公共走廊设计(图 5 - 29)

为保证老年人使用轮椅和拐杖通行安全,必须消除公共走廊的高差。公共走廊净宽不应小于 1 200 mm,走廊两侧墙面宜设高度 800 mm~850 mm 的单层木质或塑料圆杆扶手,或高度分别为 650 mm 和 900 mm 的双层扶手,面向走廊的住户大门不应妨碍通行,可设计成凹进式。走廊门宜做成子母门,且保证开启一扇门后净宽不小于 800 mm,确保老年轮椅、拐杖使用者、担架床顺利通行。

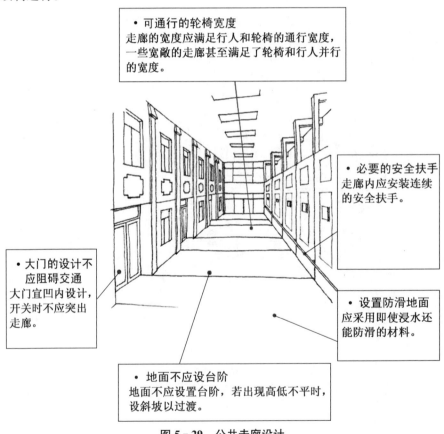

- 可通行的轮椅宽度
走廊的宽度应满足行人和轮椅的通行宽度,一些宽敞的走廊甚至满足了轮椅和行人并行的宽度。

- 必要的安全扶手
走廊内应安装连续的安全扶手。

- 大门的设计不应阻碍交通
大门宜凹内设计,开关时不应突出走廊。

- 设置防滑地面
应采用即使浸水还能防滑的材料。

- 地面不应设台阶
地面不应设置台阶,若出现高低不平时,设斜坡以过渡。

图 5 - 29　公共走廊设计

来源:作者绘制

2）垂直设计

（1）电梯（图 5-30,5-31）

不管居住在多层住宅还是在高层住宅,大多数老年人都希望安装电梯。《住宅设计规范》(GB 50096—2011)第 4.1.7 条规定,12 层及以上的高层住

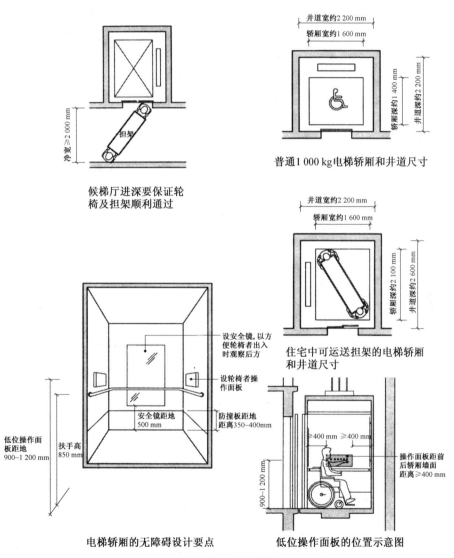

图 5-30　电梯设计

来源:作者根据周燕珉等著《老年住宅》整理

171

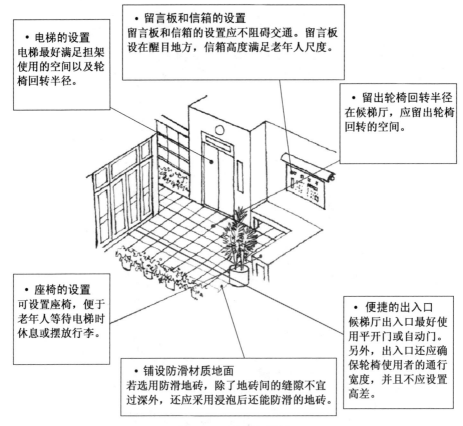

- 电梯的设置
电梯最好满足担架使用的空间以及轮椅回转半径。

- 留言板和信箱的设置
留言板和信箱的设置应不阻碍交通。留言板设在醒目地方,信箱高度满足老年人尺度。

- 留出轮椅回转半径
在候梯厅,应留出轮椅回转的空间。

- 座椅的设置
可设置座椅,便于老年人等待电梯时休息或摆放行李。

- 铺设防滑材质地面
若选用防滑地砖,除了地砖间的缝隙不宜过深外,还应采用浸泡后还能防滑的地砖。

- 便捷的出入口
候梯厅出入口最好使用平开门或自动门。另外,出入口还应确保轮椅使用者的通行宽度,并且不应设置高差。

图 5-31 电梯厅设计

来源:作者绘制

宅,每栋设置电梯不少于两台,其中宜设一台担架电梯。根据《老年人居住建筑设计标准》(GB/T 50340—2003)第 4.5.1、4.5.2 条规定,老年人居住建筑宜设置电梯,电梯厅及轿厢尺度必须保证急救担架和轮椅进出方便,门厅和轿门宽度不应小于 800 mm,候梯厅深度不应小于 1.6 m,考虑到多股人流等候以及运送担架、轮椅回转等因素,可放宽为 2 100 mm~2 400 mm;厢侧壁应安装易于识别和触及的操作按钮和报警装置。电梯速度选用慢速度,梯门采用慢关闭,并且内装电视监控系统。

老年人居住建筑内电梯可分为普通电梯和担架电梯两种。普通电梯应能满足轮椅乘坐的要求。常用的 1 000 kg 电梯井道尺寸应大于等于 2 200 mm ×2 200 mm,轿厢尺寸为宽 1 600 mm 深 1 400 mm。担架电梯应能满足担架急救、搬运家具的要求，其轿厢宽度不变，深度需大于等于 2 100 mm，井道深度也应增加为 2 600 mm。

（2）公共楼梯（图 5-32）

住宅内的公共楼梯是联结内外交通空间的通道，也是紧急避难通道。进入老年后，下肢功能减弱，上下楼不再是轻松的事情，因此，要采取减缓楼梯坡度、安装扶手等安全措施。普通住宅楼梯间梯段净宽 1 100 mm 以上，不适合行动不便需人搀扶的老年人使用。根据《老年人居住建筑设计标准》（GB/T 50340—2003）4.4 节和《养老设施建筑设计规范》（GB 50867—2013）6.2.1.4 条规定，老年人使用的楼梯间，其楼梯段净宽不得小于 1.20 m，不得采用螺旋楼梯，不宜采用直跑楼梯。缓坡楼梯踏步踏面宽度，居住建筑不应小于 300 mm，踏步高度不应大于 150 mm，不宜小于 130 mm。踏面前缘宜设高度不大于 3 mm 的异色防滑警示条，踏面前缘前凸不宜大于 10 mm。楼梯与坡

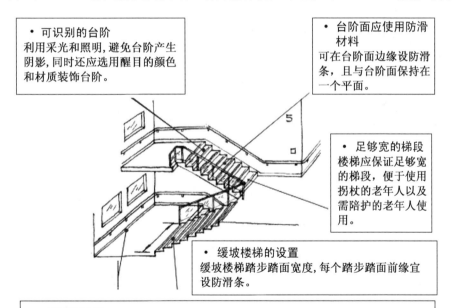

图 5-32　公共楼梯设计

来源：作者绘制

173

道、走廊两侧应分别设连续的栏杆与扶手,双层扶手时分别设在离地面高0.90 m 和 0.65 m 处,单层扶手设在 0.80～0.85 m 处,沿墙一侧扶手应水平延伸。扶手宜选用优质木料或手感较好的其他材料制作。

5.2.3　建筑细部设计

5.2.3.1　针对老年人体力衰退

随着老年人的体力逐渐衰弱,与年轻人相比,老年人在站立、徒步、蹲坐等日常动作方面都比较吃力。

1) 室内不应设置高差

有的开发商在开发住宅小区时,完全没有考虑老年人的使用要求,住宅套型平面设计高差,给老年使用者带来了麻烦。卫生间、厨房和阳台等处不可避免的高差装修后不应大于 15 mm,并以斜面过渡。

2) 应满足轮椅使用者需求

在一些室内外环境变化的界限上,像门厅、走道和房间不应设计门槛;当采用联排别墅或有跃层套型的住宅时,电梯应能在上层停留,保证轮椅通行。当室内外存在高差时应设计坡道,如果必须设置,可考虑设计 3 步以上的踏步,踏步高度宜为 100～120 mm,踏步宽度宜为 380 mm,坡道坡度不宜大于1/12。台阶与坡道两侧应设栏杆扶手。轮椅坡道设计应满足坡道坡率、宽度、休息平台和回转半径的要求,如休息平台的水平长度不应小于 1.5 m。另外,地面材料应避免过滑。为方便老年人使用轮椅,住宅内灯具的开关高度宜为距地 1.10 m,电源插座距地高度宜为 0.6～0.8 m,门把手的安装高度宜为距地 0.9～1.0 m,阳台、厨房、卫生间门开启后净宽不应小于 0.8 m。

3) 应用缓坡楼梯

住宅中老年人使用的楼梯坡度比普通楼梯要缓,踏步不能采用螺旋形扇形踏步,梯段净宽不应小于 1.2 m,居住建筑踏步宽不应小于 300 mm,踏步高度不宜大于 150 mm,踏步面和踢面最好用颜色区分。楼梯两侧应设计扶手并应连贯,起点和终点应水平延长 300 mm 以上。

5.2.3.2　针对老年人智力衰退

步入老年后,人的智力逐渐下降,表现为记忆力差,动作迟缓,准确度下降,甚至表现出阿尔兹海默症的症状。

1) 保护设施完备

住宅内应有采暖、空调及热水设备;电器插座开关应有漏电保护功能,室外应有火灾自动报警和自动喷淋系统;燃气灶具应安装燃气泄漏自动报警和安全保护装置,报警器可与物业管理监控中心联通,当煤气泄漏时,指示灯发出警报,迅速自动关闭燃气管道上的阀门,启动厨房排风设施,排除泄漏煤气。

　　为防止老人独处时出现意外,还应在起居、卧室、卫生间距地 0.4~0.5 m 设置与物业管理监控中心联通的应急呼救按钮,位置和高度应设在适合老人操作的范围内,如床头处的呼救按钮应确保老人躺卧时方便够到;呼救按钮还可增设拉绳,即便老人倒地也可拉到(图 5-33)。老年人使用随身携带无线智能呼救器,与老人家属和社区卫生服务中心随时保持联系,更方便紧急救助。

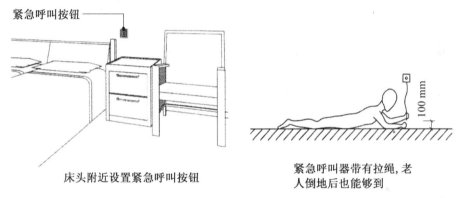

图 5-33　应急呼救按钮的设置

来源:作者根据周燕珉等著《老年住宅》整理

　　2) 安全使用各种设备

　　对老年人而言,所有电器设备和生活起居设施都应操作简单、耐用安全。尤其是一些危险性设备,如微波炉、煤气灶等,更要挑选能安全方便使用的品类。

5.2.3.3　针对老年人视力、听力衰退

　　随着年龄增长,高龄老年人必然会产生眼花耳聋的生理现象,这也影响着适合居家养老的住宅的细节设计。

　　1) 照明设计

　　楼梯照明应保证充足的亮度,避免阴影区,可采用局部设置地灯用作夜间照明以消除踏步的阴影。

　　住户门的对面或走廊尽头不应面对较大门窗,以防瞬时明暗变化太大而造成的视物不清。

厨房内操作台和水池上方,局部设灯,既可保证照明又可利用灯光除去阴影。

卫生间的灯具应采用可调节式的,避免刺眼,应确保位置在垂直于镜面的视线为轴的 60°立体角外,防止由于照明灯具直射眼睛而造成眩光。

卧室内窗帘应选用厚的布料,使睡眠不受外界光线的影响。

2) 色彩设计

对老年人来说,室内色彩选择的好坏,直接影响到老人的情绪以及身心健康,甚至有可能引发危险。为老年人考虑色彩设计时,应了解老年人的辨认特征。

卧室的基调应淡雅而柔和,如米黄色调,营造一种温馨的气氛。同时,局部增加少量互补色,打破空间的乏味感。对视力严重退化的老人,应在入口设明显标志,或将门与墙壁的颜色区分开。

卫生洁具的色彩宜采用白色,不但感觉干净清洁,而且可随时发现老年人的病变,及早治疗。

楼梯起始处须有明确的颜色与材质的变化,避免老年人发生意外。

3) 声光信号与标识设计

声光信号系统的设置应容易辨认,这些系统包括报警装置、电话、门铃、电梯停靠信号、安全指示灯等,而且应调节到比一般使用更响亮一些。此外,由于声光信号系统引起的室内声响的增大,为防止相互干扰,卧室、起居的隔墙应考虑隔声设计。

许多普通住宅虽然都有楼层标记,但字体较小或模糊不清,对于视力衰退的老年人更难辨认,尤其是那些记忆力减退的老人,辨认不出楼层标号,根本找不到自己的家,因此,适合老年人居住的住宅应有明确的标识设计。

5.2.3.4 针对老年人免疫机能衰退

步入老年,人体冷热调节机能下降,局部空调冷热辐射的不均匀、不健康的新风系统,都会诱发老年人疾病的产生,住宅适老化设计中应合理设计采暖制冷技术以及健康的新风系统。随着大脑皮质神经细胞抑制功能下降,老年人睡眠时间缩短,为保证老年人睡眠质量,室内设计中尽量避免噪音的产生。

1) 恒温恒湿无吹感新风系统

为保证空气质量,应使新风由室内顶棚送风,再由室内地面排出。这样,在无法开窗通风换气时,确保老年人坐卧姿态下都既能呼吸到经过灭菌、除尘、调湿、调温的优质空气,又能体验到无吹感无噪音的送风过程。

2) 低温辐射无吹感采暖制冷技术

毛细管网辐射采暖制冷和地板辐射采暖,都是将处理过的软化水作为冷热源媒介,在毛细管或加压管内循环,通过辐射均匀传递冷热量,使老年人感受到无吹感的采暖制冷过程。

3) 隔音降噪技术

采用浮筑楼板技术,即在楼板垫层中铺设 5 mm 厚隔声减震垫,利用其中的孔洞使人耳敏感频率带的声能发生共振,减少声音能量,削弱撞击声。

电梯井道不应紧靠卧室布置,如设置在起居室旁应设置减震措施;封闭阳台内的雨水落管、卫生间的排水管不应布置在紧邻卧室一侧,采用内螺旋 UPVC 芯层发泡 PSP 排水管,其降噪效果优异,使用寿命长,安装方便。

5.2.3.5　针对新冠肺炎疫情的防控设计

针对新冠肺炎疫情的防控设计可以体现在三方面:门厅防疫设计、卧室人员分流、使用功能多样化。

新冠肺炎疫情发生以来,我们回家第一件事就是洗手消毒、换衣服,把从外带回的物品放在门厅的特定位置,因此老年人居住建筑门厅中应设置洗手池、洁污分类的衣橱、多功能鞋柜、洁污衣橱、消毒地垫等。多功能鞋柜可以按照高柜、矮柜、坐凳组合设计。矮柜 850 mm～900 mm 高,既可以做置物台,又可以为老年人换鞋提供支撑。矮柜下方留出 300 mm 空间,既方便老年人找矮柜下方的鞋,又可在内侧摆放物品;上方设置小抽屉,放置口罩、消毒水等小物品;高柜主要放置暂时不穿的鞋,以及从外带回的长条形物品;衣橱应单独设置并洁污分开①。(图 5 - 34)

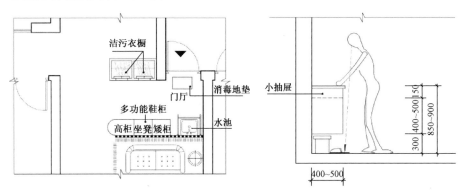

图 5‑34a　门厅防疫设计　　　　图 5‑34b　门厅矮柜设计

来源:作者根据资料绘制

---

① 陆静.玄关的收纳设计(上).周燕珉工作室,2017 - 08 - 15

新冠肺炎疫情发生前,居住建筑设计提倡公私分区,将对外的起居、餐厅、厨房、公共卫生间靠近入口设计,将对内的主卧、次卧、老年人卧室放在居住建筑内部(图 5 - 35)。新冠肺炎疫情发生后,这种把居住建筑人流汇集在一起的做法,容易引起病毒的传播,建议将老年人的卧室及其使用的卫生间,与其他家庭成员的卧室和公共卫生间分离开,同时,其他家庭成员的卧室入口也尽量分开(图 5 - 36)。

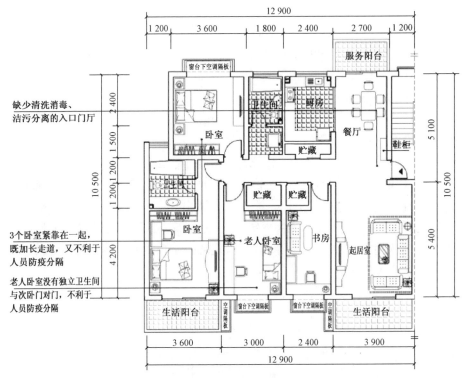

图 5 - 35　原多代合居型平面设计

来源:作者绘制(方向为上北下南)

当前,新冠肺炎疫情防控常态化已经成为我们生活的一部分,居家生活方式也随之发生了深刻改变。当新冠肺炎疫情小范围爆发时,居家隔离、居家办公会成为我们生活的一部分,老年人居住建筑使用功能也应该多样化设计(图5 - 36)。

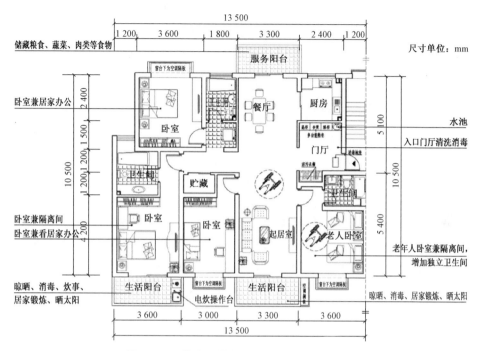

图 5 - 36　修改后的多代合居型平面防疫设计

来源：作者绘制（方向为上北下南）

5.3　常态社区小部分集居养老的老年公寓设计

5.3.1　常态社区中老年公寓的建设是居家式社区养老模式的重要补充

　　居住社区中小部分老年人要求进社区老年公寓生活的主要原因是：一、儿女成家后挤占住房，居住环境恶劣；二、生活习惯不同、经济上的矛盾造成家庭关系不和；三、随着老人年龄增大，身体状况下降，尤其是当老人生活失去自理或卧病在床时，双职工子女照顾老人十分困难；四、空巢老人希望生活上得到一定的照顾以及心理上排解孤独的愿望。但根据我国传统孝文化以及经济水平，家庭还是赡养老人的第一基地，社区老年公寓只是居家养老功能不足的重要补充，可以居住组团为单位的适宜规模嵌入社区，数量不少于住宅总套

179

数的 5％①。在目前设施缺乏的状况下,首先应解决后两种要求入住的老年人,社区老年公寓绝大部分收入的是生活能够自理,以及在一定的帮助下能独立生活的老人,大部分社区老年公寓因设施的不完善,不能收入介护老人。前两种要求入住的老人只能通过改善居住条件间接帮助。

5.3.2　常态社区中的老年公寓建筑设计

1) 社区老年公寓规模

社区老年公寓规模应考虑三个主要因素。一是确定服务范围内居民的实际需要;二是明晰经营和投资的经济性;三是有利于形成健康的家庭气氛。根据使用经验,满足我国 2 万至 3 万人口居民区需求,投资和管理也较为经济,而且有利于为老人创造亲切家庭气氛的老年公寓规模为可容纳 50～70 个人,一般认为少于 40 人的规模不利于创造适合的交往环境,100 人以上的规模需要较高的管理水准和经营费用②。《城镇老年人设施规划规范》(GB 50437—2007)表 3.2.2-1 老年人设施配建规模、要求及指标中规定老年公寓的配建规模为不应小于 80 床位。

2) 社区老年公寓布局

社区老年公寓的布局宜在开阔、安静、方便且有一定发展可能的地段。首先,应靠近公共绿地,保证老人在干净场地、空气新鲜的环境下进行户外活动;其次,确保老人居室采光充足、朝向良好并且有开阔的视野;最后,基地位置尽量避开噪音较大的居住社区主干道,同时要靠近社区的超市、医院、会所等。一般来说,社区的中心边缘范围是布置老年公寓的理想区域,它可以邻近其他公共福利配套设施,尤其是和幼儿园、青少年设施靠近,不仅使老年人不感到年龄隔离,而且形成居住区的景观。

3) 社区老年公寓的居住模式及室内功能空间组成

社区老年公寓居住模式分为普通居家式和共居公寓式。普通居家式适合单身老人或老年夫妇居住,内有一室一厅一厨一卫,保证独居老人或空巢老年家庭的私密空间,让老人如同在家一般。老人被集体安排在常态社区一栋楼房中居住,每套居室开间较大,电视、电话、沙发、衣柜等各类设施完备,同时提供水、电、暖、医疗监护等各种物业服务。共居公寓式可为自理老人提供集居

---

① 王纬华. 城市住区老年设施研究[J]. 城市规划,2002,(3):51～52
② 胡仁禄,马光. 老年居住环境设计[M]. 南京:东南大学出版社,1995,P72,88,89

生活居住服务,包括保健、饮食、娱乐、室内清洁等;同时也将身体有较严重残疾、生活不能自理或行动不便的老年人,集中安排在一起居住,除了基本的饮食、娱乐等外,还提供专业护理人员和医疗人员。老人可选择一人间进行特别护理,也可入住两人间进行普通护理。

　　社区老年公寓室内功能空间组成是以一般生活服务为主的,包括:居住部分、公用部分、服务部分、医护部分和管理部分。其中主要使用空间是居住部分和共用部分,应占整个建筑的 60% 以上,医护部分比其他种类的老年福利设施比重略小,是以家庭日常生活水平为标准制定的[①]。

　　4) 社区老年公寓居住空间设计

　　(1) 居室设计

　　① 普通居家式的居室面积要求

　　根据入住的是独居老人和老年夫妇,可将老人居室分为单床间和双床间两种。居室的大小应满足布置基本家具(床、书桌、小炊事柜、壁橱等)和必要的交通面积的要求,其中起居室使用面积不宜小于 14 m²,卧室使用面积不宜小于 10 m²,矩形居室短边净尺寸不宜小于 3m[②](图 5 - 37)。

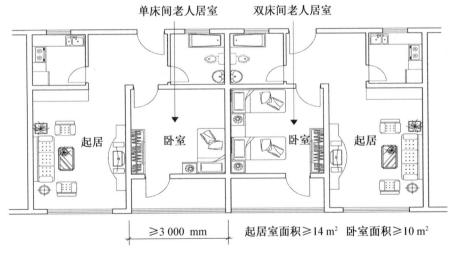

图 5 - 37　普通居家式居室设计

来源:作者根据亓育岱著《老年人建筑设计图说》绘制

①　胡仁禄,马光. 老年居住环境设计[M]. 南京:东南大学出版社,1995,P72,88,89
②　亓育岱. 老年人建筑设计图说[M]. 济南:山东科技术出版社,2004,P50～66

② 共居公寓式的居室面积要求

目前,我国所建老年公寓的居室多采用多人间,一室有三至四人,这是不适合的。共居公寓式应以单床间为主,辅以双床间或三床间,每室不宜超过三人,每人使用面积不应小于 6 m²,矩形居室短边净尺寸不宜小于 3.3 m① (图 5 - 38)。

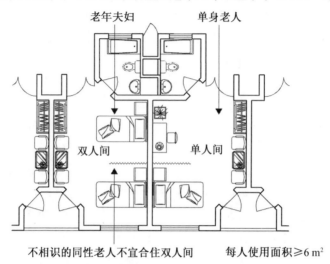

老年夫妇　　　单身老人

双人间　　　单人间

不相识的同性老人不宜合住双人间　　　每人使用面积≥6 m²

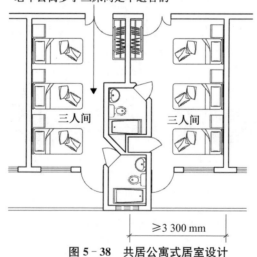

老年公寓多于三床间是不适合的

三人间　　　三人间

≥3 300 mm

图 5 - 38　共居公寓式居室设计

来源:作者根据亓育岱著《老年人建筑设计图说》绘制

---

① 亓育岱. 老年人建筑设计图说[M]. 济南:山东科技技术出版社,2004,P50～66

③ 居室的朝向、采光、通风设计和视野

老年人居室是老人停留时间较长的房间,其朝向直接影响到居住者的身心健康。居室房间以南向为佳,北向次之,东西向夏季酷热,不应给老人居住。天然采光和自然通风以及良好的室外景观有益于老人的身体,减缓老人衰老进程。

(2) 厨卫设计

① 厨房设计(图 5-39)

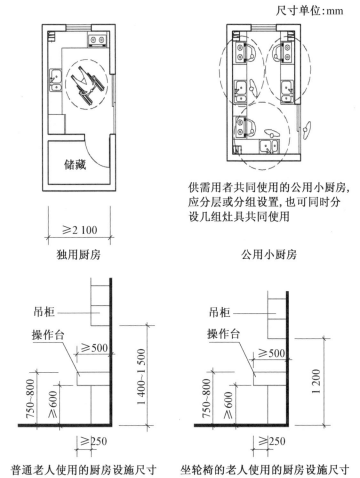

图 5-39 社区老年公寓厨房设计

来源:作者根据亓育岱著《老年人建筑设计图说》绘制

A. 厨房的种类和选择

老年人用厨房可分为两种：一是独用厨房，二是公用厨房。老年公寓不仅应设公共餐厅，而且应在各户设独用厨房，规模可适当缩小，不强制规定轮椅进出要求。住老年公寓的老人，当操作困难时，就依赖公共餐厅或公共厨房。

B. 独用厨房的设计

独用厨房是老年夫妇或单身老人独自使用的厨房。自理老人使用的厨房与普通厨房设计要求一致，而对于介助老人就要考虑轮椅进出。自行操作轮椅进出的独用厨房，其净宽是操作台所占空间与轮椅回转空间之和，厨房开间应在2.10 m以上，使用面积不宜小于6.00 m²，最小短边净尺寸不应小于2.10 m[①]。

C. 公用小厨房的设计

住在老年公寓的老人，当操作困难时，大多依赖公共餐厅就餐；但老年人口味差别大，有时会亲自下厨操作。为满足个别老人的特殊需求，社区老年公寓宜设少量公用厨房。给需用者共用的小厨房，应分层或分组设置，也可同时设几组灶具共同使用，不一定普遍要求轮椅进出，其使用面积宜为6.00~8.00 m²[②]。

D. 厨房设施的设计

老年公寓中厨房设施除了考虑老年人的人体尺度外，还要满足介助老人的使用要求，符合轮椅操作者对空间的特殊要求。厨房空间不大，常需利用吊柜储藏厨房用品。厨房的吊柜，柜底离地高度宜为1.40~1.50 m；对于轮椅操作者，柜底离地高度宜为1.20 m；吊柜深度比操作台应退进0.25 m[③]。同样，老年人使用的厨房操作台面高不宜低于0.75~0.80 m，台面宽度不应小于0.50 m，台下净空高度不应小于0.60 m，台下净空前后进深不应小于0.25 m[④]。

② 卫生间设计（图5-40）

A. 卫生间的种类和选择

老年人用卫生间可分为两种：一是独用卫生间，二是公用卫生间。一般的社区老年公寓应设紧临卧室的独用卫生间，而在为老年公寓服务的活动区和老年人居住的中心部位应设置公共卫生间，使周边的老年人能方便使用。

B. 独用卫生间的设计

独用卫生间应配置洗面盆、坐便器和浴盆淋浴器三件卫生洁具。坐便器高度不应大于0.40 m，浴盆及淋浴座椅高度不应大于0.40 m；浴盆一端应设不小于0.30 m宽度坐台；独用卫生间的面积不宜小于5.00 m²[⑤]。

---

①②③④⑤　亓育岱.老年人建筑设计图说[M].济南:山东科技技术出版社,2004,P50~66

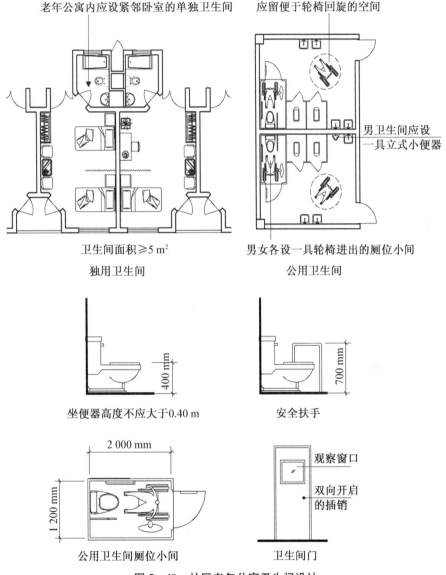

图 5-40　社区老年公寓卫生间设计

来源:作者根据亓育岱著《老年人建筑设计图说》绘制

C. 公用卫生间的设计

公用卫生间宜紧邻休息厅,并有便于轮椅回转的空间。男女各设一个轮椅进出的厕位,其空间大小不宜小于 1.20 m×2.00 m,内设 0.40 m 高的坐便器,男卫生间至少设一具立式小便器①。

D. 卫生间设施的设计

因老年人对外界刺激的感受较差、视力又弱,卫生间宜选用白色卫生洁具,以便观察;选用平底防滑式浅浴盆,以避免老人摔伤;冷、热水混合式水龙头宜挑选栏杆式或掀压式开关,不宜挑选螺旋式水龙头。

卫生间宜设外开平开门,留有观察窗口,安装双向开启的插销,不应采用力度大的弹簧门。卫生间门宽应大于等于 800 mm;门槛高度及门内外地面高差不应大于 15 mm,以斜面过渡;门把手一侧墙面应留有不小于 0.5 m 的墙面宽度②。

此外,卫生间还应安装尺度合适、牢靠的扶手。卫生间内与坐便器相邻墙面应设水平高 0.70 m 的"L"形安全扶手或"∩"形落地式安全扶手;贴墙浴盆的墙面应设水平高度 0.60 m 的"L"形安全扶手,入盆一侧贴墙设安全扶手③。

(3) 阳台设计(图 5 - 41)

阳台的设置既可使老年人观景、休息以及享受阳光,又可为行动不便的老年人提供安全观赏室外风景的私人空间,是室内起居空间的延续。

5) 社区老年公寓公共空间设计

老年公寓的起居或卧室应设置阳台,宽度大于普通阳台,净深度不宜小于1.5 m,阳台栏杆扶手高度不应小于 1.10 m,栏杆内设花池提高安全性,寒冷和严寒地区宜设封闭阳台,顶层阳台应设雨篷,阳台地面采用防滑地面,并应有良好的排水功能④。

老年公寓的公共服务部分是给老年人提供就餐、娱乐、学习、交往等多种活动场所,使老年人获得更多的生活乐趣。

(1) 公共餐厅设计

老年公寓内餐厅可分为三种形式:一是全部集中在大餐厅用餐;二是分区分组在小餐厅用餐;三是在自己房间用餐。用餐方式可根据老年人自我喜好而定。分区分组的小餐厅若设置太多,就会显得不经济,最好与小活动室兼用为好。可兼作集会场所的大餐厅是考虑全体人员规模设计的,满足多功能厅的使用要求。餐厅内餐桌布置可采用多种形式,便于老年人就座和离座(图 5 - 42)。

————————

①②③④　亓育岱. 老年人建筑设计图说[M]. 济南:山东科技技术出版社,2004,P50～66

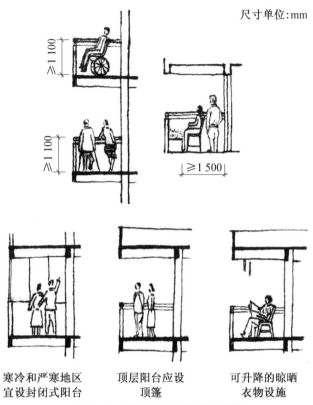

| 寒冷和严寒地区
宜设封闭式阳台 | 顶层阳台应设
顶篷 | 可升降的晾晒
衣物设施 |

图 5‑41　社区老年公寓阳台设计

来源:作者绘制

（2）公共活动室设计

根据老年人不同的兴趣爱好,可设置阅览室、书画研究、棋牌室、电视室等,设计时动静互不干扰。二层以下的活动室宜设在底层,休息活动的面积平均每床可占有 3.6 m² 为宜[①]。

（3）公共浴室和厕所设计

为方便护理人员的照料,老年公寓中的洗浴宜按层分组设置公共浴室,每组以 15～20 人为宜。浴室地面应使用防滑材料,浴室内安装救援电话,以确保安全。在公寓内老人聚集的公共活动空间,应设置公共厕所,均匀分布,以便老人就近入厕。医学专家建议,从老人活动室到最近的厕所距离宜小于 12

① 胡仁禄,马光.老年居住环境设计[M].南京:东南大学出版社,1995,P72,88,89

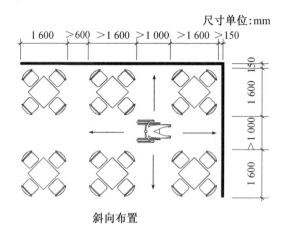

尺寸单位:mm

斜向布置

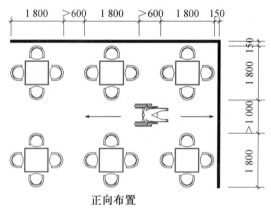

正向布置

图5-42 公共餐厅设计

来源:作者根据"胡仁禄,马光.老年居住环境设计[M].南京:东南大学出版社,1995,P90"绘制

米,最远也不应超过16米①。

（4）室内休息厅设计

室内休息厅平时可作陈列、社交和会客等使用,并可与交通廊结合使用。

6）社区老年公寓建筑细部设计

在细部设计上,老年公寓比实施无障碍设计的普通住宅考虑更为周密,除

---

① 王涛.老年居住体系模式设计与探讨[D].西安:西安建筑科技大学,2003,P119

了在所有的交通空间实行"无障碍设计"原则外,还应有以下细部设计:

（1）楼梯、走廊、靠墙部位以及有踏步或坡道部位和浴厕中有高差的部位,应设扶手。

（2）居室内壁橱位置和细部尺寸满足老年人手臂活动范围。

（3）居室内洗脸盆应设热水龙头,集中供应热水。

（4）老年人专用厨房应设燃气泄漏报警装置。

（5）居室里老年人用床应设呼叫对讲系统、安全电源插座以及床头照明灯等。

（6）居室、厕所和浴室内应设紧急呼救按钮。

（7）严寒和寒冷地区老年公寓应供应热水和采暖,炎热地区宜设空调降温设备。厨房、卫生间、厕所都应采暖,尤其卫生间应具备更衣洗浴的温度要求。

（8）餐厅桌椅布置形式应方便老人入座和就餐交谈。

（9）社区老年公寓针对新冠肺炎疫情的常态化防控设计,主要体现在建筑主入口、老年人居室的细部设计上。

① 建筑主入口是新冠肺炎疫情防控第一关,这里人员密集容易交叉感染。首先,老年人出入口选用自动门,减少老年人接触门把手的次数;其次,入口附近应有洗手消毒措施,保证室内外的清洁和污染分区明确;第三,入口人流应适当分流,可分设访客入口区域和老人入口区域。访客入口区域和大厅服务台连接,便于管理。访客由服务人员登记记录、检测体温正常后,经过清洁消毒才允许进入;快递员、邮递员送完快递物品和邮件后,直接离开,不与内部人员接触。在北方寒冷地区,老人入口区域设置室内门斗可以降低室外冷空气对室内的影响①。另外,入口附近大厅与各老年人组团之间应设置常开防火门,保证单个组团发生新冠肺炎疫情后,能单独隔离使用。(图 5－43a)

② 社区老年公寓中的老年人居室可以作为社区老年人集中隔离场所,因此其细部设计对防疫也十分重要。老年人居室入口应布置水池,卫生间应设置洗衣机、污物池,阻隔病毒感染途径;老年人居室通风换气要满足规范要求,《养老机构新型冠状病毒感染的肺炎疫情防控指南(第二版)》规定"每半日老年人居室通风不宜小于 30 分钟",因而,老年人居室外窗不能只考虑安全性,

---

① 周燕珉．新冠肺炎疫情下,如何设计能够保证老年人的生活品质(2)——建筑室内空间篇. 周燕珉教授工作室　周燕珉工作室,2020－03－12

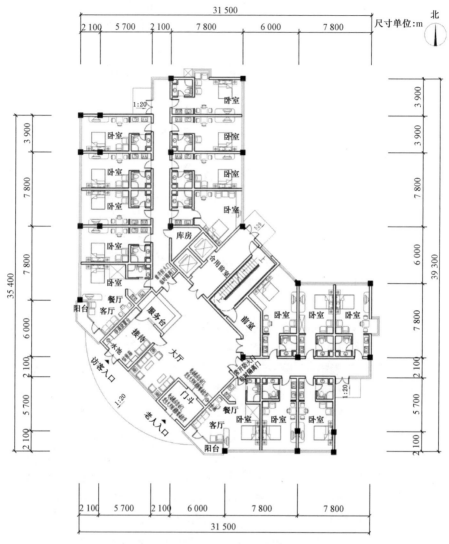

图5-43a 社区老年人公寓主入口门厅防疫设计

来源:作者绘制

而少开或限制开启角度①。

---

① 周燕珉.新冠肺炎疫情下,如何设计能够保证老年人的生活品质(2)——建筑室内空间篇.周燕珉教授工作室 周燕珉工作室,2020-03-12

老年人居室平面1　　老年人居室平面2

图 5‑43b　社区老年公寓老年人居室防疫设计

来源:作者绘制

7) 社区老年公寓实例分析

(1) 南京市鼓楼区老年公寓

鼓楼区老年公寓始建于 1986 年,是改革开放后南京市率先建成的老年福利机构。1992 年随老城改造拆除重建,其规模档次有所提高,被评为南京市一级福利院,当时建筑规模 3 400 m²,双床间 15 间,三床间 12 间,建于旧城改建后的娄子巷小区内,与一个 6 班幼儿园合建在同一块基地上,形成综合性的服务中心。服务项目除老人寄养和托幼服务外,还兼顾社区内其他家庭服务。为弥补福利事业经费不足,老年公寓中部分房间用于旅馆餐饮等有偿服务,这是该设施设计和经营的主要特点。(图 5‑44)

老年公寓占有综合服务中心的南侧主楼,高 4 层。标准层有居室 7 间,全朝南,有南向通长阳台,老人间的相互交往和供晾晒衣被。居室分两种,一是两床间,约 14.5 m²(3.8 m×4.2 m)。二是三床间,约 13.5 m²(3.6 m×4.2 m)。每层设服务台,北侧为附属用房,包括行政、管理、医务、康复和活动室等。四层利用北侧幼儿园屋顶,辟为室外活动场地,弥补底层室外绿化和活

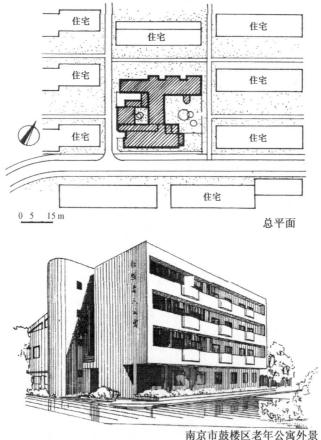

南京市鼓楼区老年公寓外景

图 5－44　南京市鼓楼区老年公寓总图及外景

来源:胡仁禄,马光.老年居住环境设计[M].南京:东南大学出版社,1995 年,P113~114.

动场地的不足。考虑老年人的生理特点,该设施采用 7 人乘客电梯一台,另设有热水供应和冬季采暖设施。由于经营管理上条件所限,室内细部设计尚不完全适应老年人的特殊需求。

2005 年幼儿园搬走,鼓楼区政府投入资金 500 万元对该福利机构修缮、改建、扩建。改建后的鼓楼区社会福利院(老年公寓)建筑面积近 4 000 平方米,设置床位数达 120 张,增设了公共餐厅、多功能厅、室内外健身场所,并在室内增加了适老化设计,现有工作人员 16 人,其中 70%以上服务人员接受过养老护理培训,服务对象是自理老人,收费标准为 1 500~2 000 元/月,入住率较高。(图 5－45)

图 5 - 45　改建后的南京市鼓楼区老年公寓外景及室内餐厅

来源：作者拍摄

(2) 南京市白下区光华园老年公寓

光华园老年公寓(图 5 - 46)创办于 1990 年，建筑规模为 850 m^2，共有居室 29 间。该设施位于南京白下区光华园小区内，便于利用小区内的各类公共

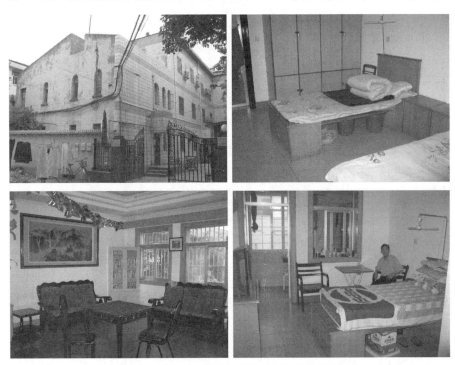

图 5 - 46　南京市白下区光华园老年公寓外景及室内

来源：作者拍摄

设施,也使老年人不脱离社会生活环境,有与其他年龄段的居民更多的交往机会,增加家庭气氛。公寓建筑为 3 层内廊式,南面布置双人间,北面为三人间。共有双人间 11 间(每间使用面积约 10 m²),三人间 18 间(每间使用面积约 14 m²)。公共设施有食堂、医务室、服务员值班室、活动兼电视室、洗衣间、公共浴室和厨房。室内床头都装有紧急呼救器。三层局部退层形成屋顶晾衣服平台。该设施室内外环境标准不高,细部设计也缺乏适老化设计。该设施主要是自理和半自理老人入住,收费标准在 1 000 元/月左右,入住率较高。

5.4　常态社区老年人居住建筑模块化设计

随着我国社会经济的较高增速发展,环境资源问题逐渐加重,再加上人口老龄化加剧,劳动力成本的增加,如何加强老年人居住建筑标准化设计、推动老年人居住建筑产业可持续发展,已经成为老年人居住建筑设计急需解决的问题。2014 年 10 月,江苏省人民政府发布《关于加快推进建筑产业现代化促进建筑产业转型升级的意见》,提出"标准化设计、工业化生产、装配式施工、成品化装修、信息化管理"的建筑产业现代化发展之路。本节从老年人居住建筑单元模块设计入手,探索常态社区老年人居住建筑模块化设计。

5.4.1　老年人居住建筑单元模块系统构建

模块是具有独立功能的基本构件,组合后形成较为完整的功能单元[①]。建筑模数是指建筑设计中统一确定的协调建筑尺度的增值单位,使不同形式、不同材料和不同制造方法的建筑构配件、组合件具有一定的通用性和互换性,以实现工业化大规模生产[②]。老年人居住建筑模块化设计,要满足两个方面的模数尺度要求,一是建筑功能布局、建筑结构选型、建筑设备设计等建筑尺寸,二是建筑装修材料、各种生活用品等部品尺寸。在基本模数 1M 的基础上,导出扩大模数和分模数。老年人居住建筑模块的开间、进深、门窗洞口等宽度,适宜采用水平扩大模数数列 2nM、3nM(n 为自然数),层高和门窗洞口等高度,适宜采用竖向扩大模数数列 nM;部件接口、尺寸构造节点,适宜采用

① 江苏省住房和城乡建设厅.老年公寓模块化设计标准:DB32/T 4110—2021[S].南京:江苏凤凰科学技术出版社,2021

② https://baike.sogou.com/v7702457.htm? fromTitle=建筑模数

分模数数列 nM/2、nM/5、nM/10。

按照模块系统的划分方式,可将老年人居住建筑组成部分,从小到大分为部件部品模块、功能模块、功能组合模块、单元模块。老年人居住建筑单元模块由套型模块和核心筒模块组成,套型模块主要分为门厅、起居室(厅)、卧室、厨房、卫生间、阳台、收纳等功能模块,核心筒模块主要分为楼梯、电梯、公共走道、管井等功能模块。(图 5-47)

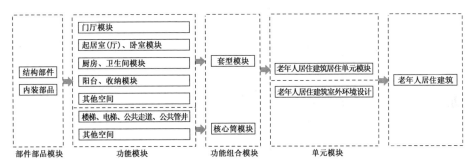

图 5-47　老年人居住建筑模块系统划分

来源:作者根据资料整理绘制

5.4.2　老年人居住建筑模块建筑设计

1)套型模块设计

(1)门厅

门厅水平方向及竖向,优先采用 1M 的整数倍,也可采用 1M 的整数倍及其与 M/2 的组合①。门厅平面优先净尺寸适宜根据表 5-20 选用。

表 5-20　门厅平面优先净尺寸

项目	优先净尺寸(mm)
宽度	1 200、1 600、1 800、2 100
深度	1 800、2 100、2 400

来源:中国建筑标准设计研究院有限公司等.装配式混凝土建筑技术体系发展指南(居住建筑)[M].北京:中国建筑工业出版社,2019,第 2.3.11 条

---

① 中国建筑标准设计研究院有限公司等.装配式混凝土建筑技术体系发展指南(居住建筑)[M].北京:中国建筑工业出版社

门厅可依据功能空间划分为换鞋模块、更衣模块和轮椅暂放模块[①],换鞋模块包括座凳、鞋柜、安全扶手等,更衣模块包括衣柜、镜子等。在入户空间不足的情况下,更衣模块和轮椅暂放模块可灵活放入其他空间。在入户空间充裕时,应该考虑急救担架的进出空间和护理人员的活动空间(图 5-48)。

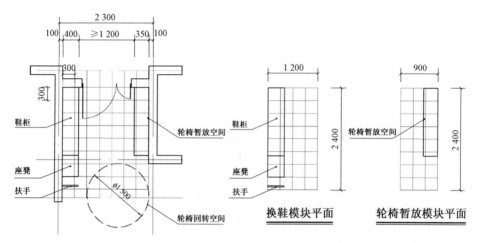

图 5-48 老年人居住建筑门厅模块设计示意图(尺寸单位:mm)
来源:作者绘制

(2) 卧室、起居室(厅)

卧室、起居室(厅)功能空间水平方向,优先采用扩大模数(2M、3M……),可采用基本模数(1M);竖向适宜采用基本模数(1M)[②]。双人卧室的短边净宽不应小于 3.00 m,使用面积不应小于 12.00 m²。单人卧室的短边净宽不应小于 2.70 m,使用面积不应小于 8.00 m²。兼起居的卧室使用面积不应小于 15.00 m²。[③]

卧室、起居室(厅)的模块化设计应从模块分解入手,根据功能空间划分模块。卧室、起居室(厅)主要提供睡眠、储藏、休闲活动、阅读、通行活动这几个功能,可将卧室、起居室(厅)分解为睡眠模块、储藏模块、休闲活动模块、阅读模块、通行活动模块,其中阅读模块可与其它空间结合布置(图 5-49)。

---

①③　江苏省住房和城乡建设厅. 老年公寓模块化设计标准:DB32/T 4110—2021[S].南京:江苏凤凰科学技术出版社,2021

②　中国建筑标准设计研究院有限公司等. 装配式混凝土建筑技术体系发展指南(居住建筑)[M].北京:中国建筑工业出版社

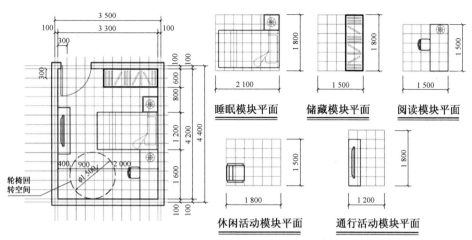

图 5-49　老年人居住建筑卧室模块设计示意图(尺寸单位:mm)

来源:作者绘制

（3）厨房

厨房优先采用装配式整体厨房或集成式厨房,设计时应进行产品选型,确定产品的型号和尺寸。

厨房功能空间水平方向及竖向,优先采用 1M 的整数倍,也可采用 1M 的整数倍及其与 M/2 的组合①。厨房部品部件设计应符合模数协调要求,可采用分模数 M/2,方便工业化生产和现场的组装。

厨房家具的布置形式宜分为单排型、双排型、L 型、U 型等。厨房平面优先净尺寸可根据表 5-21 选用。

表 5-21　厨房平面优先净尺寸

平面布置	宽度×长度(mm×mm)
单排布置	1 500×2 700、1 500×3 000（2 100×2 700）
双排布置	1 800×2 400、2 100×2 400、2 100×2 700、2 100×3 000（2 400×2 700）
L 形布置	1 500×2 700、1 800×2 700、1 800×3 000（2 100×2 700）
U 形布置	1 800×3 000、2 100×2 700、2 100×3 000、（2 400×2 700、2 400×3 000）

来源:中国建筑标准设计研究院有限公司等.装配式混凝土建筑技术体系发展指南

---

① 中国建筑标准设计研究院有限公司等.装配式混凝土建筑技术体系发展指南（居住建筑）[M].北京:中国建筑工业出版社

（居住建筑）北京：中国建筑工业出版社，2019，第 2.3.9－4 条

注：括号内数值适用于无障碍厨房。

厨房模块化设计可将构成厨房的各功能空间分解，按照功能可将厨房分解为：烹饪模块、洗涤模块、操作台面模块及储藏模块，依据具体情况，储藏功能中储藏柜部分可和其他功能灵活组合（图 5－50）。①

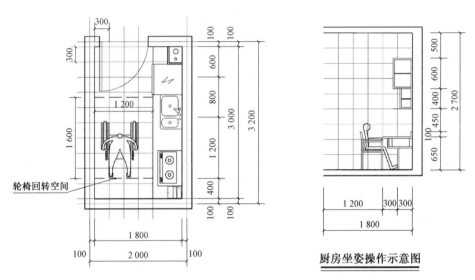

厨房坐姿操作示意图

图 5－50　老年人居住建筑厨房模块设计示意图（尺寸单位：mm）

来源：作者绘制

（4）卫生间

卫生间平面应按模数尺寸设计，满足卫生间的装修及设备设施要求，适合采用整体卫浴。卫生间水平方向及竖向，优先采用 1M 的整数倍，也可采用 1M 的整数倍及其与 M/2 的组合②。卫生间平面优先净尺寸可根据表 5－22 选用。

---

① 江苏省住房和城乡建设厅. 老年公寓模块化设计标准：DB32/T 4110—2021[S]. 南京：江苏凤凰科学技术出版社，2021

② 中国建筑标准设计研究院有限公司等. 装配式混凝土建筑技术体系发展指南（居住建筑）[M]. 北京：中国建筑工业出版社

表 5－22　卫生间平面优先净尺寸

平面布置	宽度×长度(mm×mm)
便溺	1 800×1 200、1 200×1 400(1 400×1 700)
洗浴(淋浴)	900×1 200、1 000×1 400(1 200×1 600)
洗浴(淋浴＋盆浴)	1 300×1 700、1 400×1 800(1 600×2 000)
便溺、盥洗	1 200×1 500、1 400×1 600(1 600×1 800)
便溺、洗浴(淋浴)	1 400×1 600、1 600×1 800(1 600×2 000)
便溺、盥洗、洗浴(淋浴)	1 400×2 000、1 500×2 400、1 600×2 200、1 800×2 200(2 000×2 200)
便溺、盥洗、洗浴、洗衣	1 600×2 600、1 800×2 800、2 100×2 100

来源:中国建筑标准设计研究院有限公司等.装配式混凝土建筑技术体系发展指南(居住建筑)北京:中国建筑工业出版社,2019,第 2.3.9－2 条

注:1. 括号内数值适用于无障碍卫生间。

2. 集成式卫生间内空间尺寸偏差为±5 mm。

卫生间的标准化设计,应采用模块化设计方法,将构成卫生间的各功能空间分解,形成空间模块系统。卫生间可分解为:便溺、盥洗、洗浴、管井、出入、洗衣六个单一功能模块,其中洗衣模块可与其它功能空间结合设计(图5－51)。

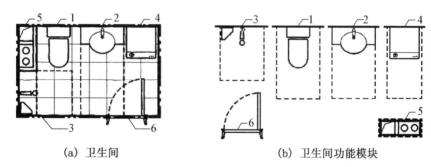

（a）卫生间　　　　　　　　　（b）卫生间功能模块

1—便溺模块;2—盥洗模块;3—洗浴模块;4—洗衣模块;5—管井模块;6—出入模块

图 5－51　老年人居住建筑卫生间模块设计示意图

来源:中国建筑装饰协会厨卫工程委员会.住宅卫生间建筑装修一体化技术规程:CECS 438:2016[S].北京:中国计划出版社,2016,图 4.2.1

（5）阳台

阳台平面优先净尺寸适宜为扩大模数 2M、3M 的整数倍，阳台宽度优先尺寸可与主体结构开间尺寸一致①。阳台平面优先净尺寸可根据表 5 - 23 选用。

表 5 - 23　阳台平面优先净尺寸

平面布置	宽度×长度(mm×mm)
宽度	阳台宽度优先尺寸宜与主体结构开间尺寸一致
深度	1 000、1 200、1 400、1 600、1 800

来源:中国建筑标准设计研究院有限公司等.装配式混凝土建筑技术体系发展指南（居住建筑)北京:中国建筑工业出版社,2019,第 2.3.9 - 10 条

注:深度尺寸是指阳台挑出方向的净尺寸。

按照使用功能,阳台的模块设计可以分解为休闲模块、洗涤模块、晾晒模块、储藏模块。洗涤模块包括洗涤池和洗衣机,储藏模块可利用阳台门边墙或阳台的侧墙。②

（6）收纳

老年人居住建筑应设置模块化系统整体收纳空间,可分为独立式和入墙式收纳空间(表 5 - 24)。整体收纳空间应按照使用物品类型分区,分为衣物被褥类、娱乐休闲类、饮食烹饪类、艺术文化类、清洁用品类、其他日常用品类等。

表 5 - 24a　独立式样收平面优先净尺寸

平面布置	宽度×长度(mm×mm)
L 形布置	1 200×2 400、1 200×2 700、1 500×1 500、1 500×2 700
U 形布置	1 800×2 400、1 800×2 700、2 100×2 400、2 100×2 700、2 400×2 700

---

①　中国建筑标准设计研究院有限公司等.装配式混凝土建筑技术体系发展指南（居住建筑)[M].北京:中国建筑工业出版社

②　江苏省住房和城乡建设厅.老年公寓模块化设计标准:DB32/T 4110—2021[S].南京:江苏凤凰科学技术出版社,2021

表 5－24b　入墙式收纳平面优先净尺寸

项目	优先净尺寸(mm)
长度	900、1 050、1 200、1 350、1 500、1 800、2 100、2 400
深度	350、400、450、600、900

来源:中国建筑标准设计研究院有限公司等.装配式混凝土建筑技术体系发展指南(居住建筑)[M].北京:中国建筑工业出版社,第 2.3.9－3,4 条

2) 核心筒模块设计

楼梯间、电梯井道开间及进深轴线尺寸应采用扩大模数 2M、3M 的整数倍,楼梯梯段宽度则采用基本模数 1M 的整数倍。走道宽度净尺寸不应小于 1 200 mm,优先尺寸宜为 1 200 mm、1 300 mm、1 400 mm、1 500 mm;电梯厅深度净尺寸应不小于 1 500 mm,优先尺寸宜为 1 500 mm、1 600 mm、1 700 mm、1 800 mm、2 400 mm(三合一前室电梯厅)。公共管井净尺寸应根据设备管线布置要求,并宜采用 1M 的整数倍(表 5－25)。[①]

表 5－25　公共管道优井优先净尺寸

项目	优先净尺寸(mm)
宽度	400、500、600、800、900、1 000、1 200、1 500、1 800、2 100
深度	300、350、400、450、500、600、800、1 000、1 200

来源:中国建筑标准设计研究院有限公司等.装配式混凝土建筑技术体系发展指南(居住建筑)[M].北京:中国建筑工业出版社,表 6.2.2

3) 老年人居住建筑模块标准化设计

老年人居住建筑模块标准化设计,包括平面标准化、立面标准化、部品部件标准化。老年人居住建筑平面设计应工整、体形规则,满足国家抗震规范、绿建标准等要求;宜优先选用大进深、大开间布局,增加使用空间的可变性,满足使用者不同需求。老年人居住建筑立面设计应体现工业化生产、装配式施工、既规整简单又灵活多变,通过栏板、阳台、空调隔板等标准化预制构件多样化组合,实现立面样式的标准化与个性化。老年人居住建筑部品部件应采用标准化接口,满足通用性和可换性的要求,接口制作尺寸应考虑制作、安装等

---

① 中国建筑标准设计研究院有限公司等.装配式混凝土建筑技术体系发展指南(居住建筑)[M].北京:中国建筑工业出版社

公差(图 5 - 52)。

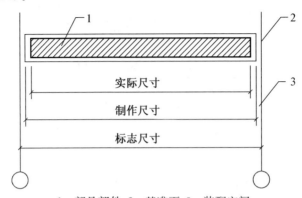

1—部品部件;2—基准面;3—装配空间

图 5 - 52　部品部件的尺寸

来源:中国建筑标准设计研究院有限公司等.装配式混凝土建筑技术体系发展指南(居住建筑)[M].北京:中国建筑工业出版社,图 2.2.5

5.4.3　老年人居住建筑模块集成设计

老年人居住建筑模块集成设计应对建筑、结构、设备与管线、内装、内外围护各系统进行协调统一、优化组合,形成一体化集成设计系统(图 5 - 53)。

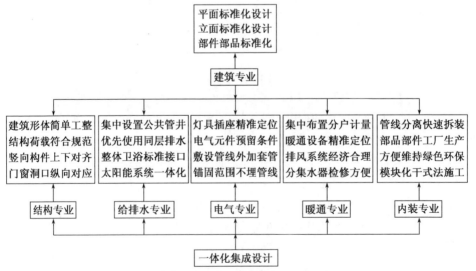

图 5 - 53　建筑专业协调其它各专业集成设计示意图

来源:作者根据《装配式混凝土建筑技术体系发展指南(居住建筑)》绘制

5.4.4　老年人居住建筑模块化设计案例分析

某项目位于北京市大兴区,总用地面积为 15 805 m²,总建筑面积 16 949 m²,包括 1♯楼～4♯楼,以 4♯楼为例,地上 6 层,建筑高度 20.45 m,抗震设防烈度 8 度。

本项目建筑设计以模块标准化设计为原则,整栋建筑体形规整,没有太大的凹凸变化,主体结构采用大开间、大进深设计,使套型设计具有灵活多变的适应性。由门厅、卧室、起居室、厨房、卫生间等功能模块组成套型模块,由公共交通模块、公共走廊、公共管井等功能模块组成核心筒模块,套型模块和核心筒模块组成老年居住建筑模块化建筑单元。其中,公共交通模块、公共管井模块可在不同的建筑单元使用,厨房模块、卫生间模块也可当作独立功能模块在不同的套型平面使用,为工业化生产创造条件。(图 5 - 54)

本项目采用了装配集成化部品:在地板下采用地脚螺栓,形成架空空间,方便敷设设备管线(图 5 - 55a,b);在墙体表面用轻钢龙骨,外贴石膏板设计为装配式双层墙体,使墙体之间可敷设设备管线、开关、插座等,架空地板上的轻质隔墙也使套型平面多样化设计(图 5 - 55c,d);采用装配式吊顶,吊顶架空层可以放置各类管线。这些集成技术使设备管线系统主体结构、内装分离,安装简单,方便维修,实现老年人居住建筑安全美观、健康舒适(图 5 - 55e)。

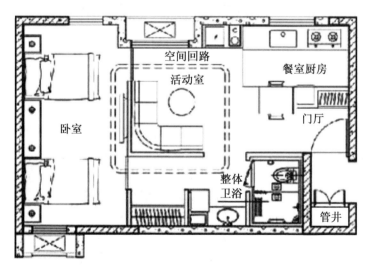

图 5 - 54a　套型 A(老年之家)

图 5－54b　模块化配置分析图

来源:中华人民共和国住房和城乡建设部.国家建筑标准设计图集 15J939—1,装配式混凝土结构住宅建筑设计示例(剪力墙结构)[S].北京:中国计划出版社,2015,P2～06

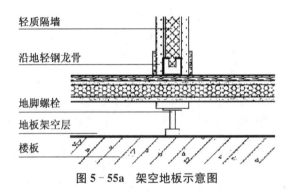

图 5－55a　架空地板示意图

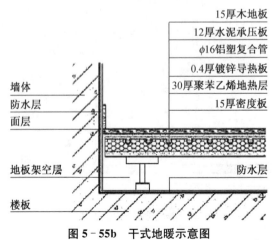

图 5－55b　干式地暖示意图

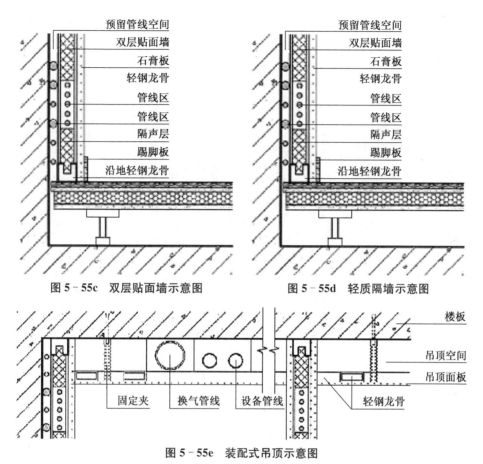

图 5 - 55c　双层贴面墙示意图　　　　图 5 - 55d　轻质隔墙示意图

图 5 - 55e　装配式吊顶示意图

来源:中华人民共和国住房和城乡建设部. 国家建筑标准设计图集 15J939—1,装配式混凝土结构住宅建筑设计示例(剪力墙结构)[S]. 北京:中国计划出版社,2015,P2～02

5.5　常态社区老年人居住建筑室外环境设计

5.5.1　绿化系统设计

1) 老年人对绿化的需求

随着年龄的增长,老年人身体各个器官功能退化。从生理的需求上,老年人希望到户外绿化系统中呼吸新鲜空气、锻炼身体、晒太阳以放松身心。退休在家的老人,特别是一些独居老人,心理上感到寂寞,为更好地享受生活、安度晚年,老年人希望在有一定绿化的户外活动空间进行消遣和娱乐。

2) 常态社区完善的绿化系统(图5-56)

公共绿化空间

半公共绿化空间

半私用绿化空间

私用绿化空间

图5-56 常态社区可供老人活动的绿化空间

来源:作者拍摄

根据居住社区室外空间使用性质和老年人室外活动的特性,可将社区内的绿化空间划分为四个层次(表5-26)。

表5-26 老年人在各空间里进行的活动

绿化空间类型	老年人行为活动
公共绿化空间	集会、游戏、休息、打球、娱乐、跑步、打拳、舞剑等
半公共绿化空间	下棋、闲谈、邻里交往等
半私用绿化空间	散步、闲坐、看人、晒太阳、乘凉等
私用绿化空间	喝茶、眺望、休息、种植花木等

来源:王江萍.老年人居住外环境规划与设计[M].北京:中国电力出版社,2009,P102

（1）公共绿化空间：指的是居住区的公共交通干道和集中的绿地，是社区居民的共享空间，日常生活的绿化活动场地，服务半径一般应小于 1 000 m[①]。公共绿化空间具有较强的开放性，绿化面积大，其运动设施和活动场地较其他空间丰富，极易吸引老年人聚集活动。

（2）半公共绿化空间：是指具有一定限度的公共空间，多为住宅组团内的空间，服务半径一般是 500 m 左右[②]。这种空间具有一定的公共性，出行距离较合适，是老年人娱乐、交往、休息的主要场地。

（3）半私用绿化空间：是住宅楼栋间的院落空间。这个空间是利用率最高的场所，也是社区内最有吸引力的活动空间，服务半径符合老年人日常生活的活动半径（180～220 m）[③]。老年人可在家门口找到聊天、休息、下棋以及健身的场地，此处的绿化增添了老年人的生活乐趣。

（4）私用绿化空间：是指住宅底层庭院、楼层阳台或室外露台。这是室内空间向室外空间渗透的过渡空间。底层庭院可供老年人种植，增添院落内的绿化层次；楼层上阳台、露台也可布置绿化、休息、眺望等丰富建筑立面外观。

常态社区完善绿地系统就是要增加绿地面积，扩大户外活动空间和公共绿地。适当增加组团绿地的人均绿地面积，可将人均绿地面积由不少于 1.0 m² 增至 1.5 m²，增大社区中的组团绿地面积，开辟扩大老年人的户外活动场地。随着老人年龄增长，其活动范围越来越小，他们对半私用绿化空间及半公共绿地空间的需求，远大于公共绿化空间。因此，社区环境设计中既要重视绿化空间的总体规划，也要精心设计宅前屋后的绿化空间，使老年人拥有就近活动的绿色空间，并相应完善有关设施，如健身器械、休憩座椅、花架凉棚等。

3）常态社区植物配置

（1）在统一规划的基础上，应力求树种丰富而有变化。如在主次干道以乔木为主，以常绿树、花灌木为衬；在公共绿地入口处，种植色彩鲜艳、体型优美的植物；在道路交叉口、道路边设置花坛；在庭院绿地中以草坪为背景，花灌木为主，常绿为辅的布局方式。同时，避免配置过于繁琐，应以片植、丛植为主。

（2）重视植物配置的景观效果，即在竖向上注意树冠轮廓，平面上注意疏密效果，树林里要注意透视线。需有植物景观总体大小、远近、高低的效果。老年人视力下降，宜栽种花、叶、果较大的可观赏性植物。

（3）植物配置要考虑栽种的位置，以及与建筑、地下管线设施的距离。植

---

①②③　王江萍. 老年人居住外环境规划与设计［M］. 北京：中国电力出版社，2009，P101

物种植时不应等距、等高,配置上要有变化。为防止过近影响室内采光与通风,乔木一般需距建筑物 5~8 m;灌木距建筑物和地下管网保持 1.5 m;另外,高层建筑周围不宜栽种高大的乔木;活动场地周边不应密集布置植物,以免其他活动者看不到突发意外的老人。

(4) 植物配置时应采用保健植物

据测试,在绿色植物环境中,人的皮肤温度可降低 1~2 ℃,脉搏每分钟可减少 4~8 次,呼吸慢而均匀,心脏负担减轻[①]。所以,在常态社区植物配置时,应注重保健养生,为老年人创造出健康清新的生态绿色空间。

5.5.2 道路系统设计

常态社区在为老年人居住服务的环境中必须重视户外道路的路网结构、道路宽度等设计,方便老年人安全出行。

1) 路网结构措施:社区道路网结构应尽量相对封闭,避免过多的外部车辆被引入。主干道、次干道、支路、宅前小道等级要分明,宅前小道最好与次干道相连,避免与主干道连接并跨越主干道。步行道路岔口不宜多,并设置醒目标识。

2) 加设减速带:如道路系统人车混行,车辆速度过快,会造成对老人的威胁,主干道采取加设减速带的措施,通过颜色划分人行和车行道。

3) 人车分流:可将居住社区的人行道路和车行道路分开设置,确保老年人通过人行道路安全到达社区内各种活动场所和住宅,将老年人住所和老年人常涉足的活动区、公共绿地、诊所、医疗保健等场所以便捷的步行系统连接(图 5-57a,b)。

4) 技术要求:道路宽度、纵坡等可参考普通居住区设计规范,如居住区道路红线宽度不宜小于 20 米;小区道路路面宽 6~9 米;组团道路路面宽 3~5 米;宅间小路路面宽不宜小于 2.5 米[②],消防车道净空高度和净宽均应不小于 4 米,坡度不宜大于 8%,转弯半径应满足不同类别消防车转弯半径的要求[③]。

———————

① 刘丽丽. 老年社区环境建设研究[D]. 西安:西北农林科技大学,2008 年,P28

② 中华人民共和国建设部. 城市居住区规划设计规范(2002 年版):GB 50180—93[S]. 北京:中国建筑工业出版社,2002,P20~21

③ 中华人民共和国建设部. 建筑设计防火规范(2018 年版):GB 50016—2014[S]. 北京:中国建筑工业出版社,2018,P106

图 5-57a　步行道与车行道分离　　　　图 5-57b　可供散步的人行道

来源:作者拍摄

5.5.3　活动空间设计

老年人在各种户外活动空间参与各种娱乐健身活动,既能延年益寿,又能融入社会,所以,户外活动空间的合理布置,直接关系到老年人的生活质量。

1)健身空间设计

老年人使用户外空间的主要原因之一是健身锻炼。其户外活动的形式有很多,诸如健身操、戏曲、遛鸟、球类、太极拳、武术等健身活动。一般参与健身的老年人都具有表演能力、喜好热闹,这种以集体形式出现的活动,需要的空间尺度较大,不仅需要充足面积,而且空间应开敞,并留有相应观众场地。

(1)健身空间尺度适合

有着大面积硬地的大型开放健身广场,对老年人而言,毫无亲切感,使老人不愿投入活动。可采取划整为零的措施,将大空间划分为若干小空间,使各个空间尺度宜人。各场地之间既相互望见,又避免声音干扰。

(2)健身空间适应性强

目前,老年人的活动类型逐步增多、内容不断丰富,应给老年人创造一个适合各类综合性活动的户外健身活动中心,提高场地的适应性,满足不同场合、不同使用目的。如将表演、打拳、跳舞等以多功能广场的形式为老年人提供一个户外活动中心。

(3)健身空间绿色无障碍

适当在广场种植植物,并配置休息场所和设施,如廊、亭、花架、坐凳等,供老人健身后休息之用。另外,广场的铺地应平坦且防滑,避免老年人在此活动时发生意外。

(4) 健身空间体育设施齐全(图 5 - 58a、5 - 58b)

图 5 - 58a　房前的网球场

图 5 - 58b　体育器械

来源:作者拍摄

常态社区布置一些适合老年人的体育场地,并完善健身空间体育器械设施。

2) 休憩空间设计

老年人除了在户外运动外,更多的是在户外休息、娱乐、聊天、观赏等,在社区内为老年人提供良好的休憩空间十分重要。

(1) 休憩空间的位置

休憩空间的位置一般在大树下、建筑物的出入口附近、公共建筑的屋檐下等,应有充足的阳光、良好的通风且避开风口。休息座椅附近应种植落叶树,冬季老人可在此避风驱寒。另外,休憩空间的位置可结合水面、坡面、植物、地形高差形成变化,增强趣味感。每一个休憩空间应有相宜的具体环境,如转角处、凹处等亲切安全的小环境。室外座椅的布置应考虑老年人聚集活动和交谈的要求,同时还要满足坐轮椅者足够的回旋空间。座椅应与桌子良好匹配,满足老年人各项活动需求,同时方便坐轮椅者使用。在常态社区中,应按一定间距布置休憩场所,如每隔 100 m 布置一处。

(2) 休憩空间的座椅布局

① 成组的休憩空间

根据老年人集聚特征,休憩空间应满足集聚交往的功能。一些老人喜欢和兴趣相投的人在一起活动,形成小群体。对于这些老人,设计中应让老人享有成组活动小空间,使这些小空间成为老年人的公共会客场所。这样的休憩空间不宜过大,可采用大空间里的次一级小空间来容纳,如开放空间的边界区域;同时,空间应具有相对的独立性,并结合一些人文景观布置(图 5 - 59)。

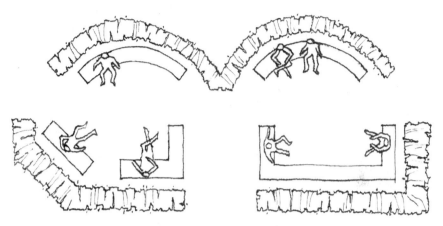

图 5 - 59　成组的休憩空间

来源:作者绘制

② 独坐的休憩空间

一些老年人因自身的性格,喜欢独坐,不愿别人打扰自己的私密空间。在社区中应适当布置一些私密的休憩空间,具有一定的封闭感。

③ 有依靠的休憩空间

有些老人会选择有安全感的休憩空间,如背靠植物或墙面,面朝开放空间,既可使老年人轻松交谈,又可看到人来人往的社区场景。

(3) 休憩空间的座椅尺度和材料

座椅的尺寸应满足老人特点,适宜高度在 30~45 cm 之间,太低老人起坐不方便,太高老年人不舒服;座椅宽度应保持在 40~60 cm 之间[①]。座椅材料最好采用木材制作,其优点是冬暖夏凉,其缺点是在室外耐久性差、易被破坏;而混凝土等耐久性好的硬质材料的座椅表面冰冷,使用起来不够舒适,应尽量少采用。

3) 交往空间设计

交往是居住空间不可缺少的一部分,居住环境直接影响着老年人的行为与心理。老年人容易感到孤独,需较多的交往空间。

---

① 张弘. 老年住宅建筑空间环境设计研究[D]. 长沙:湖南大学,2008,P47

扬·盖尔在《交往与空间》中①指出，"活动"是吸引和促进交往的积极因素，在常态社区中应妥善处理好老年人的户外活动空间。老人的活动大多为静态活动，空间形式应适合小坐和停留，为老人的交往提供必要条件。根据心理学家德克·德·琼治提出的边界效应理论，人们总喜欢在空地的边缘、一个空间与另一个空间的过渡区或沿建筑立面的地区停留。因此，在交往空间设计中，老人更愿意在半公共、半私密的空间逗留，其优点是既可以驻足停留与朋友交谈，又会保持一定的私密空间，且能参加所看到的人群中各种活动，满足心理需求(图 5-60a)。室外交往空间的位置应在老年人聚集的地方，室内活动区的附近，如住宅单元出入口、步行道的交叉口等。另外，室外交往空间还应避免强风日晒等恶劣天气造成的影响，选择适宜的朝向，避免全部处在阴影区里，创造宜人的环境小气候。交往空间宜布置些便于老年人下棋打牌的桌椅，桌子距地面高度不大于 80 cm，下边缘不小于 65 cm，便于老年人腿部摆放；桌椅边角应为圆角设计；桌椅应稳固，因为老年人会扶着桌子起身或保持平衡(图 5-60b)。

4) 停车空间设计

居住区停车场应布置专供老年人使用的停车位，不少于总车位的 2%，应靠近出入口，且车位侧面留出 1 200 mm 宽度便于老年轮椅使用者上下车。

对于许多老年人来说，自行车、电动车、残疾人车等非机动车已成为他们的代步工具，现有多数居住区规划中，较少或几乎没有设计这些场地，形成了摆放凌乱、影响交通的局面。设计可布置在各栋出入口附近，或单独布置在半地下室内，也可以结合景观设计布置在路边空地(图 5-60c)。

5) 儿童活动空间设计

当今社会生活节奏快，青年夫妇没空带孩子，老年人成为小区儿童活动的主要照看者，儿童活动空间也成为老年人活动的主要场所，可与老年人活动场地结合设计，方便老年人一边活动一边看护儿童。儿童玩耍的器具旁宜设置座椅，使老年人既可监护儿童又可聊天交流。另外，儿童活动空间不宜设置水池，如设置必须做好安全措施(图 5-60d)。

---

① 《交往与空间》是北欧出版的最为成功的有关环境设计的名著之一。本书第一版于 1971 年在丹麦出版，扬·盖尔著。中国建筑工业出版社于 2002 年 10 月 1 日出版，中文第四版，是根据 2001 年最新英版翻译出版，何人可译。书中对人们如何使用街道、人行道、广场、庭院、公园等公共空间，以及规划与建筑设计如何支持或阻碍社会交往和公共生活，进行了广泛的分析研究，论述了日常社会生活对物质环境的特殊要求，提出了创造充满活力并富有人情味的户外空间的有效途径。

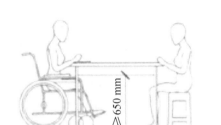

b. 桌下空间的高度应适合坐者脚部方便插入

错误

d. 水池设置的正误对比

正确

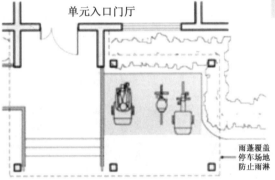

c. 楼栋单元出入口附近宜设置非机动车停车场地

d. 结合儿童游乐设施布置的健身器材区域

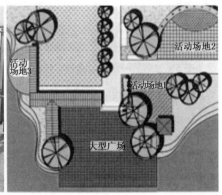

a. 活动区不同场地的相邻布置, 保证视线联系的同时, 避免声音干扰

图 5 - 60(a, b, c, d)　老年人休憩、交往、停车及儿童活动空间

来源:周燕珉,刘佳燕. 居住区户外环境的适老化设计[J]. 建筑学报,2013,(3):62～64

6）其他辅助设施设计

老年人身体衰老，视力下降，需要在小区活动场所设置必要的辅助设施。老人因为身体原因，容易频繁地上厕所，所以在较大规模的活动场地附近宜设计公共厕所。社区道路除设计必要的路灯外，在有高差处或地面铺地交接处，宜提供局部重点照明，尤其是老年人主要活动场地不能出现明显的阴暗区。

7）步行空间设计

散步是深受老年人喜爱的锻炼方式，在步行空间设计时应以老年人行走舒适、方便、安全为原则。措施如下：步行道路宜与车行道路分行；道路路面应平坦，宜设置硬质铺地，不宜铺设卵石铺装路面；可适当设置平缓的道路坡度，给老年人提供更有挑战性的锻炼机会；宜采用蜿蜒而富于变化的步行道，既可减少风力干扰，又增加老年人行走锻炼的乐趣；步行空间可结合休憩空间整体规划设计，在步行道旁增设座椅，供老年人步行疲劳时随时休息（图 5 - 61a，b）。

图 5‐61a　平坦但蜿蜒的步行小道　　图 5‐61b　步行道旁设置休息座椅
来源：作者拍摄

5.5.4　无障碍设计

实施无障碍设计是衡量老龄社会居住环境质量的重要标志，尤其在常态社区老年人居住建筑户外环境中，应全面实施无障碍设计，并依据中华人民共和国国家标准《无障碍设计规范》（GB 50763—2012）中的设计要求。

1）路面

尽可能减少地面高差变化，如果存在高差变化，应加强高差感，便于老年人清楚辨认；铺砌路面所选材料避免使用易使老年人滑倒、绊倒圆滑石头或沙子等；在马路拐弯处、斑马线等重要地段，注意地面材质的处理，铺设导盲砖以引导盲人行走;同时,为避免老年人雨天打滑,地面应有良好的排水系统。

2)坡道

因老年人行动不便,社区中只要有高差的地方均应设置坡道,如高差较大、空间较小,应安装升降机。室外坡道的坡度不应大于 1∶12,每上升 0.75 m 或长度超过 9 m 时应设平台,平台的深度不应小于 1.50 m 并应设连续扶手;在道路交叉口、组团入口及被缘石分隔的人行道都应设置缘石坡道;步行道内侧的缘石,在绿化带处至少高出步行道 0.1 米,防止老人拐杖打滑。

3)标识

随着老年人感官能力和记忆力的衰退,判断方向的能力减弱,应增强步行道的辨别力。宜在道路转折处、终点处设置标志物使之增强方向指认功能。考虑到老年人的视觉退化,标志文字的尺度应按照行走速度和距离决定,并考虑利用鲜艳的色彩、照明或触摸装置加强提示性,文字或设计的标志要大一些。内容应是容易理解和容易看到的东西,最好用闪烁光或声音的方式重复传递。考虑到老年人的听觉衰弱,地图、路标、指示牌等标志物应使用鲜亮的色彩,刺激老年人的视觉,引起他们的注意。

4)建筑物出入口

建筑物出入口是连接室内外的主要部分,使用轮椅和拐杖的老年人在达到和离开出入口时,必须完成开门、关门、停留等一系列动作,为此,出入口内外须留有不小于 1 500 mm×1 500 mm 的轮椅回旋空间。如果出入口设置两道门时,门扇同时开启的净距离不小于 1 200 mm。出入口需要有雨篷或门廊遮阳避雨,也需要设置室外座凳以便临时休息,以供老年人在出入口停留时遮阳避雨或休憩。

5.5.5　新冠肺炎疫情防控设计

对于新冠肺炎疫情下的防控,常态社区老年人居住建筑在室外环境方面设计主要体现在分级化和多样化上,使老年人即使遇到疫情发生,在隔离的状态下,仍能就近进行丰富的活动,保证愉悦的心情。

常态居住社区的规划布局可采用居住小区到组团分级设计,室外环境设计也应按此分级设计。室外环境设计从居住小区级中心景观花园到组团级景观花园,也可考虑在各楼栋周围,设置宅间级景观花园。各级别景观花园的功能应多样化,应对老年人不同活动需求。各级别的走路健身路线保证循环流

通,便于隔离状态下,老年人活动不受影响。①（图 5 - 61c）

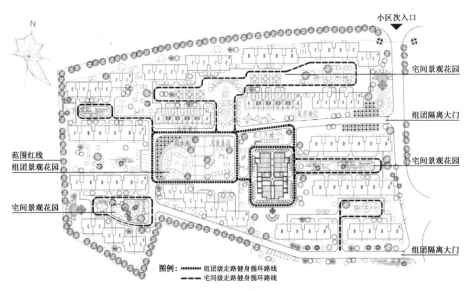

图 5 - 61c　组团景观新冠肺炎疫情防控设计

来源:作者绘制

5.6　常态社区老年人居住建筑绿色设计

　　绿色建筑是指在建筑的全寿命周期内,从节能、节地、节水、节材四个方面最大限度地节约资源,保护环境、减少污染,为人们提供健康、适用和高效的使用空间,与自然和谐共生的建筑②。我国一直都在重视绿色建筑标准的制定并逐渐完善,1998 年出版了《中国生态住宅技术评估手册》,建立了中国绿色建筑评价体系;2005 年 3 月在北京召开"首届国际智能与绿色建筑技术研讨会"发表了《北京宣言》,提出绿色建筑的指导纲领;2006 年建设部颁布了《绿色建筑评价标准》(GB/T 50378—2006);2007 年颁布了《绿色建筑评价技术细则》和《绿色建筑标识管理办法》;2014 年重新修订了《绿色建筑评价标准》

---

　　①　周燕珉. 新冠肺炎疫情下,如何设计能够保证老年人的生活品质(1)——规划及景观设计篇. 周燕珉教授工作室　周燕珉工作室,2020 - 03 - 10

　　②　中华人民共和国住房和城乡建设部. 绿色建筑评价标准:GB/T 50378—2014[S]. 北京:中国建筑工业出版社,2014,P2

(GB/T 50378—2014),颁布了《江苏省绿色建筑设计标准》(DGJ32/J 173—2014),这两项标准均在 2015 年 1 月 1 日开始执行。这些标准的制定指导着我国各类建筑设计,包括常态社区老年人居住建筑绿色设计,主要分为场地规划和建筑设计两方面。

5.6.1　场地规划与室外环境

1）场地规划设计

场地规划设计应遵循被动式策略,顺应当地气候特征,尊重地域文化和生活方式,优化建筑布局[1]。因地制宜是绿色建筑的原则,我国不同地区的气候、自然资源、经济、文化存在着差异,绿色建筑设计应重视地域自然气候条件,根据建筑的性质、功能选择合适的绿色建筑技术。以南京市为例,南京市属于夏热冬冷地区,夏季高温辐射强、冬季湿冷日照好,绿色设计为隔热降温、保温节能,有效措施为控制建筑体型系数、做好遮阳设计、鼓励双层玻璃幕墙。春秋季节长、温度适宜,绿色设计为自然采光和自然通风,有效措施为中庭设计、立体绿化、底层架空。降雨丰富但降雨量不均匀,地理位置东临长江,绿色设计为雨水利用、江水利用,措施为雨水回收利用、江水源热泵。

2）场地光环境设计

场地光环境设计应满足以下要求:一是建筑朝向、布局应能获得良好日照,宜为南偏西 5°至南偏东 30°,需进行日照模拟分析;二是老年人住宅的卧室、起居室应满足冬至日不小于 2 小时的日照标准;三是合理设计道路和场地的照明设计,不得直射居住建筑外窗或空中;四是建筑外立面和材料应避免光污染。[2]

3）场地风环境设计

场地风环境设计应满足以下要求:一是建筑规划布局应确保室外空间和室内空间的通风条件,降低气流对区域微环境和建筑本身的影响,创造夏季和过渡季良好的自然通风条件;二是建筑布局宜躲避冬季不利风向,采用设置防风墙、防风林带、微地形等挡风设施;三是场地规划布局应根据典型气象条件下的场地风环境模拟进行优化;四是场地内建筑宜采用架空层的方式,疏导自然气流。[3]

①②③　江苏省住房和城乡建设厅.江苏省绿色建筑设计标准:DGJ32/J 173—2014[S].南京:江苏凤凰科学技术出版社,2014,P11

4) 场地声环境、热环境设计

场地声环境应符合《声环境质量标准》(GB 3096)的规定。对于声环境要求高的建筑,宜布置在主要噪声源主导风向的上风侧;当建筑与高速公路或快速道路相邻时,除采取降噪路面或屏障等措施外,还应满足规范上的退让要求。热环境设计应满足以下要求:一是地面、屋面、建筑物表面宜采用浅色材料;二是停车场、人行道和广场应种植高大乔木遮阳,景观主干道路的乔木遮阴率应达到 50%,步行道①、自行车道林荫率不宜小于 60%;三是合理设置设备散热位置和方式,以免造成热污染。

5) 场地绿化设计

场地绿化设计应符合场地使用功能、绿化效果、绿化安全间距,以达到净化空气,满足遮阳率、防噪防风的目的。老年人居住建筑建设用地的绿地率不应低于 35%,对具有较高生态价值的古树应做好保护,绿地内应多种植乔木、灌木,每百平方米绿地内种植乔木不应少于 3 株,本地植物数量不宜少于 70%。②

6) 场地生活垃圾分类回收设计

垃圾收集用房根据场地地形合理布置,与周围环境统一,设计在主导风向的下风向,按照可回收垃圾、厨余垃圾、有害垃圾、其他垃圾分类,便于机械化操作。垃圾收集用房使用消防联动的电动感应自动门,采用自动一键按钮开启式垃圾箱,方便老年人使用。垃圾收集用房应有良好的通风系统,保持清洁避免污染。

5.6.2 建筑设计与室内环境

1) 建筑布局

建筑布局上应提倡功能空间全寿命周期内使用要求,鼓励新建建筑混合功能的土地开发模式;采取减少对环境污染的措施,如新风进风口应避开厨房、卫生间、燃气锅炉排风口等污染源,避开人员活动区;排风口离人活动地面不应小于 2.5 米,进风口与排风口水平距离不应小于 5 米,垂直距离不应小于 2 米。③

2) 建筑围护结构

建筑围护结构的热工性能指标对建筑空调负荷和采暖有着重要的影响,是节能设计的关键。主要是控制体型系数,减小建筑外表面积;控制窗墙比,

---

①②③ 江苏省住房和城乡建设厅.江苏省绿色建筑设计标准:DGJ32/J 173—2014[S].南京:江苏凤凰科学技术出版社,2014,P11~13

型材应选用断热措施,不宜在西侧、北侧设置大面积玻璃窗;控制屋面、外墙、外窗、地面、采暖与非采暖隔墙及楼地面等传热系数、遮阳系数等。如屋面是建筑中接受太阳辐射最大的面,采用通风屋面、浅色屋面、蓄水屋面、种植屋面可以提高屋面的保温隔热性。以通风屋面为例,通风层一方面可减弱太阳对屋面的辐射,另一方面由热压、风压的共同作用,带走了夹层内的热量,减少了室外热环境对内表面的影响(图5-62)。

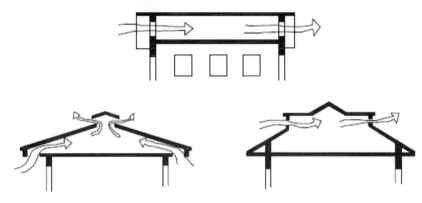

图 5 - 62 通风屋面

来源:《江苏省绿色建筑设计标准》(DGJ32/J 173—2014)

3) 建筑外遮阳

建筑外遮阳在满足江苏省建筑节能设计标准中遮阳系数的规定外,还应提倡建筑遮阳一体化设计(图5-63a,b);利用建筑之间或建筑构架、阳台、形体所形成的互遮阳和自遮阳;需根据建筑所在地的气候特征、地理位置、建筑造型、功能、朝向等设置合理的遮阳形式,如老年人居住建筑南向外窗应设置外遮阳设施,宜设置活动遮阳,东西向宜设置外遮阳设施,如设应为活动式;倡导多种形式遮阳,如绿化遮阳,在建筑南面、西面种植高大落叶乔木,屋顶绿化设计等。

4) 日照与天然采光设计

居住建筑各主要功能空间应自然采光,采光系数应满足《建筑采光设计标准》(GB 50033)的要求,包括卧室、起居、书房、卫生间和厨房。由于建筑功能的多样、土地资源紧张,造成建筑进深变大,一些技术可以引入自然光到达地下建筑内部和地上采光不足的空间,如导光管、棱镜窗、采光板、双层屋面、地下室采光天窗等(图5-64a,b)。

图 5-63a　阳台绿化遮阳一体化　　　　图 5-63b　屋顶构架遮阳一体化

来源:作者根据资料整理

图 5-64a　阳光导向玻璃系统(利用外侧玻璃全息光学薄膜聚集太阳光)

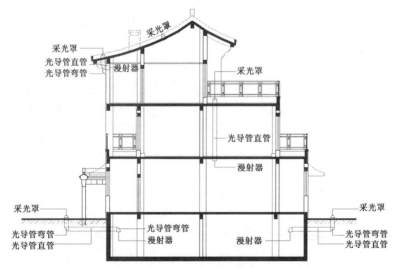

图 5-64b　光导照明系统(通过采光罩高效采集自然光线)

来源:作者根据一级注册建筑师培训资料绘制

日本弥生老年公寓利用自然条件创造了宜人的自然环境,降低了能耗。设计采用双层屋面,上层屋面确保了室内净高很高,日光透过两层屋面间可开启的高窗照射进来,不仅取代了人工照明,而且身处室内深处也可感觉到木材的自然色泽(图 5 - 65)。

图 5 - 65　日本弥生老年公寓双层屋面侧面自然采光

来源:作者根据一级注册建筑师培训资料整理

5) 自然通风设计

自然通风为人们提供健康所需的新鲜空气,改善内部环境空气质量以及排除室内余热、余湿,使室内温、湿度环境适宜人们的生活与工作,是当今建筑普遍采用的一项改善室内热环境,降低建筑能耗的技术。

自然通风不是简单的开门开窗通风,而是要综合室内外条件,在建筑方案设计上结合气候条件(图 5 - 66a),运用合理的总体布局及单体设计,创造室内良好的通风条件。设计上采用风压通风、热压通风、机械辅助通风的方式,主要技术措施有诱导气流的风压通风,如导风板、挑檐、门窗设计等(图 5 - 66b);利用烟囱效应引导热压通风,如设置中庭、天井;采用新风系统的机械辅助通风。

6) 隔声降噪设计

老年人睡眠质量差,居住建筑在平面布局和空间功能上应安排合理,采取措施减少排水噪声、管道噪声,减少相邻空间的噪声干扰以及外界噪声对室内的影响。对噪声源的控制是有效方式,如水泵房、配电房不应在居住建筑的下方;卫生间应采用同层排水,排水立管不宜贴邻有安静要求的房间;电梯机房与电梯井道宜避免紧邻卧室等安静用房;带有噪声源的房间应做好隔声处理,

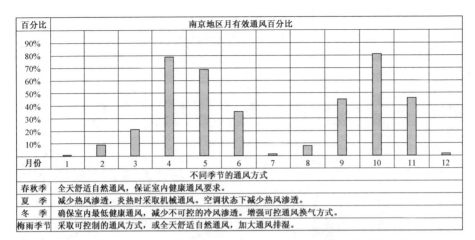

图 5 - 66a 南京地区自然通风气候条件及不同季节不同通风方式

来源:作者根据一级注册建筑师培训资料绘制

电梯等设备应做减振措施。

7) 室内空气质量控制

老年人居住建筑室内装修材料、建筑材料中的苯、氨、氡、甲醛等有害物质应符合《民用建筑工程室内环境污染控制规范》(GB 50325)的规定;清洁间、垃圾间等有异味的房间应与其他房间隔开并设置排风系统;建筑布局应避免厨房、卫生间、地下车库等污染物流通到其他房间。

8) 装饰装修设计

强调了老年人居住建筑设计与装修一体化;装饰装修设计不应破坏结构主体,宜采用装修结构与设备各自独立的方式;厨房、卫生间宜采用整体模块化设计;《江苏省绿色建筑标准》规定装修采用工业化建筑部件不宜小于15%。

5.6.3 其他绿色设计技术

1) 使用透水地面的节能技术(图 5 - 67)

透水地面有助于改善住区微气候,有涵水养土的功能;同时,有助于降低地表径流量,减轻排水系统的压力。采用具有透水功能的绿化植被、地砖、植草砖等,能充分利用绿化植物的净化作用,促进雨水入渗,降低地表径流量。《江苏省绿色建筑设计标准》规定要求硬质铺装中透水铺装比例不小于50%。

尺寸单位:mm

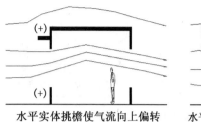

水平实体挑檐使气流向上偏转

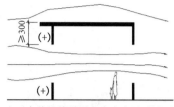

水平实体挑檐设置在窗户高处,使气流沿水平方向吹进房间

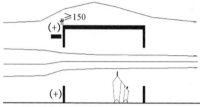

百叶窗式的挑檐,或挑檐上至少有一条缝隙,保证气流沿着水平方向吹进房间

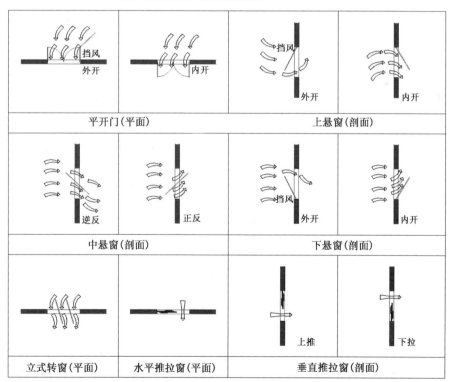

图5-66b 诱导气流的水平挑檐及门窗设计

来源:作者根据一级注册建筑师培训资料绘制

图 5 - 67　室外透水地面

来源：作者拍摄

2）利用地下空间的节地技术

老年人居住建筑可设计地下自行车库、机动车车库，还可设计地下设备用房，减少对住户的干扰。地下车库顶板宜设置自然采光通风天井、下沉式庭院，既可降低机械通风和人工照明能耗，又可利用自然通风采光改善地下潮湿阴暗的环境。

3）照明灯具、门窗系统、卫生洁具的节能技术（图 5 - 68）

所有的照明灯具均采用节能灯具；楼梯间、电梯厅、公共走道的照明应采用感应延时、声控延时、光控延时或定时控制等一种或多种集成的控制方式，宜选用 T5 荧光灯；室外夜景照明可选用 LED 灯。绿色设计中提倡门窗采用窗框隔热断桥措施，减少热损失。住宅卫生洁具全部采用节水型洁具。

4）雨水回收利用的节水技术（图 5 - 69）

南京市在气候上具有雨水回收利用的两大优势，一是年降水量 1 000～1 200 mm，属于多雨区，二是南京属于南北气候过渡区，降水量分布不均，年内降雨集中在夏季，降水量大的月份与需水量大的时间基本一致，具有雨水利用的自然条件。回收利用实施方法有以下几种：其一为回收利用屋面雨水，尤其适合安装虹吸雨水系统的单体；其二为利用土壤入渗后的雨水，地下车库上安装排水板收集雨水；其三为下沉式绿地、停车场、广场等结合景观绿化需要回收雨水；其四为用蓄水方块代替钢筋混凝土蓄水池汇聚雨水；其五为针对用水范围较大的建筑，可收集屋面、地面等混合雨水，利用调节池、处理设备处理

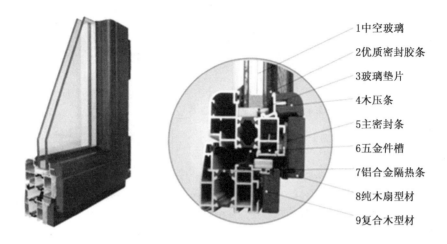

1 中空玻璃
2 优质密封胶条
3 玻璃垫片
4 木压条
5 主密封条
6 五金件槽
7 铝合金隔热条
8 纯木扇型材
9 复合木型材

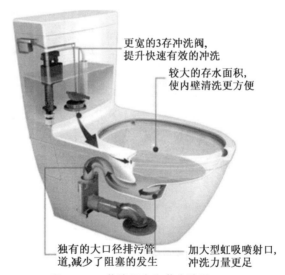

更宽的3存冲洗阀,
提升快速有效的冲洗

较大的存水面积,
使内壁清洗更方便

独有的大口径排污管
道,减少了阻塞的发生

加大型虹吸喷射口,
冲洗力量更足

图 5 - 68 节能门窗和节水洁具

来源:作者根据一级注册建筑师培训资料整理

使用。以上回收的雨水可用于景观和绿化用水。

5) 采用可循环、可再利用、损耗小的节材技术

在确保安全和使用功能的前提下,可以使用废弃物作为建筑原材料,包括建筑废弃物、生活废弃物和工业废料,鼓励利用建筑废弃混凝土,生产水泥制品、混凝土砌块,鼓励生活废弃物处理后制成建筑材料,鼓励采用工业废料、建

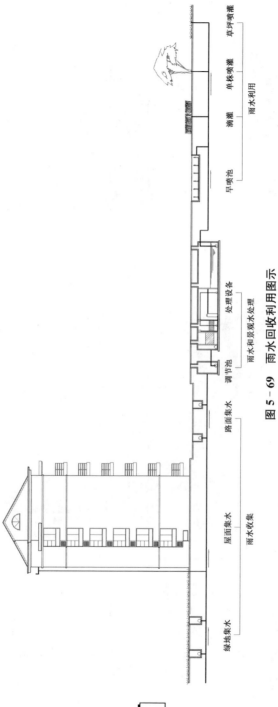

图 5 - 69　雨水回收利用图示

来源：作者根据一级注册建筑师培训资料绘制

筑垃圾、农作物茎秆为原材料做成混凝土、墙体材料、保温材料等。

目前,现场拌制砂浆在生产和使用时会使材料大量消耗,产生质量问题,预拌砂浆性能稳定,较好地保证了质量,节约能源。

另外,用 HRB400 级高强钢筋代替普通钢筋 HRB335,作为老年人居住建筑主要受力钢筋,平均节约钢材 12％以上,建筑工程中应大力推广。①

5.7　常态社区为老年人居住建筑服务的设计与开发

5.7.1　为老年人居住建筑服务的配套设施设计

常态社区为老年人居住建筑服务的配套设施布局应满足老年人生理和心理两方面需求。一般健康老年人步行 5 分钟的路程约是 200～250 m,以居住所在地为中心,以此为半径划定的是常态居住社区中居住小区的规模,也是老年人日常性活动的空间范围;一般健康老人步行疲劳极限为 10 分钟,步行距离大约 450 m,以此为半径确定的是常态居住社区空间结构模式②(图 5 - 70)。

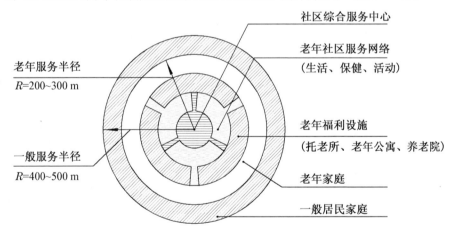

图 5 - 70　符合老年人需求的城市居住社区空间结构模式

来源:何鹏.试析我国养老模式在居住社区中的发展趋势[D].北京:清华大学,2003,P68.

---

① 江苏省住房和城乡建设厅.江苏省绿色建筑设计标准:DGJ32/J 173—2014[S].南京:江苏凤凰科学技术出版社,2014,P112

② 王纬华.城市住区老年设施研究[J].城市规划,2002,(3):51～52

根据中华人民共和国国家标准《城镇老年人设施规划规范》要求,常态社区为老年人居住建筑服务的配套设施的重点在以下四个方面:完善医疗保健护理设施、补充老年人专业照料设施、健全老年人综合服务设施、加强文化体育设施,满足常态社区老年人"老有所医、所学、所为、所乐"的基本需求。

1) 完善医疗保健护理设施,主要是为老年人康复保健、常见病预防、小病就诊、大病急救等服务。增设老年病专科门诊和老年病专护病床;强化卫生保健站现有功能,增设老年病防治、家庭病床护理等。其建筑面积可由原来的300 m² 增加至 350～400 m²[①]。

2) 补充老年专业照料设施,主要为老年人生活提供照料服务的场所,包括托老所和养老院。

(1) 托老所,为短期接待老年人托管服务的社区养老服务场所,设有起居生活、文化娱乐、医疗保健等多项服务设施,可分为日托和全托两种。基本配建内容有休息室、活动室、保健室、餐饮服务用房等,建筑面积不应小于300 m²,配建规模不应小于 10 床位,每床建筑面积不小于 20 m²,并应与老年服务站合并设置。[②]

(2) 养老院,专为接待老年人安度晚年而设置的社会养老服务机构,设有起居生活、文化娱乐、医疗保健等多项服务设施。在居住社区的配建规模不应小于 30 床位,每床建筑面积不小于 30 m²,每床用地面积 40～50 m²。[③]

3) 健全老年人综合服务设施,即为老年人提供各种综合性服务的社区养老服务场所。包括居住社区级老年服务中心和小区级老年服务站。

(1) 居住区级老年服务中心基本配建内容有活动室、保健室、紧急援助、法律援助、专业服务等,并应附设不小于 50 床位的养老设施,增加的建筑面积应按每床建筑面积不小于 35 m²、每床用地面积不小于 50 m² 另行计算,建筑面积不小于 200 m²,用地面积不小于 400 m²。[④]

(2) 小区级老年服务站服务半径应小于 500 m,基本配建内容有活动室、保健室、家政服务用房等,建筑面积不小于 150 m²。[⑤]

4) 加强文化体育设施,是为老年人提供的各种综合性服务机构和场所,包括居住社区级老年活动中心和小区级老年活动中心。

---

① 王纬华. 城市住区老年设施研究[J]. 城市规划,2002,(3):51～52

②③④⑤ 中华人民共和国建设部. 城镇老年人设施规划:GB 50437—2007[S]. 北京:中国计划出版社,2008,P2,4～5

(1) 居住社区级老年活动中心基本配建内容为活动室、教室、阅览室、保健室、室外活动场地等,并应设置大于 300 m² 的室外活动场地,建筑面积不小于 300 m²,用地面积不小于 600 m²。①

　　(2) 小区级老年活动站配建内容有活动室、阅览室、保健室、室外活动场地等,另外,应附设不小于 150 m² 的室外活动场地,建筑面积不小于 150 m²,用地面积不小于 300 m²。②

5.7.2　常态社区助老服务开发

　　社区的居家养老服务是老年人能否在自己家中安度晚年的重要因素。联合国世界老龄大会指出:"社会福利服务应以社区为基础,并为老年人提供范围广泛的预防性、补救性和发展方面的服务,以便老年人能够在自己的家里和他们的社会里,尽可能独立地生活,继续成为参加经济活动的有用的公民。"

　　随着人口预期寿命延长,家庭开始向核心化与小型化发展,以北京市老年人口家庭状况为例,1999 年人口调查资料表明在有老人的家庭中,一对老年夫妇二人户占 27%,老年单身户占 7%,二者相加共占 34%③。一方面,老年人需要照料的人数越来越多;另一方面,一对年轻夫妇在工作繁重的情况下,照顾两对老年夫妇显得极不现实,迫切需要居住社区提供各种助老服务。据调查,北京市老年人最需要的社区助老服务中,需要入户护理服务的占 22%,需要入户家庭料理的占 13.9%,需要日间服务的占 22.2%,需要送饭上门服务的占 15.5%,四者合计需要社区生活服务的老年人占 74.1%。北京市有老年人 180 多万,其中需要社区生活服务的老年人超过 130 万④。

　　为适应老龄社会的发展,常态社区助老服务类型可分为以下三个方面:

　　① 日常生活型

　　在社区助老服务中,首当其冲的就是日常生活上门服务。随着老龄化的深入,常态社区中高龄和丧失自理能力的老人不断增加,为确保这部分老人日常生活,社区需提供一系列的服务,主要分为两类:一是日常服务,如买菜做饭、打扫卫生等;二是家庭保健服务,如开设送药上门、家庭病床等。

————————

　　①② 中华人民共和国建设部. 城镇老年人设施规划:GB 50437—2007[S]. 北京:中国计划出版社,2008,P2,4~5

　　③④ 何鹏. 试析我国养老模式在居住社区中的发展趋势[D]. 北京:清华大学,2003,P68,85~86

② 代际互帮型

常态社区代际互帮型为老服务是一种不依靠具体服务设施的助老服务形式,它开发了身体健康、能自理的老年人力资源。它的开发意义在于:一是可增加老年人收入,补充养老金的不足;二是老年人可通过再就业,获得精神上的成就感,实现老有所为;三是通过老年人再就业,使其成为推动社会进步的一分子,为社会提供了解决老龄问题的新思路。

另一方面,国外为解决老年护理人员短缺的问题,提出了"时间储蓄"机制,以求当前的青壮年日后养老无忧。如德国公民满 18 岁后,可利用公休日义务为老年康复中心或老年公寓服务,虽不拿薪酬,但可折合成看护老人的工作时间,存入提供服务者的时间储蓄卡中,当公民年老需要护理时,再把提供服务的储蓄时间提取,享受免费的护理和照顾。

③ 精神文化型

常态社区部分老年人中,老有所学、老有所为是他们的精神需求。在美国,许多老年人自愿到学校、图书馆等地做义工或学习,培养了兴趣,结交了朋友,也增进了健康。居住社区应鼓励老年人参与社会发展,为老年人提供再就业的机会,重视发挥老年人的作用。同时,社区应在各组团分设老年谈心站,促使老年人交流思想、倾吐不快、分享生活乐趣。

5.7.3 常态社区助老服务用品产业开发

未来半个世纪,我国老年人口将呈现迅猛增长的趋势,且高龄老年人口增长速度将远快于低龄老年人口的增长速度。这表示老年人的特殊需求会持续增长,用以满足老年人特殊需求的服务及商品的新型老年产业,开始出现并面临挑战和机遇。国外有关专家预测,老年产业将是新世纪最有生命力的朝阳产业之一。

新型老年产业主要涉及衣、食、住、行等生活的方方面面,老年人更需要方便化、保健化和舒适化的消费方式。在常态社区中,助老服务产品主要体现在一些无障碍产品和高科技产品的应用。老年人各项身体机能下降,针对这一群体的无障碍产品应符合他们的生理特征。如大多数人在拔电源插头的时候,都要用很大力气,而对于身体机能有差异的老年人来说,特别是那些手会发抖的老年人来说,更是难上加难;日本 NOA 企业公司设计的环状插头,只需将手指穿过圆孔,就能帮助手部发抖的老年人适当地把手定位在插头上,以便更省力地操作;还有些老年人由于视力和记忆下降给他们带来不便,例如,如果把进出大门开关面板上加入挂钩放钥匙,就会避免老年人出门前找钥匙,轻易解决老年人暂时的障碍;再有符合人体工学的老年高龄残疾人自助轮椅设计等①(图5-71)。2014 年12 月16 日,首部座椅式电梯在上海市普通居民住宅区静安三和小区安装,由英国世腾达集团捐赠,帮助该小区行动不便的老人和残疾人上下楼梯(图5-72)。相比轿厢式电梯,座椅式电梯不会破坏原住宅结构,根据既有楼梯楼道定制,直接安装,老人只要按下按钮呼叫电梯,扣上安全带,无需他人帮助自行上下楼梯。

  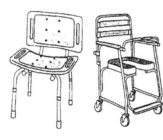

图5-71a　带圆孔的电源　图5-71b　自助轮椅设计　图5-71c　淋浴椅设计
　　　　　插头

来源:郭斌.浅议城市老年公寓环境设施系统建设[D].太原:太原理工大学,2007,P24,27

图5-72　座椅式电梯

来源:http://www.sd.xinhuanet.com/news/2014-12/17/c-1113679745.htm

---

　　①　郭斌.浅议城市老年公寓环境设施系统建设[D].太原:太原理工大学,2007,P24

科学技术的发展改善了老年人的生活。科技人员发明了一种专为行动不便或患有阿尔兹海默症的高龄老年人穿的鞋,将电脑芯片预装入鞋内,工作人员可通过红外线感应器随时跟踪老年人,老年人如出现意外,护理人员可及时处理,完全保证他们的人身安全。在北京、上海、哈尔滨等多个城市正在试点常态社区为老年住户安装远程中央控制和服务的电子呼叫系统(图5-73)。比如在哈尔滨,已有近1 500个社区对老人居住的住宅,都安装了一套电子呼叫感应系统,并且每个社区内,都设有一个老年服务中心和常驻人员,满足老年人提出的要求①。

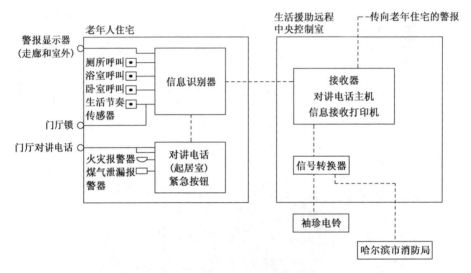

图5-73　常态社区电子呼叫感应系统
来源:作者根据资料绘制

　　此外,常态社区助老服务科技产品还体现在家电控制、室外通讯和环境监测与调节等方面。在家电控制上,除了提供普通的手动开关外,还可室内集中遥控、家电定时遥控、手机异地遥控,条件允许甚至可通过人体感应对家电实施控制。在室内外通讯上,主要是通话录音、来电显示、信息查询、智能对讲门铃、电话线路监测等。在环境监测与调节上,通过自动监测、调节老年住宅的室内温、湿度等,给老年人提供舒适的室内环境。

---

　　①　刘美霞,娄乃琳,李俊峰.老年住宅开发和经营模式[M].北京:中国建筑工业出版社,2008,P91

目前,我国助老服务产业还刚起步,尚不发达,许多老年产品的开发缺乏科学指导,设计不合理,经济效益也不高,从而影响了开发商的积极性。政府应根据人口老龄化日趋严重的状况,规范老年市场,增加投资,调整产业结构,有计划地发展老年福利事业,根据老年人需求,增加老年服务设施,开发老年服务项目和产品。

5.7.4　物联网时代智能化居家养老系统研究

近几年来物联网技术飞速发展,它也逐渐融入常态社区老年人居住建筑中,成为未来智能化居家养老系统的技术支持。不同于早期的半智能化中央控制系统,以及单个智能化子控制系统,物联网时代的智能化居家养老系统,各子控制系统中重要设备能相互连通,与智能化居家养老系统平台有机组合,系统化云端控制,实现智能化老年人居住建筑综合控制系统。

常态社区老年人居住建筑的智能化居家养老系统,应该遵循各感知节点功能模块化设计理念,方便增减功能和维修改造,做到总体设计层次分明,子系统相对独立并保持有机联系。智能化居家养老系统要从维护老年人的身心健康出发,基于物联网和智能化居家养老系统平台,以 ZigBee 无线网络通信、搭建嵌入式 Web 服务器和 Web 编程为核心技术,接收各子系统的信息并分析处理,通过 GSM/GPRS/CDMA 移动通信网络传输至住户手机端,通过以太网传输至互联网、社区总线,DSP 音视频线路传输至可视对讲系统[1][2](图 5 - 74)。住户客户端通过手机、电脑、平板电脑登录智能化居家养老系统,实时监测老年人生活状况,即时遥控处理紧急状况;社区管理服务部门接到信息,协同服务,专业救助人员即时施救;老年人也可以通过智能开关与插座、便携式遥控器本地操作家用电器设备,形成常态社区智能化居家养老系统。

常态社区智能化居家养老系统系统可分为家庭安全子系统、老人安全子系统、设备监控子系统、环境监控子系统、助老服务子系统等。

家庭安全防护子系统由门禁管理系统、可视对讲系统、自动报警系统组成。门禁管理系统将门磁开关传感器连接 ZigBee 模块形成使用权限感知节点,对住户人员开启权限设置,进出人员通过刷卡、人脸识别等方式解锁门磁

　　① 石光,于军琪. 基于物联网的智能养老家住宅系统设计[J]. 现代建筑电气,2013,(Vol. 4,NO. 1):58～62

　　② 智能家居:以 ZigBee 技术实现控制器设计. 雷锋网,2019 - 03 - 28

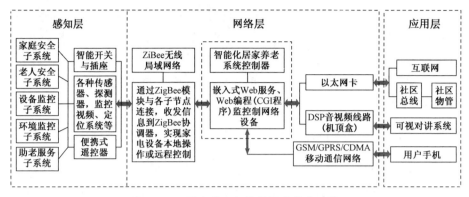

图 5-74　常态社区智能化居家养老系统

来源:作者根据资料绘制

开关,对非正常进入的人员可以启动异常报警信号;可视对讲系统实时监测来访人员,门口机的语音芯片和摄像头连接 ZigBee 模块,形成可视感知节点,老年人通过视频对讲机确认安全后,为来访人员开锁;自动报警系统将幕帘式红外探测器、玻璃破碎传感器、可燃气体探测器等,分别连接到 ZigBee 模块,形成自动报警感知节点①。通过智能化居家养老网关集成的以太网卡、移动通信模块将接收信息传输到互联网、社区总线和手机住户终端,老人家属可以通过手机、电脑和平板电脑随时监控家中情况,即时处理突发紧急状况,社区管理服务人员也会实时监控、处理各住户危险突发事故。(图 5-75)

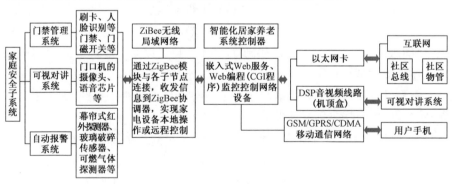

图 5-75　家庭安全防护子系统

来源:作者根据资料绘制

---

① 石光,于军琪. 基于物联网的智能养老家住宅系统设计[J]. 现代建筑电气,2013,(Vol. 4,NO. 1):58~62

老人安全子系统主要包括健康监测系统、无线定位系统和跌倒检测系统等。健康监测系统由血压监测、血氧监测、体温监测等监测老年人健康指标的传感器连接 ZigBee 模块，形成生命体征监测感知节点。老人安全子系统提供 24 小时全天候检测数据，经过智能化居家养老系统控制中心进行监控分析，如发现老年人身体异常，立即通知老年人家属，社区专业救助服务部门按流程即时救助。老人安全子系统还可根据长期检测数据，进行趋势变化分析，提前针对老年人身体状况预警[①]。无线定位系统与 ZigBee 模块连接，为老年人提供无线定位服务，对老年人进行实时定位和视频监控。系统通过分析老年人停留时间和地点，结合视频监控中老年人举止行为，发出安全预警。跌倒检测系统通过空间三轴加速度采集传感器、冲击检测传感器、倾角检测传感器分别连接家庭 ZigBee 模块，形成跌倒检测感知节点[②]。

以跌倒检测方法流程为例：老年人跌倒检测主要区别跑、跳、卧、躺等日常动作和跌倒的不同，如果只用冲击检测跌倒，跑和跳等动作会被错误判定；如果只用倾角检测跌倒，卧和躺等动作也会被错误判定，因此需要将两者结合进行检测。老年人跌倒与地面碰触会产生冲击，区别于一般日常动作，冲击检测使用三轴加速度传感器检测空间三个正交方向的加速度，得出振动大小的峰值范围，一些学者的研究表明重力加速度 3 g 可成为比较合适的跌倒阈值，当检测到一次或连续振动超过 3 g 阈值，老年人就可能处在跌倒状态。为了增加跌倒检测的确定性，冲击完毕后再通过倾角传感器检测老年人身体竖直倾角，当检测到老年人身体倾角大于某一值时，有研究表明 60°到 70°可成为较适合的倾角阈值，当老年人身体竖直角度达到 60°到 70°且持续恢复不到正常状态时，如果此时老年人没有取消手动跌倒报警，跌倒检测模块会发出跌倒警报。[③]（图 5 - 76）

家庭设备监控子系统主要分为家电远程监控系统、水电气数据收集系统等。家电远程监控系统由继电器、单片机、红外发射传感器和 ZigBee 模块连接，与智能化居家养老系统控制器中的 ZigBee 协调器形成网络，接收指令，方

---

　　①　摘自《养老住区智能化系统建设要点与技术导则》. 养老住区智能化系统实施细则[J]. 智能建筑与城市信息，2013，(8)：17～19

　　②③　郑丽，蔡萍. 人体跌倒监测方法及装置设计[J]. 中国医疗器械杂志，2009，(33 卷，第 2 期)：99～102,111

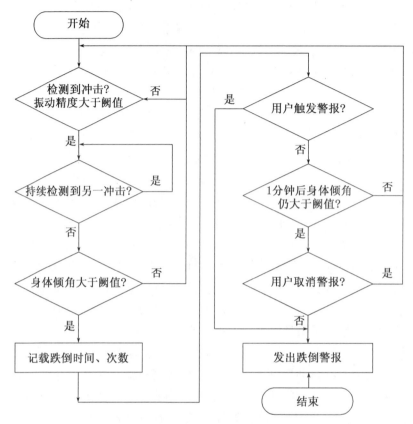

图 5-76 跌倒检测流程图

来源:作者根据"郑丽,蔡萍.人体跌倒监测方法及装置设计[J].中国医疗器械杂志,2009,(33卷,第2期):99~102,111"绘制

便老年人在家轻松遥控家用电器[①];家庭住户的卫生间灯、过道灯、洗手池水龙头、马桶冲水等老年人使用频繁的位置应能自动感应控制。水电气数据收集系统将智能水电气仪表与 ZigBee 模块连接,形成三表收集感知节点,老年人及其家属随时可以查看三表数据,了解家电设备的使用情况[②]。

家庭环境监控子系统主要包括温度和照明自动调节系统、空气悬浮颗粒物监控系统、燃气浓度检测系统等。温度和照明自动调节系统将光照传感器、

①② 石光,于军琪.基于物联网的智能养老家宅系统设计[J].现代建筑电气,2013,(Vol.4,NO.1):58~62

温湿度传感器、继电器、红外发射传感器和 ZigBee 模块连接,传送到嵌入式 Web 服务器进行处理,并接收处理数据,及时调节并控制家用电器。空气颗粒物监控系统包括智能空气悬浮颗粒物检测仪器和 ZigBee 模块连接,传输至嵌入式 Web 服务器,检测总空气悬浮颗粒物中的细颗粒物量,判断其对人体健康危害性,老年人及其家属远程监控,调整带 PM2.5 过滤功能的空气净化装置的功能设置。燃气浓度检测系统通过燃气浓度传感器与 ZigBee 模块相连,形成燃气浓度感知节点,当厨房内燃气浓度异常时系统自动报警,同时紧急关闭燃气阀门,断开机械通风装置[①]。

助老服务子系统、智能休闲娱乐系统和智能体育锻炼系统。智能休闲娱乐系统运用多种传感器和 ZigBee 模块连接,与老年人亲情互动,比如给老年人提供健康饮食配送服务,与亲友视频联系,远程聊天,云端陪伴老人等。智能体育锻炼系统通过智能化居家养老系统提供专家精心编制的多种训练程序,让老年人在家也可以轻松进行体育锻炼,满足了新冠肺炎疫情等防疫的居家要求。

智能化居家养老系统通过多用户网络操作系统的配置,ZigBee 无线网络的调整和网页编程,使家庭住户既可以实时监控居家养老的老年人安全状况,又可以远程调控家用设备,在老人出现紧急突发情况时,及时报警救助。当建筑设计与智能化居家养老系统结合时,应重视老年人的需求,实现空间的多样化和复合化,比如阳台休闲空间和体育锻炼空间相结合,生活起居空间和智能游戏空间相结合;同时,还需注重智能化居家养老系统智能化设备细部设计,比如各种传感器布置位置,应避开建筑结构构件和其他设备,以及老年人的隐私空间等[②]。

在老龄化日益严重的今天,智能化居家养老系统提高了老年人生活质量,具有广阔的发展前景,是未来养老的发展方向,值得我们进一步研究和实践。

5.8　小结

本章着重研究了我国城市常态社区老年人居住建筑设计。首先分析了常

---

① 江苏省住房和城乡建设厅. 老年公寓模块化设计标准:DB32/T 4110—2021[S]. 南京:江苏凤凰科学技术出版社,2021

② 王春彧,周燕珉. 养老设施智能化系统的现存问题与设计要点[J]. 建筑技艺,2020,(8):112~114

态社区老年人居住建筑设计依据与原则，接着探讨了常态社区大范围居家养老的老年人居住建筑设计、小部分集居养老的老年人居住建筑设计、老年人居住建筑模块设计、室外环境设计、绿色设计以及为老年人居住建筑服务的设计与开发六个方面，一方面为下章的实践设计提供了有效的技术方法，另一方面为我国老年人居住建筑设计探讨了新思路，即普通居住社区呈现出大面积混合居住、小范围集居养老特征的常态社会化。本次修订增加了老年人居住建筑模块化设计、物联网时代为老年人服务的智能化居家养老系统研究、针对新冠肺炎疫情居家养老型住宅细部设计等内容。

第6章 常态社区老年人居住建筑设计方案与工程实践

6.1 常态社区适老化通用住宅方案设计

6.1.1 一生的家园

这一方案设计根据新建常态社区适老化通用住宅的设计理念及套型结构体适应性的设计方法演变而来的。本设计旨在通过隔墙的改变,始终让90余平方米的住宅保持适宜的居住空间和室内环境,使住宅与居住者一生的变化同时设计方案,适应一生中不同人口结构的居住需求:即从单身自由型→二人世界型→三口之家型(初期)→三口之家型(成熟期)→老年夫妇自理型→老年夫妇介助型的数个阶段。这是一个使住宅随着时间的推移而具有生命力的设计(图6-1a,b)。

基本图

建筑面积:89.69 m²

图6-1a 一生的家园原套型平面

来源:作者绘制(方向为上北下南)

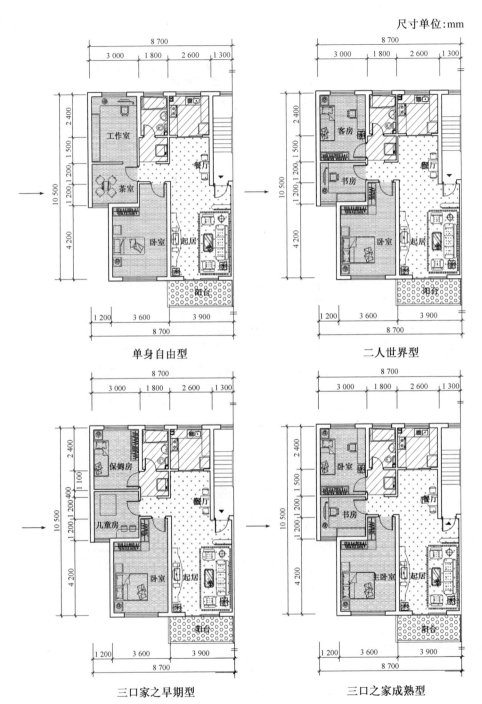

尺寸单位:mm

单身自由型

二人世界型

三口家之早期型

三口之家成熟型

尺寸单位:mm

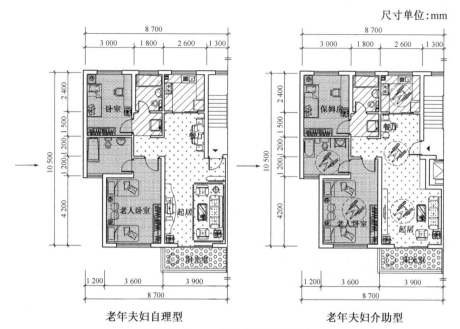

老年夫妇自理型   老年夫妇介助型

图6-1b 一生的家园方案设计

来源:作者绘制(方向为上北下南)

6.1.2 魔术套型

这个方案设计是利用新建常态社区适老化通用住宅的设计理念和套型空间组合的设计方法形成的。

设计思路为:购房者年轻时购买两套两室一厅79平方米住房,建筑设计师在做方案时就预留洞口,以便今后改造。两套住房一套做婚房,一套出租。结婚后,有了孩子,一方将父母接来同住并帮助带孩子,改造原套型,利用预留洞口形成套型空间转换1,自住用房增设幼儿房,且与年轻夫妇卧室相通,同时设置老年夫妇卧室及其专用卫生间,转换为三室一厅的老少三代合居套型,出租套型则变为一室一厅的二人世界型。孩子长大了,需单独卧室,此时老年夫妇身体健康状况良好,自用住房再次改造,形成套型空间转换2,儿童房不再与中年夫妇卧室相通,成为单独卧室,其他房间不变,变为三室一厅的多代合居老年夫妇自理型,出租套型为一室一厅供丁克家庭使用。孩子上大学了,但父母的身体状况却越来越差,自用住房又一次改造,增设保姆房照顾年老的父母,形成套型空间转换3,变为四室一厅的多代合居老年夫妇介助型,有条件可增加入户电梯,出租套型变为单室户可供单身汉使用(图6-2a,b)。

241

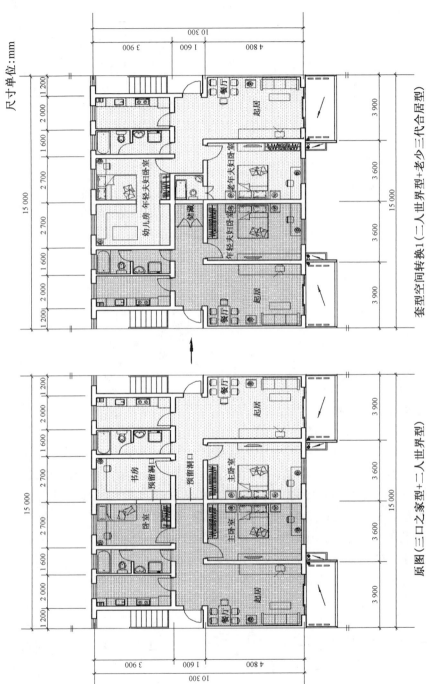

图 6 - 2a　"魔术套型"概念设计 1

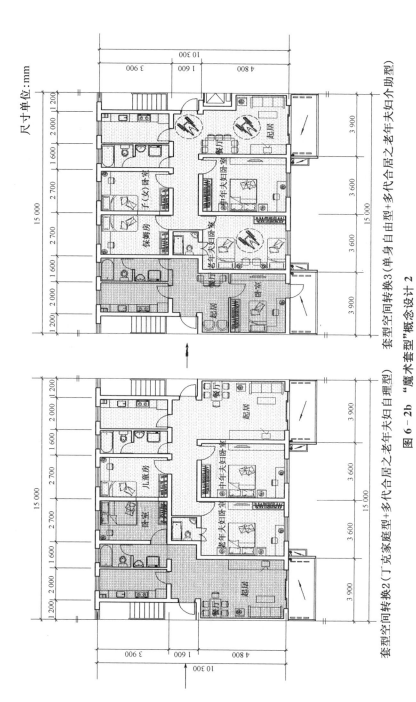

尺寸单位：mm

套型空间转换3（单身自由型+多代合居之老年夫妇介助型）

图6-2b "魔术套型"概念设计2

套型空间转换2（丁兑家庭型+多代合居之老年夫妇自理型）

来源：作者绘制（方向为上北下南）

243

6.1.3 模块化设计

本方案设计依据新建常态社区老年人居住建筑模块化设计方法,采用建筑标准化设计和建筑集成设计进行方案设计。方案将模块分为三个层次:预制内墙板、预制叠合板、预制夹心外墙板、预制楼梯等部件部品模块形成各功能模块,门厅、卧室、起居室(厅)、厨房、卫生间、阳台、收纳等功能模块组合为套型模块,交通核、设备管线等功能模块组合为核心筒模块,最终形成老年人居住建筑单元模块。

本方案建筑标准化设计以 4 200 mm×8 300 mm 为基本标准化单元,由门厅模块、卫生间模块、厨房模块、起居模块、卧室等功能模块(图 6-3a)形成功能组合套型模块 1、2、3(图 6-3b),将套型模块与核心筒模块组合为各标准层

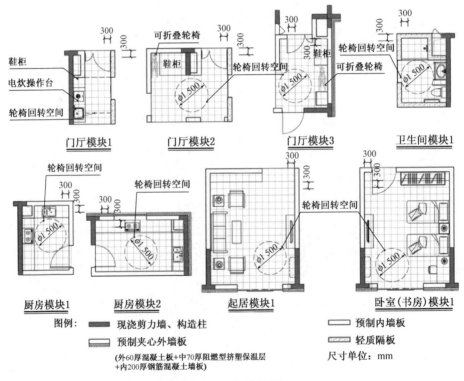

图 6-3a　各功能模块

来源:作者绘制

平面,使标准化和多样化协调统一(图6-3c)。套型平面规整,没有较大的凹凸,承重墙上下对齐。立面标准化在平面标准化的基础上得以实现,通过外墙板、门窗、阳台、空调等组合形成多样变化。各构件连接点也采用标准化设计,方便施工。

本方案建筑集成技术设计采用了两方面:一是预制夹心外墙板,由60厚预制混凝土外墙板,阻燃型挤塑聚苯保温板(厚度需要节能计算),200厚预制混凝土内墙板构成,在预制夹心外墙板门窗洞口预埋防腐防火处理的门窗连接件,同时,预制外墙板真石漆整体设计,形成门窗装饰保温外墙一体化系统。二是设备管线系统集中布局,点位预埋,分别在叠合楼板中预埋设备套管、地漏等的,在预制墙板中预埋线盒、开关等,在预制楼梯中预埋栏杆扶手等。

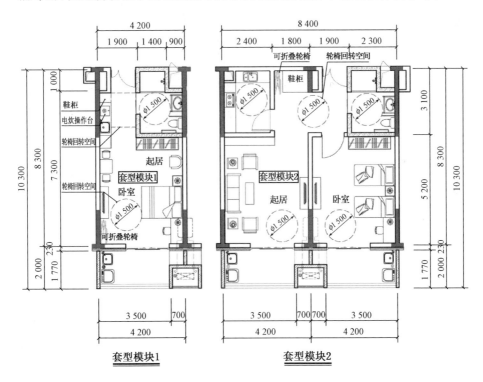

套型模块1　　　　套型模块2

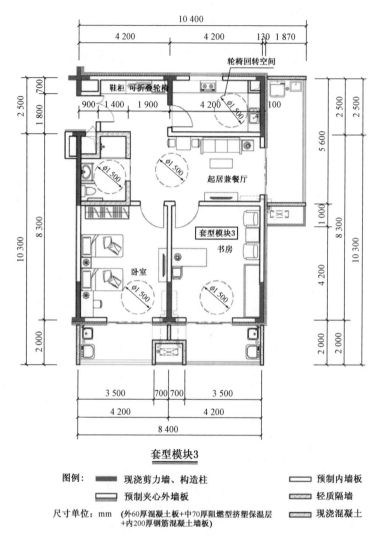

套型模块3

图例： ■■■ 现浇剪力墙、构造柱　　　▭ 预制内墙板

　　　　▭ 预制夹心外墙板　　　　　▨ 轻质隔墙

尺寸单位：mm　(外60厚混凝土板+中70厚阻燃型挤塑型保温层
+内200厚钢筋混凝土墙板)　▨ 现浇混凝土

图6-3b　各功能模块组成的套型模块1,2,3

来源：作者绘制

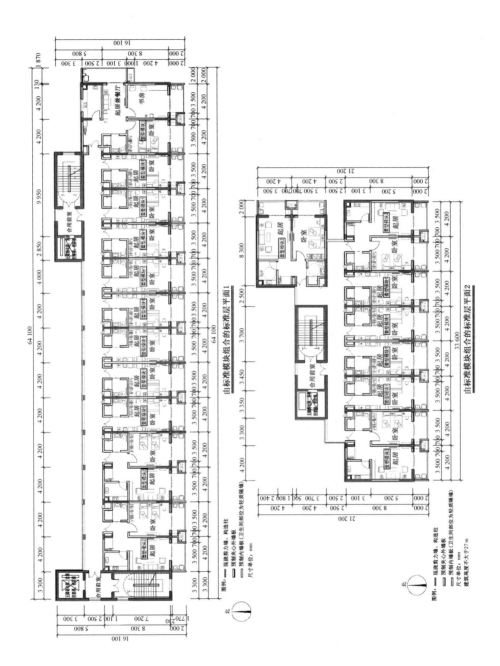

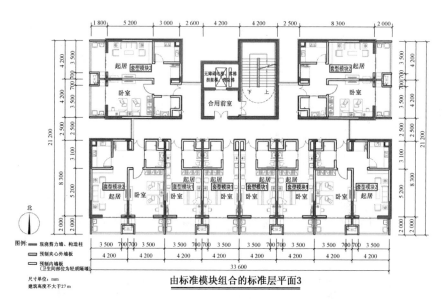

由标准模块组合的标准层平面3

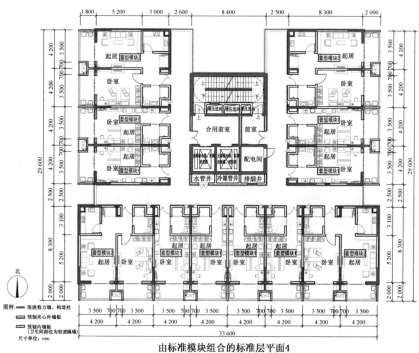

由标准模块组合的标准层平面4

图6-3c 套型模块和核心筒模块组成的标准层平面1,2,3,4

来源:作者绘制

6.1.4　南京地区常态社区适老化通用住宅方案设计

6.1.4.1　南京亚东花园城香溪月苑

南京亚东花园城香溪月苑位于亚东新城区 312 国道南侧,行政区划属栖霞区。地理位置优越,风光秀丽、环境优美,毗邻仙林大学城,是南京新兴文化教育中心的居住佳地。规划用地西依历史古迹土城头路及龟山公园风景区,呈不规划狭长形,东侧为听泉山庄别墅区,南侧为亚东主干道 2 号路,北靠文苑河,并有 6 米宽水系贯穿地块,容积率仅为 0.394,绿地率为 45%,环境舒适。小区由 2 栋多层公寓,9 栋联排别墅,14 栋双拼别墅,22 栋独立别墅,1 栋沿街商业用房组成。其中,别墅的面积 180 m² ～ 400 m²,满足不同住户的需要。多代同居户型也在独立别墅中出现,老人卧室布置在一层靠出入口位置,方便老年人出行(图 6 - 4)。

6.1.4.2　南京凤凰花园城三期

本项目位于汉中门大街和江东路的交界处,三期主要是 01～04 栋塔式高层住宅,总用地面积为 13 455 m²,总建筑面积为 48 413 m²,容积率 3.6。住宅朝向南偏东 4°,满足南京地区主要朝向要求,以获得良好日照。其中 02、03 栋住宅采用了底层架空的方式,有利于夏季引入东南风,北侧高层住宅遮挡了冬季寒风,营造了较好的风环境。步行入口处特意设计了老年人活动广场,有助于老年人室外活动与交流。单体设计可将两户合并,使两代居成为可能(图 6 - 5)。

6.1.4.3　南京万科光明城市一期

万科光明城市位于南京河西新城区纬八路与文体路交叉处,基地北面为向阳河及绿化带。基地总用地面积为 13.4 万平方米,分为 A、B 两地块,小区总建筑面积为 27.2 万平方米(其中地上部分 21.1 万平方米,地下部分 6.1 万平方米)。本项目根据 A、B 两地块分为二期建设,一期为 B 地块,由 7～14 号楼共 8 栋 18＋1 层高层住宅及 1 栋 2 层商业用房组成。

本项目地块方正平整,但其朝向与正南向偏差约 34 度,所以住宅尽可能取朝南方向,这样会与基地形状构成一个较为生动活泼的布置。高层住宅沿用地周边布置,中间形成一个大型的绿化空间,配合北面向阳河,小区中部设置了一个大型的人工湖(面积达 2.7 万平方米),象征着向阳河的延续,改善了小区的小气候,增添了绿化空间的诗情画意,以区别于周围小区的景观环境。整个小区的景观设计以中央人工湖来组织所有室外绿化空间,每两幢之间的

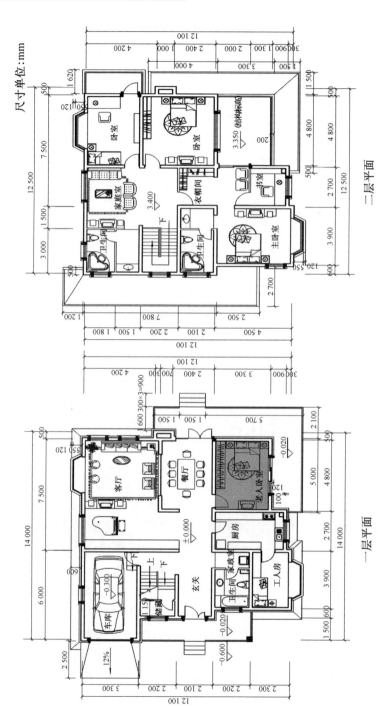

图6-4 亚东花园城香溪月苑独立别墅平面图

来源：作者绘制（填充处为老人卧室）

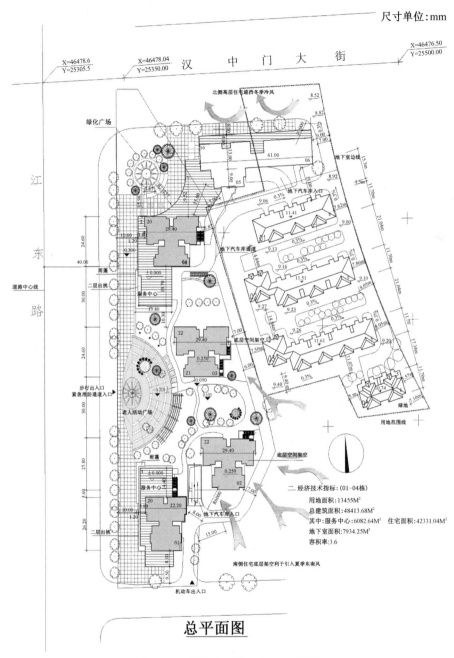

总平面图

图 6-5a　凤凰花园城三期总平面设计
来源:作者绘制(填充处为三期 01~04 栋高层住宅、老年人活动广场、场地风环境设计)

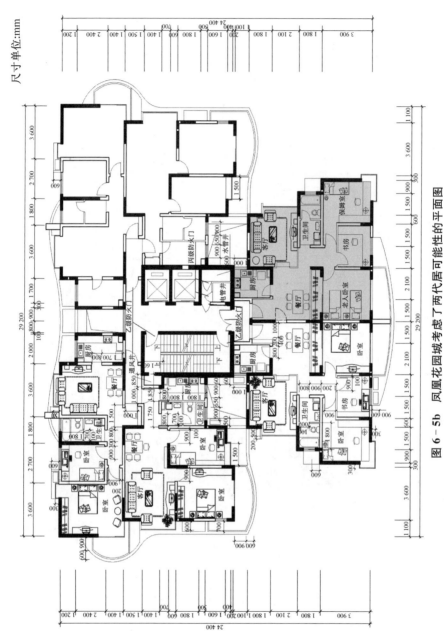

图 6 - 5b 凤凰花园城考虑了两代居可能性的平面图

来源：作者绘制（填充处为老年人套型）

尺寸单位:mm

252

绿地与人工湖产生一个有机的互补互动作用(图 6 - 6),绿地率不低于老年人居住建筑 35％的要求。

图 6 - 6　万科光明城市鸟瞰效果图

来源:万科项目组

　　单体设计住宅单元平面有一梯二户、一梯三户、一梯四户三种,套型从二居室至四居室均有,部分顶部为跃层户型。考虑到景观与功能相结合,所有户型的客厅均面向小区中心人工湖面,从而达到开窗见绿、开门见景的效果。一些大户型的开发定位于成功人士,他们取得骄人业绩的同时,也希望自己的父母能够分享并居住在一起,如四室两厅两卫户型就插入了老人卧室(图 6 - 7)。

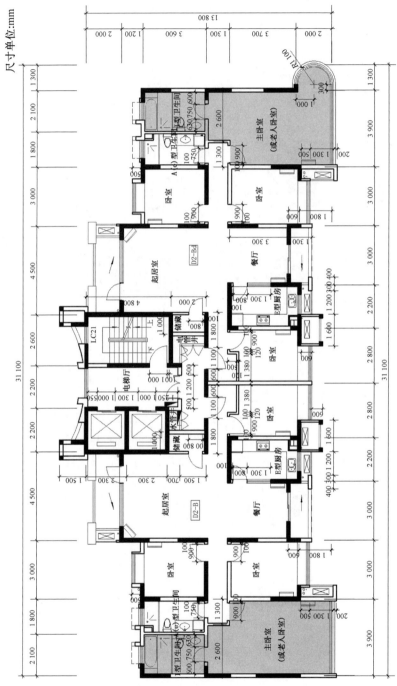

图 6 - 7 万科光明城市四室两厅两卫户型图

来源:作者根据资料绘制(填充处为老人卧室)

6.2 南京地区常态社区原宅适老化改造设计

6.2.1 空巢独居型——南京旭日华庭小区原宅适老化改造

1）概况

多层住宅,建于 2004 年。

2）现状

（1）单元平面一梯二户,户型均为二室二厅一卫,每户建筑面积 83.90 m²,适合独代或两代家庭居住;

（2）南北朝向,全明采光好,设置了一个生活阳台;

（3）动静分区明确、合理;

（4）厨卫空间布局良好,适合低龄可自理的老人使用,尚有改造余地。

原有平面见图 6-8。

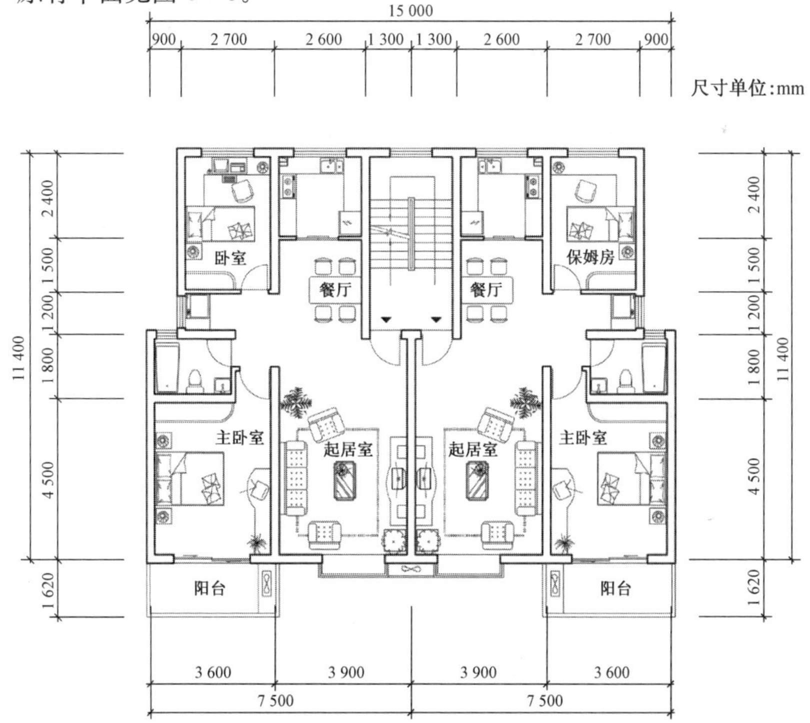

图 6-8 户型原有平面

来源:作者绘制

3）改造后

（1）增设电梯设施，方便老人入户；

（2）扩大厨房空间，将厨房U字型布局改为L型布局，采用防滑地面，便于空巢老人使用，同时将厨房门扩大至900 mm，台面设计方便老年轮椅使用者；

（3）北面的卧室在无需照顾的低龄老人使用时可作为储藏室，当老人身体不便时可作为保姆室，便于对空巢老人的照顾；

（4）对老人使用的卫生间增加必要的安全扶手，采用防滑地面，同时扩大卫生间门至900 mm；

（5）老年人卧室设双床，方便陪护，为轮椅回转提供足够的空间；

（6）消除阳台与老年人卧室的高差，为老年人提供专用阳台，满足其享受自然和休闲娱乐的需要；

（7）门厅不仅设置挂衣空间，考虑到年老后会带来行动不便，增加了安全扶手、多功能鞋柜和轮椅叠放处。

（8）根据新冠肺炎疫情常态化防控，在入口门厅增设水池、消毒地垫、洁污衣橱，局部房间考虑兼居家隔离、居家办公等使用要求。

改造后平面见图6-9。

6.2.2　多代毗邻型——南京南湾营小区原宅适老化改造

1）概况

小高层住宅，建于2006年。

2）现状

（1）单元平面一梯四户，户型F1三室一厅一卫，适于两代家庭居住，建筑面积80.43 ㎡；户型F2二室一厅一卫，适于独代或两代家庭，居住建筑面积59.45 ㎡；

（2）南北朝向，全明采光好，设置了一个生活阳台；

（3）空间布局紧凑、动静分区明确；

（4）厨卫空间布局良好，适合低龄可自理的老人使用，尚有改造余地，尤其是户型F2的洗衣机布置在卫生间，使用上十分局促。

原有平面见图6-10。

3）改造后

（1）将户型F1和F2改造为毗邻套型，供三代使用；

（2）户型F1中老年人使用的厨房，设置防滑地砖，并将厨房门改为900 mm，台面的设计便于老年轮椅使用者使用；

尺寸单位：mm

台面高850，下部缩进300，方便轮椅老人使用

入户门门厅洁污衣橱

自理老人根据家庭需要作为居家办公、书房等多功能空间

厨房面积扩大，操作台L型布局，方便老年人操作

铺防滑地砖，安全扶手

除墙垛宽度不满足要求外，内门尽量使用推拉门

改变入户门

座凳

安全扶手

墙壁上设挂衣钩

轮椅折叠后放高柜

加入电梯设施

轮椅回转空间

老年人卧室兼隔离间

高差取消

入口门厅增设水池、多功能鞋柜

此处设镜子，保证沙发上的老人观察房间其他部位

晾晒、消毒、居家锻炼、晒太阳

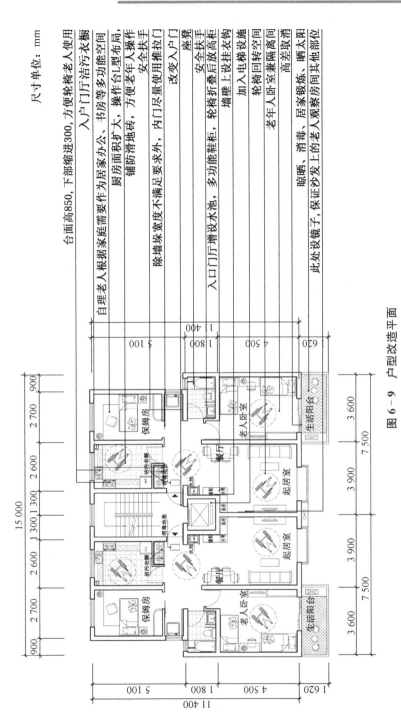

图6-9 户型改造平面

来源：作者绘制

257

图6-10 户型原有平面

来源：作者绘制

（3）户型 F2 中对老年人使用的卫生间增加必要的安全扶手，采用防滑地面，同时扩大卫生间门至 900 mm；将洗衣机移至阳台并增加相应的上下水系统，这样既减少洗晾晒的动线，又使卫生间的面积扩大，方便老年人使用；

（4）户型 F2 中将两卧室合并为老年人卧室，设双床，方便陪护，为轮椅回转提供足够的空间；充足的空间还为老年人提供了看书、写字、上网的休闲空间，同时若老年人生活不能自理时，此处还可作为保姆陪护休息的空间；

（5）户型 F2 中消除阳台与老年人卧室的高差，为老年人提供专用阳台，满足享受自然和休闲娱乐的需要；

（6）户型 F2 门厅不仅设置挂衣空间，考虑到老年人年老后会带来行动不便，增加了安全扶手、多功能鞋柜和轮椅叠放处。

（7）根据新冠肺炎疫情常态化防控，户型 F2 入口门厅增设水池、消毒地垫、洁污衣橱，老人卧室应满足多功能使用要求。

改造后平面见图 6 - 11。

6.2.3　多代合居型——南京大厂永利现代城小区原宅适老化改造

1）概况

多层住宅，建于 2005 年。

2）现状

（1）单元平面一梯两户，户型均为三室两厅两卫，适于两代或三代家庭居住，建筑面积 112.39 m^2；

（2）南北朝向，全明采光好，分别设置了生活阳台和服务阳台；

（3）空间布局舒适、动静分区明确；

（4）厨卫空间布局良好、适合低龄可自理的老人使用，尚有改造余地。

原有平面见图 6 - 12。

3）改造后

（1）将原有户型改为三代合居家庭户型；

（2）户型中对老人使用的卫生间增加必要的安全扶手，采用防滑地面，同时扩大卫生间门至 900 mm；

（3）户型中老年人卧室设双床，方便陪护，为轮椅回转提供足够的空间；

（4）户型中消除阳台与老年人卧室的高差，为老年人提供专用阳台；

（5）户型门厅不仅设置了挂衣空间，还增设了安全扶手、多功能鞋柜和轮椅叠放处。

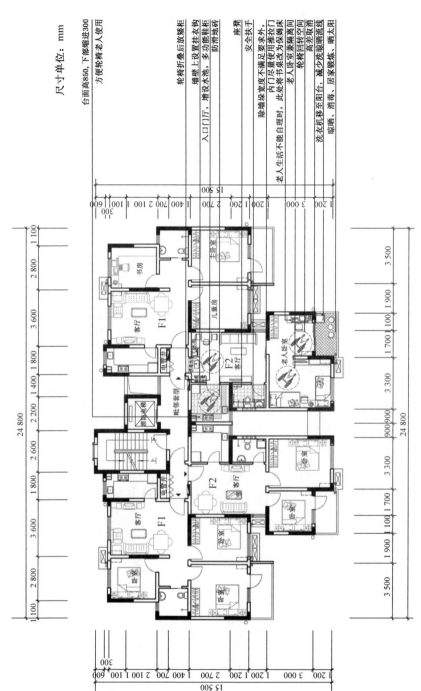

尺寸单位：mm

台面高850，下部缩进300
方便轮椅老人使用

轮椅折叠后放矮柜
墙壁上设置挂衣钩，多功能鞋柜
入口门厅，增设水池，防滑地砖

座凳
安全扶手

除墙垛宽度不满足要求外，
门内尽量使用推拉门，
此处将书房改为保姆床，
老人卧室兼隔离间，
轮椅回转空间
高差取消

洗衣机移至阳台，减少洗晒晾流线
老人生活不能自理时，
晾晒、消毒、居家锻炼、晒太阳

图6-11 户型改造平面

来源：作者绘制

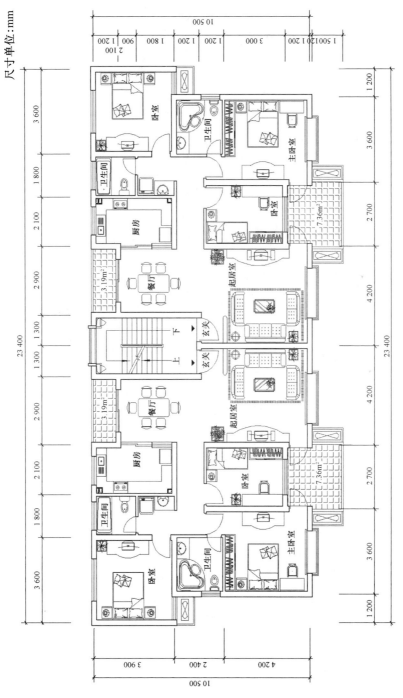

图6-12 户型原有平面

来源:作者绘制

尺寸单位:mm

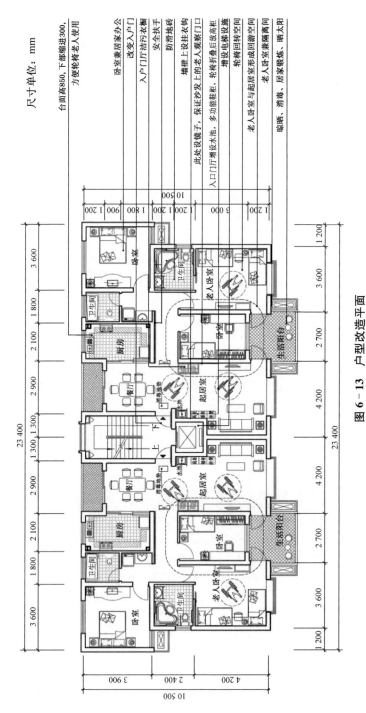

尺寸单位：mm

台面离850，下部缩进300，方便轮椅老人使用

卧室兼居家办公

改变入户门

入户门厅洁污换衣橱

安全扶手

防滑地砖

墙壁上设挂衣钩

此处设镜子，保证沙发上的老人观察门口

入口门厅增设水池、多功能鞋柜

增设电梯设施

轮椅折叠后放高柜

轮椅回转空间

老人卧室与起居室形成回游空间

老人卧室兼锻炼

晾晒、消毒、晒太阳

图6-13 户型改造平面

来源：作者绘制

（6）老年人卧室与起居室形成回游空间，缩短交通流线。

（7）根据新冠肺炎疫情常态化防控，在入口门厅增设水池、消毒地垫、洁污衣橱，局部房间考虑兼居家隔离、居家办公等使用要求。

改造后见平面图6－13。

6.3　南京仙尧住宅小区适老化规划设计

南京仙尧小区位于尧化二号路、三号路、六号路之间，靠近有着浓郁人文环境的仙林大学城，地理位置较好，占地面积33.36万平方米，计划建设总建筑面积40万平方米左右的住宅小区。作者尝试在这一常态社区中应用前文研究理论进行适老化规划设计。

6.3.1　总平面适老化设计

6.3.1.1　社区布局

本居住社区规划设计（图6－14），总建筑面积约40万平方米，居住人数约18 000人，居住户数约5 300户，其中住宅建筑面积约37万平方米，公建建筑面积约2万平方米，容积率1.2，绿地率46.1%。

为适应老龄社会，规划设计共分为六个组团，住宅均为六层，普通住宅设计除满足"居住性""舒适性"外，还考虑了其"可变性""可改性"等潜伏设计，且配置了不少于规划住宅总套数10%的"老少居"住宅[①]，安排在住宅的端头，为老人创造良好的室内外居住环境，满足了常态社区大部分老人居家式养老的愿望。每个组团还配置了一个老年人院落，靠近组团绿化中心，集中护理组团那些需要介护、介助的老人；社区无人照料的空巢老年夫妇、独居老人；并提供餐饮、医疗保健、娱乐活动、阅读学习等公共服务设施；同时，老年人院落中的公共服务部分还为组团其他的居家老人服务。社区中心的会所是为整个居住社区服务的，设有坡道，方便老年人进出。沿街部分还设有底层商业用房，给社区内外的人员使用。建筑依据地形布置，不仅取得了良好的日照条件，还有效地利用了土地，加上局部住宅底层架空，创造了良好的风环境。

每个组团都设有中心绿化以及老年人活动场地、儿童乐园等活动场地，结合水体、游廊、亭子，为老年人提供休闲健身之用。另外，组团中心部分住宅底

---

① 王纬华.城市住区老年设施研究[J].城市规划,2002,(3):51～52

层架空,满足景观通透的效果,营造绿色室外环境。

以其中一个组团为例(图6-15),组团中心绿地布置了老年人院落,为组团内小部分集中养老的老年人服务,公共服务设施为组团内所有老人服务。沿街部分的底层商业用房面向社区外部开放。

普通住宅成组围合在一起,形成各自独立的院落,机动车停靠在每个成组住宅院落的外侧,人车互不干扰,设置了轮椅使用者专用停车位。所有住宅日照间距大于1∶1.5,充足的阳光有利于老年人身心健康。

图6-14 南京仙尧住宅小区总平面图

来源:作者绘制

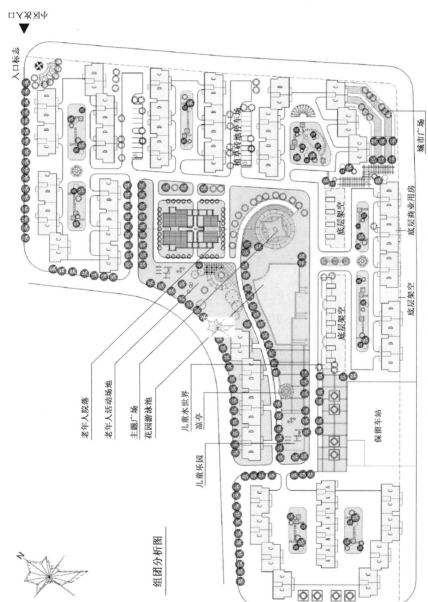

图6-15 南京仙尧小区组团适老化设计

来源:作者绘制

组团中心活动场所满足了组团各个年龄层次需求,在这里,布置了主题广场,花园游泳池、凉亭,供组团中、青年活动;儿童水世界、儿童乐园,为小朋友们设置了游戏的场所;老年人活动场地规划在老年人院落附近,并邻近中心广场和儿童乐园;形成了没有年龄隔阂的、其乐融融的组团活动空间。

组团绿化率较高,包括中心公共绿地、宅间绿地、配套公建绿地和道路绿地,远超过新建老年人居住建筑不应低于 35% 的规范要求。中心公共绿地南侧的住宅底层架空,巧妙地延伸了中心绿化景观,疏导了自然气流。

6.3.1.2 道路系统

本居住社区的道路系统,充分满足了老年人出行的方便与安全。道路系统保证路面平坦通畅,尽量采用缓坡、避免高度变化。在老年人的活动场地内,避免机动车辆直接穿越。社区内设有集中地下停车库,避免噪音干扰老年人生活。非机动车道路、停车场等硬质铺地采用透水地面,并利用绿化遮阳。

6.3.1.3 社区室外环境适老化细部设计

社区环境设计不仅为老年人提供了户外活动场所和各种健身设施,考虑到老年人容易疲劳的特点,沿老年人活动场地、步行道路两侧布置了木质座椅等休息设施。为满足老年人出行的可达性,在社区公共设施和主要道路上设置了鲜明的指示牌和标志。在社区建筑物入口、活动场地等聚集人流的地方、有高差变化的地区采用高亮度照明。另外,对步行道采取无障碍处理和加宽设计,设置不大于 1/12 的坡道,当地面高差超过 750 mm 时,坡道中间设置深 1 500 mm 的休息平台,坡道宽 1 200 mm 以上,并设有高 900 mm 的扶手(图 6-16);步行道路设置 500 宽的盲道,道路转弯或有障碍时铺地色彩和材质进行相应的提示变化;社区主要干道交汇处,人行横道两侧设轮椅通行的缘石坡道(图 6-17),宜结合红绿灯设置同步声响装置,方便老年人通行。

6.3.1.4 社区室外环境适老化新冠肺炎疫情防控设计

本方案在社区室外环境上,对老年人室外活动空间进行了防疫设计。小区景观设计分层级设计,从居住小区级景观花园到组团级景观花园,再到宅间级景观花园,让居住小区不同位置的老人,可以根据自身体情况,就近或挑选不同的活动场所。走路健身循环路线也按此分层级设计,从小区级大循环走路健身循环路线,到组团级中循环走路健身循环路线,直至宅间级小循环走路健身循环路线。六个组团均设有老年人院落,老年人院落内也设有庭院活动空间,让集中养老的老年人即使在居家隔离的状况下,也能分批有组织地进行活动。(图 6-18)

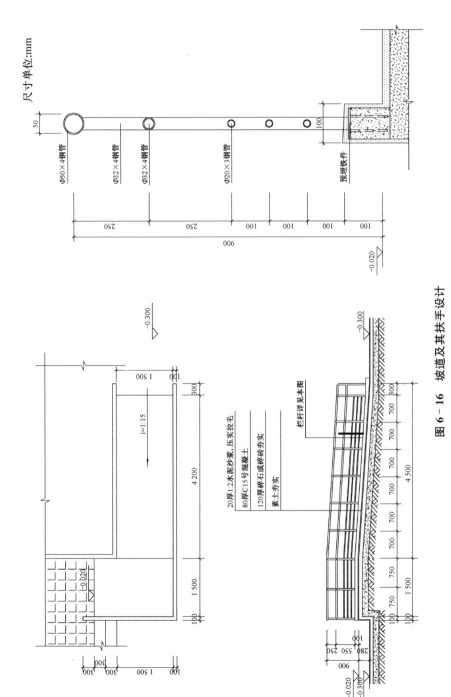

图 6 - 16 坡道及其扶手设计

来源：作者绘制

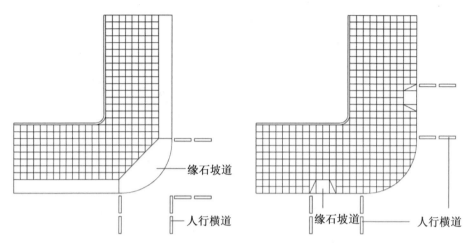

缘石坡道在人行横道转弯处　　　　　　　缘石坡道在人行横道一侧

图 6‑17　缘石坡道做法示意

来源:作者绘制

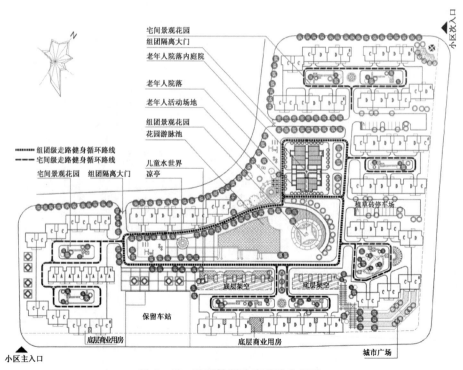

图 6‑18　组团景观防疫设计分析图

来源:作者绘制

6.3.2　住宅单体适老化设计

6.3.2.1　普通住宅的适老化通用设计

普通住宅方案设计时可用预留洞口、电梯位置,改变室内空间功能等手法提高套型平面适应性,以便户主年老时对原住宅适老化改造,适应其生活模式和身体状况的变化。本方案充分考虑了这一适老化潜伏设计的可能性(图6-19a,b,c)。

6.3.2.2　居家养老型住宅套型设计

常态社区应设置不少于住宅总套数10%的居家养老型住宅套型,多代居的模式既保证了老年人居住的相对独立性,又保持老少之间的密切联系,确保了两代之间的相互照料。本方案包括两种类型,一是可分可合的多代合居型(图6-20a,b)和分而不离的多代毗邻型(图6-21a,b)。前者共用一个入户门,除了合用一些家庭公共空间外,专设了老年人独立使用的部分;后者为两个相对独立的套型,两代之间各自的生活方式不受影响,但保持联系。

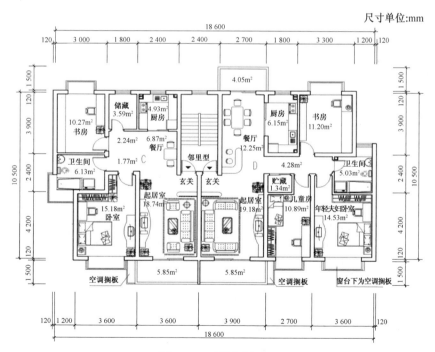

图6-19a　原套型平面

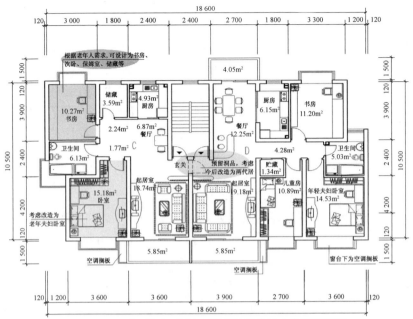

图 6-19b 套型间预留洞口"两代居"的适老化通用设计

尺寸单位:mm

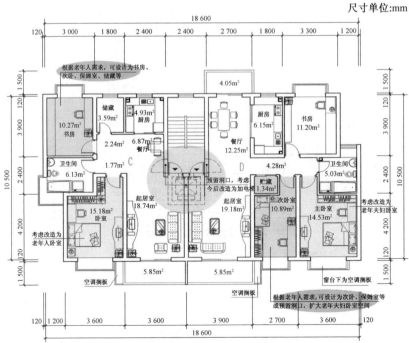

图 6-19c 套型间预留电梯位置、可改造为老年住宅单元的适老化通用设计

来源:作者绘制

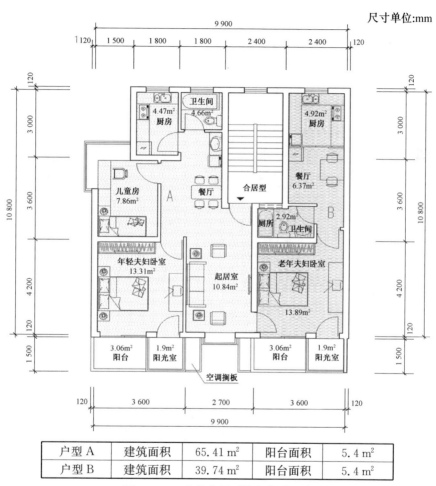

户型 A	建筑面积	65.41 m²	阳台面积	5.4 m²
户型 B	建筑面积	39.74 m²	阳台面积	5.4 m²

图 6-20a　多代合居型住宅套型设计

来源:作者绘制

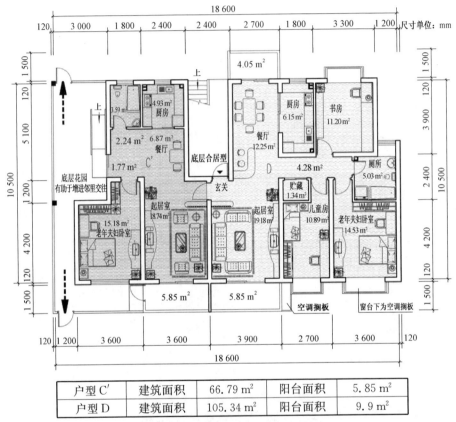

户型 C′	建筑面积	66.79 m²	阳台面积	5.85 m²
户型 D	建筑面积	105.34 m²	阳台面积	9.9 m²

图 6-20b　多代合居型住宅套型设计

来源:作者绘制

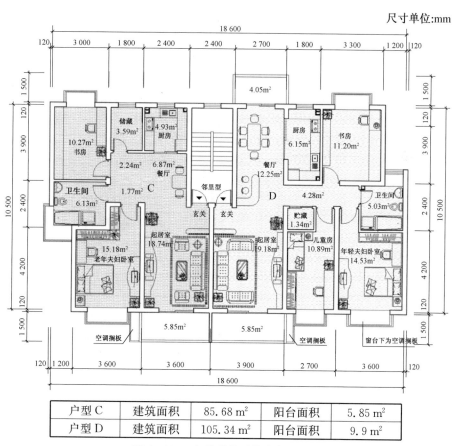

尺寸单位:mm

| 户型 C | 建筑面积 | 85.68 m² | 阳台面积 | 5.85 m² |
| 户型 D | 建筑面积 | 105.34 m² | 阳台面积 | 9.9 m² |

图 6-21a　多代毗邻型住宅套型设计

来源:作者绘制

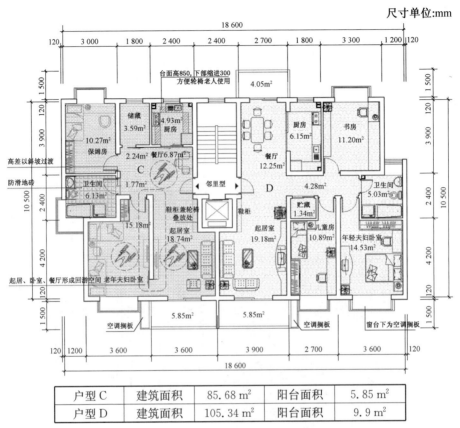

尺寸单位:mm

| 户型C | 建筑面积 | 85.68 m² | 阳台面积 | 5.85 m² |
| 户型D | 建筑面积 | 105.34 m² | 阳台面积 | 9.9 m² |

图 6‑21b   适合介护老人的多代毗邻型住宅套型设计

来源:作者绘制

6.3.2.3 居家养老型住宅套型新冠肺炎疫情防控设计

老年人入户时需要洗手消毒、换鞋换衣,有的老年人还需要放置使用过的轮椅,因此在建筑入口设置洗手池、多功能鞋柜、洁污分离的衣橱、轮椅叠放处等。新冠肺炎疫情发生时,除了厨房、卫生间外,其他功能房间均可作为居家隔离、居家办公使用。一层可局部设计底层花园,方便老年人居家隔离时,仍可在户内进行休闲锻炼活动。(图 6‑22a,b,c,d)

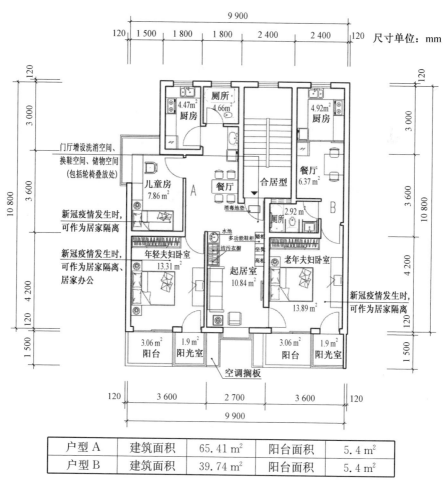

图6-22a 多代合居型住宅套型新冠肺炎疫情防控设计

户型A	建筑面积	65.41 m²	阳台面积	5.4 m²
户型B	建筑面积	39.74 m²	阳台面积	5.4 m²

来源:作者绘制

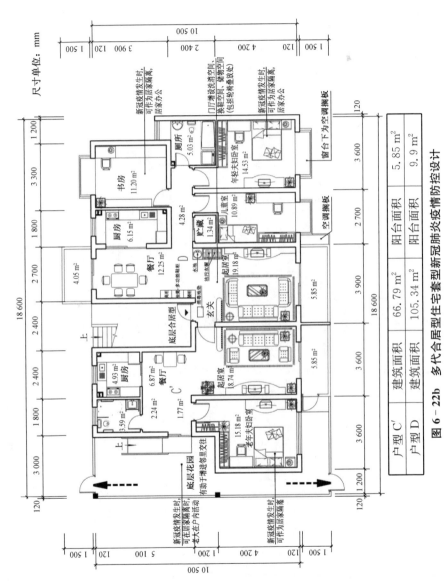

尺寸单位：mm

| 户型 C′ | 建筑面积 | 66.79 m² | 阳台面积 | 5.85 m² |
| 户型 D | 建筑面积 | 105.34 m² | 阳台面积 | 9.9 m² |

图 6－22b 多代合居型住宅套型新冠肺炎疫情防控设计

来源：作者绘制

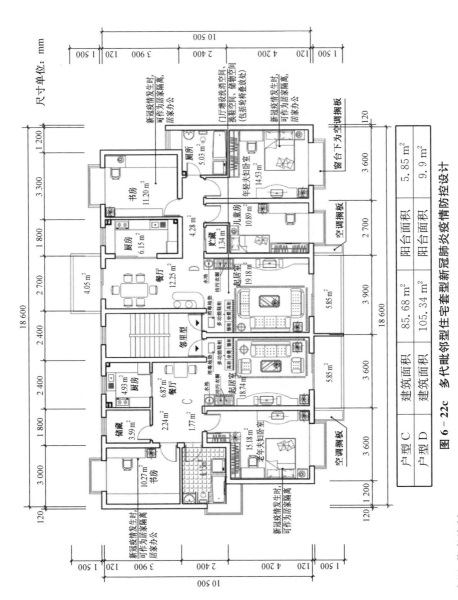

户型C	建筑面积	85.68 m²	阳台面积	5.85 m²
户型D	建筑面积	105.34 m²	阳台面积	9.9 m²

图6-22c 多代毗邻型住宅套型新冠肺炎疫情防控设计

来源：作者绘制

277

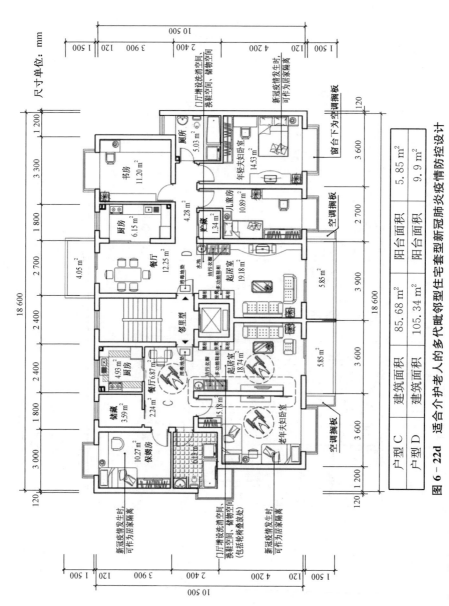

图 6-22d 适合介护老人的多代际毗邻型住宅套型新冠肺炎疫情防控设计

| 户型 C | 建筑面积 | 85.68 m² | 阳台面积 | 5.85 m² |
| 户型 D | 建筑面积 | 105.34 m² | 阳台面积 | 9.9 m² |

来源：作者绘制

6.3.2.4　适老化住宅绿色设计

在节能、节地与能源利用方面,在满足《江苏省居住建筑热环境和节能设计标准》(DGJ32/J 71—2014)要求的前提下,住宅结合地形布置,节约了用地,满足了各规范规定的朝向、间距、日照、通风、采光等要求。外窗为断热桥铝合金中空玻璃窗,南东西设置了可调节外遮阳。金属面岩棉夹芯坡屋顶既形成屋面保温又可装设太阳能热水器,室内楼地面宜设计地暖,既方便老年人过冬,又利用了可再生能源。外墙面垂直绿化,既美化环境又改善外墙热工效应。

在节水与水资源利用方面,合理设计雨水回收系统,雨水回收可用于浇灌绿化、洗车、冲厕。另外,住宅室内采用节水型器具和设备。

在节材与材料资源利用方面,建筑材料符合室内装饰装修材料有害物质限量国家标准 GB 18580~GB 18588、GB 6566 的要求。设计选材上考虑可循环使用,主体结构采用预拌混凝土剪力墙,填充墙采用工业废料自保温混凝土砌块。建筑造型简洁,无大量装饰性构件,外墙粉刷热反射涂料。(图6-23)

图6-23　适老化住宅绿色设计

来源:作者根据资料绘制

6.3.3　传统院落式老年公寓设计

常态社区为满足小部分集中养老的老年人居住要求,宜设置不低于住宅总套数5%的供老年单身户和老年夫妇户居住的"老年公寓式"住宅套型,这是指完全为老年人设计的住宅建筑单元及由此而组成的老年住宅建筑单体或组群。其特点是,在这种住宅单体或组群中安排有必要的如餐饮、健身、娱乐以及专业的老年医疗保健、护理和生活照料等项目用房、相关设备和人员等①。

本设计采用了传统院落式老年公寓(老年人院落),社区每个组团中设置一个,这是一个集中式老年公寓的概念设计,以庭院为中心形成传统四合院式,南低北高,层层退进,减少间距,增大进深。北面六层为老年公寓居住部分,分为普通老人间和护理老人间两种类型(图6-24),普通老人间是面向社区自理和介助的空巢老年夫妇的,提供完善的室内功能设施并有服务人员照料,使其既有居家的感觉,又得到悉心照顾,解决了子女的后顾之忧;护理老人间是为社区介护老人服务的,有专业护理及医务人员为其服务。南面三层为老年公寓公共部分,一层有公共食堂、医务急救,二层有娱乐、健身、游戏等动态公共活动室,三层有书画、阅读、古籍书店等静态公共活动室。老年公寓居住部分和公共部分均设有电梯,方便老人(图6-26a,b,c)。本设计立面造型设计极具特色,从徽州民居中获取灵感,坡顶结合简化的马头墙,粉墙黛瓦,退台变化,错落有致。既有现代风格,又具江南民居风韵(图6-25)。

本设计以十字形路将庭院一分为四,每块绿地均设有绿化小品、座椅、石灯笼等,与屋顶退台花园、道路绿化为老年人提供立体绿化环境。庭院中心设水井,汲取徽州民居"四水归堂"之法,既改善庭院小气候,又便于雨水回收。本设计设置太阳能热水器和集热墙,利用太阳能、地热等以节能;采用变频供水系统、选择节水器具,应用中水、雨水回用技术等以节水。本设计还采用了节能环保友好型地方建材、有机垃圾生化处理技术等其他绿色生态技术。

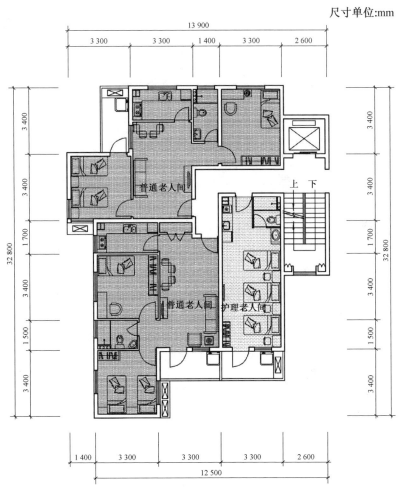

尺寸单位:mm

图 6‑24 传统院落式老年公寓(老年人院落)居住部分普通老人间和护理老人间放大平面
来源:作者绘制

南立面　　　　　　东(西)立面　　　　　　北立面

图 6‑25 传统院落式老年公寓立面
来源:作者绘制

281

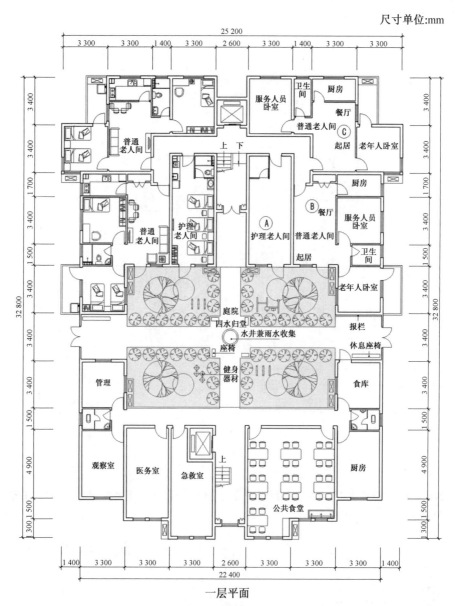

图 6-26a 传统院落式老年公寓(老年人院落)一层平面

来源:作者绘制

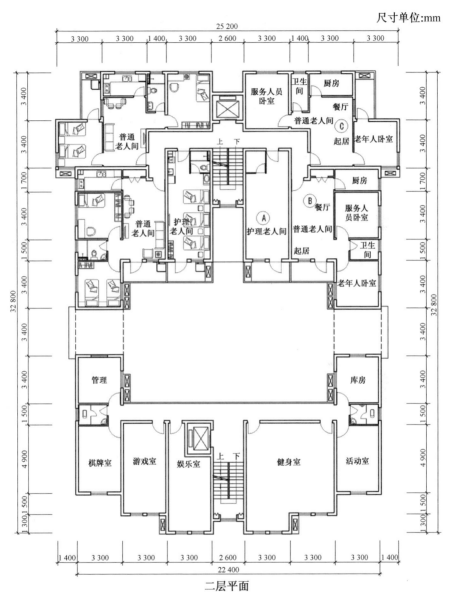

尺寸单位:mm

图 6 - 26b 传统院落式老年公寓(老年人院落)二层平面

来源:作者绘制

城市老年人居住建筑设计研究

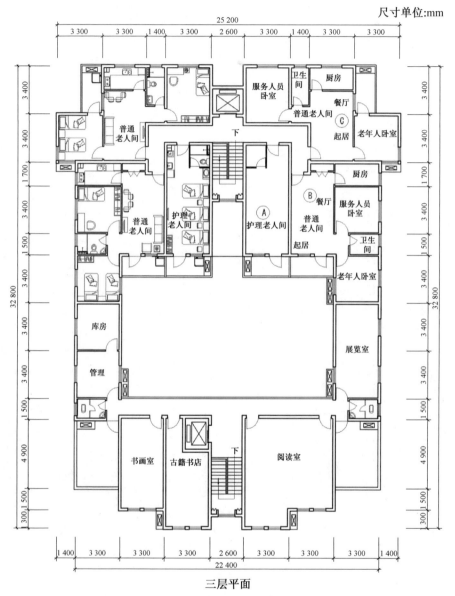

尺寸单位:mm

三层平面

图 6－26c　传统院落式老年公寓(老年人院落)三层平面

来源:作者绘制

284

本设计也可以采用结构模块标准化设计,以 3.6 m×n3.6 m 为基本结构模块,组合 n3.6 m 其他结构模块,形成针对机构养老的老年人不同需求的功能模块:自理老人间、介助老人间、介护老人间、活动室、公共食堂食库、管理、医务急救。整体卫生间、整体厨房、整体收纳、成品排气道作为独立部品,置于不同的功能模块中。结构模块外部以装配式剪力墙为承重结构,内部以轻质隔墙灵活分隔,通过标准化接口连接。

模块标准化设计采用预制构件集成化设计,外墙采用预制夹心外墙板(预制混凝土外墙板+保温板+预制混凝土内墙板),在门窗洞口预埋经防腐防火的木砖连接件,外墙涂料饰面预留色块分缝(预制屋面马头墙、一体化外门窗、叠合阳台板、预制空调板、预制雨篷、勒脚等部位),采用构造防水与材料防水结合的防排水处理,实现外墙防水保温饰面一体化;除公共走廊等交通部分楼板为现浇楼板外,其他功能空间楼板采用叠合楼板(预制板+叠合层),叠合层预埋各设备专业管线;除电梯、楼梯等交通部分内墙采用现浇钢筋混凝土墙外,其他功能空间内墙采用预制轻质混凝土隔墙板,厚度满足隔声和楼板荷载要求,卫生间等有水房间预制隔墙板下方采用 C20 细石混凝土翻边防水,预制内墙上预埋管道、设备、设施等部品连接件;建筑装修材料以及各种设备、管道、支架与预制构件连接宜采用预埋安装方式,实现装修一体化设计。

针对新冠肺炎疫情的防控,本设计在老年公寓主入口进行了人员分流,将访客入口和老年人入口分开设置。访客入口与管理、服务台相邻,方便服务人员对访客身份登记、体温检测,检测通过的访客才允许进入;对于快递员、邮递员,他们直接送完物品,随即离开,不与内部人员接触。老年人入口设置电动感应自动门,不接触大门扶手,入口的缓冲区布置水池,方便老年人在入口处清洁消毒,服务人员控制第二道电动感应自动门,确认老年人身份后方允许进入,两道电动感应自动门均消防联动控制,发生火灾时自动打开,保证消防疏散要求。老年人居室的设计中,阳台增加了洗衣机,卫生间设置了脚踏翻盖污物倾倒池,减少了病毒感染的途径。内部庭院方便老年人即使在居家隔离时,也可以分批有组织地活动,同时,也避免了有认知症的老年人出门活动会迷路的情况。(图 6-27a,b,c,d,e,f)

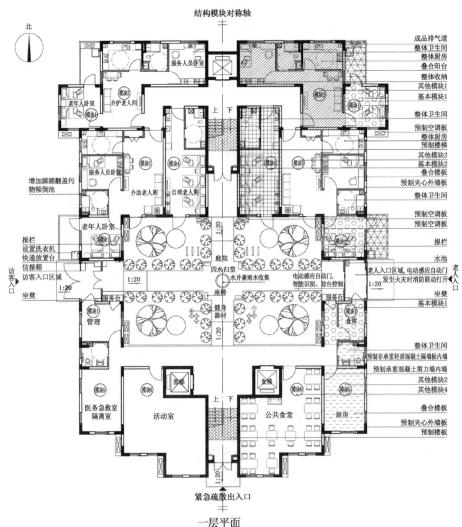

一层平面
模块组合的防疫绿色智能化老年人院落

图 6 - 27a　传统院落式老年公寓(老年人院落)一层平面模块化设计、新冠肺炎疫情防控设计

来源:作者绘制

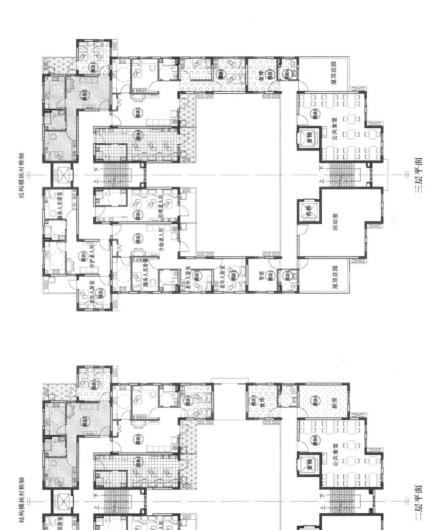

图 6-27b　传统院落式老年公寓（老年人院落）二~三层平面模块化

来源：作者绘制

图 6 - 27c　传统院落式老年公寓(老年人院落)四～五层平面模块化

来源:作者绘制

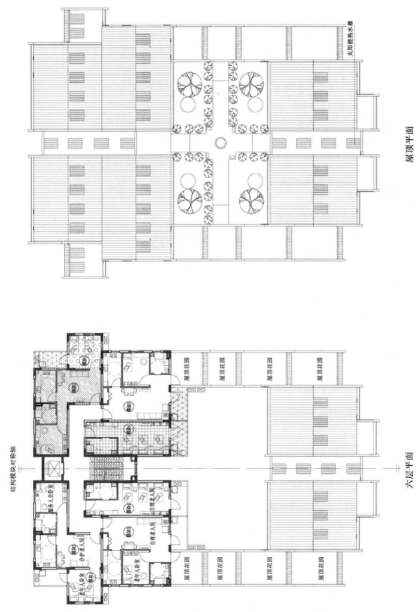

图 6 - 27d　传统院落式老年公寓(老年人院落)六层~屋顶平面模块化、新冠肺炎疫情防控设计

来源:作者绘制

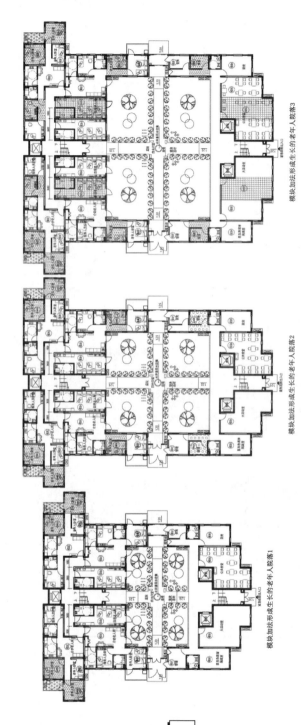

图 6 - 27e　通过基本结构模块增加形成的可生长的老年人院落

来源：作者绘制

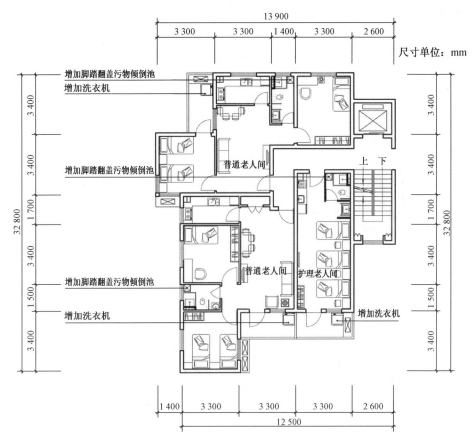

图 6‑27f　传统院落式老年公寓(老年人院落)居住部分普通老人间和护理老人间放大
　　　　　平面新冠肺炎疫情防控设计

来源:作者绘制

6.3.4　为老年人居住建筑服务的配套设施设计

　　本方案中每个组团的老年人院落,居住部分为集中养老的老年人居住,公共服务部分不仅为公寓中的老年人提供配套服务,还为整个组团的老年人配套较齐全的服务,包括医疗保健设施、文化体育设施、老年专业照料和服务设施等。

　　除此之外,在社区中心广场附近设计的会所也为社区中的老年人和其他年龄层次的人提供文化、娱乐、健身等活动场所,入口处设有坡道,一层门厅内配置电梯,方便老年人进出和上下楼。其中,一层平面布置了西餐厅、便利店、健身、娱乐;二层平面布置了中餐厅、美容美发、棋牌、桌球、乒乓球、阅览室。立面造型具有现代特征,在以传统风格为主的住宅规划中,显得极为有特色,成为小区的标志(图 6 - 28,29,30)。

尺寸单位:mm

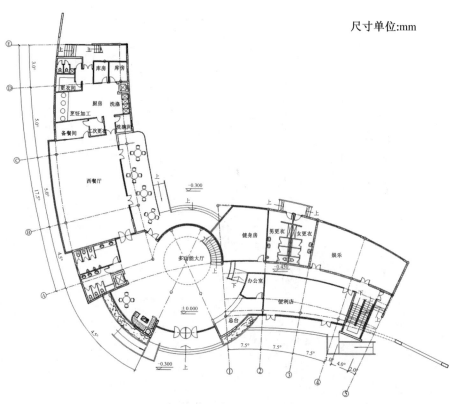

图 6 - 28　会所一层平面

来源:作者根据资料绘制

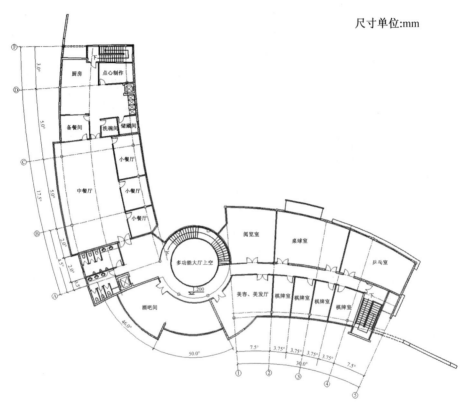

尺寸单位:mm

图 6 - 29　会所二层平面

来源:作者根据资料绘制

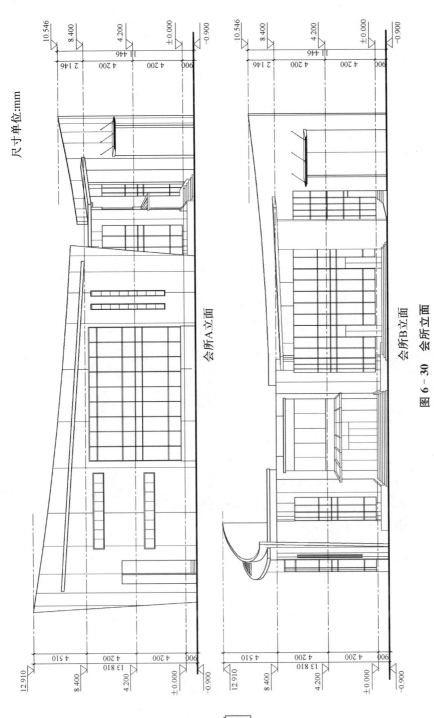

尺寸单位:mm

会所A立面

会所B立面

图 6 - 30 会所立面

来源:作者根据资料绘制

本设计还设置了智能化设施养老系统平台,以 ZigBee 无线网络通信、搭建嵌入式 Web 服务器和 Web 编程为核心技术,接收各子系统的信息并分析处理,通过 GSM/GPRS/CDMA 移动通信网络传输至护理员手机端,通过以太网传输至互联网、社区总线,DSP 音视频线路传输至可视对讲系统①②。护理员终端通过手机、电脑、平板电脑登录智能化生活照料系统,实时监测老年人生活状况,即时遥控处理紧急状况;老年人也可以通过智能开关与插座、便携式遥控器本地操作居室内的电气设备;社区管理人员也能及时了解老年人院落中的状况。

6.4　小结

本章是以前文研究的理论成果为指导,进行了设计方案与工程实践,主要包括以下几个方面:常态社区适老化通用住宅方案设计,增加模块化设计;南京地区常态社区原宅适老化改造设计增加针对新冠肺炎疫情防控的建筑细部设计;南京仙尧住宅小区适老化规划设计,增加模块化设计、针对新冠肺炎疫情防控设计、设置智能化设施养老系统平台。通过实践再次验证了适合我国国情的常态社区老年人居住建筑设计的研究成果,为下一章的结论部分提供了依据。

---

①　石光,于军琪.基于物联网的智能养老家住宅系统设计[J].现代建筑电气,2013,(Vol. 4,NO. 1):58～62

②　智能家居:以 ZigBee 技术实现控制器设计.雷锋网,2019-03-28

第7章 结论与展望

至此,本书已撰写完毕,现将主要内容归纳如下:

目前,我国人口老龄化日益加剧,城市老年居住问题日趋突出,改善老年人居住状况势在必行。

本书首先介绍了"老龄化"的概念,分析了我国人口老龄化的现状及特征,概括了我国老年人居住建筑的历史与发展、现状与问题。

其次,根据南京市老龄工作委员会和白下区人口办提供的调查数据,作者对南京市老人居住现状、居住需求分析研究,结合国外不同养老模式下老年人居住建筑的开发,提出现阶段适合我国国情的居家式社区养老与常态社区老年人居住建筑设计对策,即普通社区保持常态社会化老年社区基本环境,局部则引入独立老年社区的集居特征。

接着,指出常态社区老年人居住建筑设计依据与原则,从大范围居家养老的住宅设计、小部分集居养老的老年公寓设计、室外环境设计、绿色设计以及为老年人居住建筑服务的设计与开发五方面进行了研究。

最后,用研究成果尝试常态社区老年人居住建筑设计方案与工程实践。

7.1 结论

通过对本书的归纳,主要结论为:

1) 用"以老人为本"的原则寻找适合我国国情的老年人居住建筑设计策略。

进入老年,人的视觉、听觉、触觉等生理功能日渐衰退,再加上老年人退休后生活环境模式发生改变,从而引起其生理、心理和行为方面的改变。老年人居住建筑设计策略首先应以老年人为主,明确老年群体各个特征及其需求。

其次,从跨学科的角度思考问题,理性地分析我国现阶段的经济状况、人口老龄化特征、文化传统、老年人居住现状与需求等,探讨适合我国国情的老年人居住建筑设计策略。

众所周知,养老模式决定老年居住模式,从而直接影响到老年人居住建筑设计策略。东西方不同价值观背景下的养老模式,产生不同的老年人居住建筑开发,我们应吸取适合我国国情的经验,如日本的"老少居"新型住宅体系、"长寿型住宅",国外的"一贯养老社区"的建设方式。

通过分析,居家式社区养老模式是现阶段适合我国国情的理想养老模式。我国城市应在居家式社区养老模式下,发展常态社区老年人居住建筑设计策略,让普通居住社区展现出大范围混合居住、小范围集中养老居住的常态社会化。

2) 常态社区老年人居住建筑设计应引入多元化的居家养老型住宅,满足不同的老年居住模式。

随着社会经济的发展、家庭结构的变化,常态社区中居家养老型住宅家庭类型越来越多,大致分为老年独居家庭、老年夫妇家庭、老年核心家庭、老年主干家庭、老年联合家庭。本文在研究居家养老型住宅策略时,根据家庭结构类型的不同,将老年居住模式归纳为三类,即多代合居型、多代毗邻型以及空巢独居型进行不同的老年人居住建筑设计,数量不少于住宅总套数的 10%,以适应不同老年家庭需求。

3) 常态社区老年人居住建筑设计应提高居住建筑的适老化改造性。

每个家庭都有其生命周期,我国的家庭生命周期大致划分为五个阶段:新婚期→育儿期→教育期→向老期→孤老期,这一个生命周期大约是 50 年。每一个住宅的使用者都希望其住宅能适应家庭生命周期的不同阶段,成为使用期限较长的耐用消费品。对老年人来说,住宅成为其度过余生的主要场所,尤其是老龄阶段的几个关键时期,如退休、子女结婚、孙辈出生、老人生病等,这些关键时期对老年人生活有着很大的影响,住宅适老化的可改造性极大地方便了老年人。

本书提供了两种思路,一是新建常态社区适老化通用住宅设计策略,设计方法包括套型结构体的适应性,套型空间的合并、转移、组合等;二是原宅适老化改造设计策略,对住宅单体的改造主要涉及单元公共空间、卫生间、厨房、起居室、卧室等方面。

4) 常态社区中的老年公寓建设是居家式社区养老模式的重要补充。

目前,我国的"空巢家庭"越来越多,据统计,许多城市空巢老年家庭已增长到 40%～50%,有的甚至达到 70%～80%,代际分离增加了家庭养老的困难。在居住社区中设置老年公寓,可集中接纳各种原因不能居家养老的空巢老人入住,配合专业化的老年生活服务系统,为老年人提供护理和饮食、紧急联络等必要服务。

另外,常态社区不同生活行为能力的老年人中,介助和介护老人最需要齐全的配套服务设施,家庭已无法为其提供这些医疗、护理等专业性的照顾,这部分老人也需要入住社区老年公寓。

常态社区老年公寓中的公共服务空间不仅为公寓中的老年人服务,还可为社区中的其他老年人提供配套服务设施。

常态社区中的老年公寓既满足了老年人不愿意离开熟悉的居住环境的心理,又为他们集中提供了全方位的配套服务,是社区居家式养老模式的重要补充,可以居住组团为单位的适宜规模嵌入社区,数量不宜小于住宅总套数的5%。

5) 常态社区老年人居住建筑设计还应完善室外环境设计、绿色设计以及为老年人居住建筑服务的设计与开发。

6) 适合工业化生产的常态社区老年人居住建筑模块化设计、物联网时代为老年人服务的常态社区智能化居家养老系统研究、针对新冠肺炎疫情的居家养老住宅建筑细部设计。

随着家庭规模的小型化,“四二一”人口结构的形成,缺乏照料的老年家庭成为普遍现象,常态社区中的老人迫切需要居住社区服务的支持。目前,城市中大规模兴建的常态居住社区,极少是为老年人居住设置必要的配套设施、室外环境设计、绿色设计、助老服务项目。主要体现在缺乏老年活动中心、照顾老人生活和医疗的相应机构,没有便于老人聚集的室外活动空间,社区室外环境缺少无障碍设计,没为老年人提供多项上门服务以及安装电子呼叫系统,缺乏居住区室内外绿色设计,存在纸上谈兵的现象。在老龄化人口快速递增的情况下,新建常态社区要尽可能采用适合工业化生产的老年人居住建筑模块化设计、智能化居家养老系统设计,针对新冠肺炎疫情老年人居住建筑的防疫设计,完善室外环境设计,增设配套服务设施和助老服务,创造绿色居住环境;已有社区的适老化改造根据建设资金的数目,适度地增加这些设施和服务以及室外环境设计、绿色设计、防疫设计。

7.2　研究的创新点

1) 本书不同于以往单纯老年人居住建筑的研究,而是以我国老龄化迅速发展、老年居住问题日益突出、未富先老的社会现实为前提，从居住学、建筑学、城市规划、社会学、人口学、老年学、生理学、卫生学、心理学等跨学科角度出发，横向联系，对比分析，寻找适合我国国情的老年人居住建筑设计策略。

2）本书对老龄化严重的南京老年居住进行实地调查，一方面根据相关部门提供的调查数据为基准，分析了南京市老年人居住需求和未来养老居住需求，另一方面调研分析了南京市养老机构现状与问题，并根据本文研究方向调研了南京市居住社区中老年人居住建筑设计实例。本书还将研究成果运用于项目实践上，尝试常态社区老年人居住建筑设计方案与工程实践，进一步验证了成果。

3）本书借鉴国外不同养老模式下老年人居住建筑开发经验，提出适合我国城市养老模式下老年人居住建筑发展的新思路，指出常态社区是我国老年人养老的主要基地，建设对策上参照国外的"一贯养老社区"，把老年住宅引入普通社区中，社区主要保持混合居住的特征，面向多数居家养老的老人；局部则以老年邻里的规模镶嵌集居化养老的场所，面向部分集居养老的老人，使生活在社区的老人常态社会化。

4）本书将常态社区老年人居住建筑设计分为居家养老型住宅设计、适老化通用住宅设计以及作为重要补充的社区老年公寓设计。其中居家养老型住宅是将老年居住模式归纳为多代合居型、多代毗邻型以及空巢独居型来设计的；而适老化通用住宅则提供了两种思路，一是通过套型结构体的适应性，套型空间的合并、转移、组合等进行新建常态社区适老化通用住宅设计；二是对住宅单元公共空间、卫生间、厨房、起居室、卧室等进行原宅适老化改造设计。

5）本书还探讨了适合工业化生产的常态社区老年人居住建筑模块化设计、物联网时代为老年人服务的常态社区智能化居家养老系统研究、针对新冠肺炎疫情的居家养老住宅建筑细部设计等当前建筑学界关注的几个问题。

7.3　后续研究与展望

由于受作者学识、经验、时间等限制，本书在取得一定的研究成果的同时，论及问题的深度和广度尚有不足。今后，作者仍将继续关注我国城市老年人居住建筑设计，拓宽研究面，在本研究的基础上充分考虑我国城市老年人的居住需求，完善城市常态社区老年人居住建筑设计研究，主要可考虑常态社区老年人居住建筑规划布局；老年人居住建筑适老化细部设计；居家养老型住宅设计和适老化通用住宅设计与经济成本控制问题；原宅适老化改造设计与平衡利益问题等等。

本书的出发点是寻找现阶段适合我国国情，解决老年居住问题的老年人居住建筑设计策略，通过调研数据、理论和实践的分析，得出居家式社区养老模式下的常态社区老年人居住建筑设计对策是理想方法。随着社会经济的发展，老龄化的日趋严重，今后我国解决老年居住问题的理想方式会是什么呢？作者根据资料分析，认为老年人居住建筑会向多元化、舒适化、智能化发展，可分为三个时期，每一时期都有不同的侧重点。

1）前期（最近 10 年）

大、中、小城市以推广原宅适老化改造、新建普通居住社区适老化通用住宅、并适当加入居家养老型住宅、完善居家养老服务为主要方式。同时，以积极发展老年公寓和专门的老年住区建设为辅。经济发达的大城市，主要发展中、高档老年公寓和专门老年住区；中小城市，主要发展中、低档老年公寓。

浙江省温州市老龄工作委员会在《2012—2013 年为老年人办实事意见》，将住宅适老化改造列入其中。住建委参与了适老化住宅项目，除了安装电梯外，对室内设施进行了一系列无障碍设计，诸如消除室内各种高差、增加防滑措施、安全扶手、实现室内空间的双向疏散及时救助突发意外的老人等[1]。位于南京城中的天将孝门小区设计了两代居户型，通过老人关爱呼叫系统和居家养老服务中心，为老人提供健康管家式物业服务[2]。另外，还可利用居住区闲置用地或裙房空间，兴建老年食堂、社区图书馆、电子阅览室、全科诊所、老年人日托照料中心，增设小区无障碍通道、旧楼加建电梯，适老化路牌标示改造，适老化照明改造等设施来满足居家养老需求[3]。

江苏省除了大力推广新建居住区无障碍设计外，从 2009 年至 2011 年，省财政每年拨款 4 000 万元，按照以奖代补的方式，支持 2 000 个居家养老服务中心建设。"十二五"期间，2012 年省财政加大力度，继续拨款 8 000 万专项资金。2011 年底全省建成社区居家养老服务中心 8700 余个，其中省级示范中心 152 个。2015 年实现城市社区居家养老服务中心全覆盖，为社区老年人提供多项养老服务；同时，新增各类医养结合养老机构，养老机构床位数每千名

---

① 住宅适老化改造，让老人生活得更安全、舒适. http://news. jc001. cn/, 2013-09-11
② 《东方卫报》2015 年 1 月 23 日 A14 卫楼版
③ 赵卓文. 现有房屋适老化改造是一项浩大工程[N]. 羊城晚报, 2014-10-25

老人将达到 30 张,其中护理型床位占 30%①。2015 年 1 月 21 日,南京银城地产以 18 亿元拿下位于马群街道的 G97 地块,建成南京首个大型医疗养老一体化花园社区②。

2) 中期(最近 5 年)

经过前一阶段在普通居住社区中适老化通用住宅的推广,部分住宅使用者迈入老年,再加上原有的居家养老型住宅,普通居住社区已为老年人提供一个较适合养老的居住环境,并占老年人养老住所中一定的比例,这一时期仍以继续建设适老化通用住宅和居家养老型住宅为主;另一方面,随着经济水平的提高,我国人均 GDP 水平已达到 2 000~3 000 美元③,而此时大、中、小城市的老龄化程度有所加重,许多中、小城市也开始进入老龄化,因此,这些城市均可发展中、高档老年公寓和专门老年住区。

2014 年 4 月 2 日,江苏省人民政府发布了苏政发(2014)39 号文《江苏省政府关于加快发展养老服务业完善养老服务体系的实施意见》,提出到 2020 年,全面建成以居家为基础、社区为依托、机构为支撑、信息为辅助、功能完善、服务优良、覆盖城乡的养老服务体系。具有生活照料、医疗护理、精神慰藉、紧急救援等养老服务的社区居家养老服务中心覆盖所有城乡社区,新建住宅小区按每百户 20 至 30 平方米配套建设社区居家养老服务用房,已建成的住宅区要按每百户 15 至 20 平方米的标准调剂解决。另外,养老机构床位每千名老人将达 50 张,其中护理型床位占 50%;养老设施人均用地不少于 0.2 平方米。

3) 远期(今后 5 年)

从老龄化程度上看,2020 年以后,老年人绝对数量以及占总人口的比重都很大,是我国老龄化速度最快的阶段。从经济发展趋势看,五年后,我国的发展将步入中等收入国家行列④。这时一方面可全面推广"舒适型"的功能更为健全的老年公寓和专门老年住区为集中养老的老人服务;另一方面,适老化通用住宅和居家养老型住宅的持续完善发展、社区居家服务网络的健全成熟也为居家养老的老年人提供了舒适地独立生活的可能。最近,英国生命信托基金会提出智能化居家养老,通过物联网技术最大限度地实现各类传感器和

---

①　张建平.全面推进江苏省社区居家养老服务[J].中国民政,2012,(5):36~37

②　《东方卫报》2015 年 1 月 23 日 A14 卫楼版

③④　刘美霞,娄乃琳,李俊峰.老年住宅开发和经营模式[M].北京:中国建筑工业出版社,2008,P339,342

计算机网络的连接,老年人的健康状况、日常出行能被家人远程查看,完善了居家养老服务系统。未来老年人将会根据自身的喜好选择不同的舒适型、智能型居住建筑养老。

主要参考文献

一、期刊

1. 胡仁禄,马光. 构筑新世纪我国老龄居的探索[J]. 建筑学报,2000,(8):33～35

2. 金笠铭. 浅谈美国老年人住宅的研究与设计[J]. 世界建筑,2002,(8):26～29

3. 胡仁禄. 国外老年居住建筑发展概况[J]. 世界建筑,1995,(3):27～30

4. 张朝蓬,谢吾同. "两代居"住宅设计探讨[J]. 建筑学报,2000,(1):57～59

5. 陶立群. 怎样设计老年住宅[J]. 住宅产业,2006,(2):38～41,2006,(3):53～56,2007,(5):23～25

6. 叶耀先. 适应老龄社会的住宅[J]. 建筑学报,1997,(11):18～19

7. 陈华宁. 养老建筑基本特征及设计[J]. 建筑学报,2000,(8):27～30

8. 邹广天. 日本老年公寓的规划与设计[J]. 世界建筑,1999,(4):30～33

9. 袁泉,张炯. 苏州养老建筑初探[J]. 江苏建筑,2007,(4):4～8

10. 马晖,赵光宇. 独立老年住区的建设与思考[J]. 城市规划,2002,(3):56～59

11. 黄华,郑东军,张帆. 中原国际老人村设计体会[J]. 建筑学报,2001,(11):44～46

12. 常怀生,李健红.《老年人建筑设计规范》评价[J]. 建筑学报,2000,(8):36～37

13. 于一平. 北京太阳城国际老年公寓规划设计[J]. 建筑学报,2002,(2):33～35

14. 罗德启. 世纪之交的老龄居住问题[J]. 建筑学报,1996,(1):30～35

15. 周燕珉. 日本集合住宅及老人居住设施设计新动向[J]. 世界建筑,2002,(8):22～25

16. 常怀生.关注老年人居住质量[J].新建筑,2001,(2):15～17

17. 韩秀琦,杨军.当前居住区环境设计中值得探讨的几个问题[J].建筑学报,2001,(7):52～55

18. 开彦.探索住区未来——对小康住宅规划设计导则的认识[J].建筑学报,1998,(11):4～9

19. 姜传鉷.营造适合老人生活的居住环境——苏州新城花园老年社区设计[J].新建筑,2001,(2):21～24

20. 米川,林玉子.老龄生活环境学研究和实践[J].世界建筑,1998,(3):78～81

21. 蔡红.中国城市老年社区的空间与环境[J].建筑师,2003,(4):21～26

22. 阎春林.老年居住环境的创造[J].新建筑,2001,(2):24～26

23. 潘金洪,王晓风,应启龙.江苏省社区老龄服务需求调查分析[J].市场与人口分析,2000,(Vol.6,No.3)

24. 周范文,李惠强.对建立中国特色养老居住形式的思考[J].华中科技大学学报(城市科学版),2003(Vol.20,No.1):94～96

25. 王伯伟.可持续发展社区与人口老龄化的对策[J].城市规划汇刊,1997,(3):37～39

26. 曹力鸥.人口老龄化对社区规划和住宅建设的影响[J].社区建设,1999,(3):19～22

27. 胡灿伟.新加坡家庭养老模式及其启示[J].云南民族大学学报(哲学社会科学版),2003,(Vol.20,No.3)

28. 杨善华,贺常梅.责任伦理与城市居民家庭养老[J].北京大学学报(哲学社会科学版),2004,(Vol.41,No.1)

29. 胡振宇,封蕾.和谐优美的环境颐养天年的场所.中国建筑学会学术年会,2007.

30. 袁洁斌,杨英华等.城市社区老年人养老方式的现状调查[J].上海护理,2001,(Vol.1,No.2).

31. 张秀萍,柳中权,赵维良.建立"空巢"老人社区生活支持体系的研究[J].东北大学学报(社会科学版),2006,(Vol.8,No.6):434～437

32. 王玮华.居家养老与城市居住区规划设计[J].规划师,1999,(1):87～89

33. 陶立群.中国老年人住房与环境状况分析[J].人口与经济,2004,
(2):39～44

34. 张品,彭军.老年人和残疾人居住环境色彩的研究[J].包装工程,
2003,(Vol.24,No.1):86～89

35. 倪蕾,胡振宇.2008年全国保障性住房设计方案选登—民居·庭
院·住宅[J].建筑学报,2008,(11):86～89

36. 周燕珉,刘佳燕.居住区户外环境的适老化设计[J].建筑学报,2013,
(3):60～64

37. 薛峰."明日之家2012"适老住宅集成技术解决方案[J].建筑学报,
2013,(3):70～75

38. 王春彧,周燕珉.养老设施智能化系统的现存问题与设计要点[J].建
筑技艺,2020(8):112～114

39. 石光,于军琪.基于物联网的智能养老住宅系统设计[J].现代建筑电
气,2013,(Vol.4,NO.1):58～62

40. Profess Rand Indoor Pollution Isn't Going Away[J].Architecture,
1988,(6):99～102

二、中文专著

1. 胡仁禄,马光.老年居住环境设计[M].南京:东南大学出版社,1996

2. 刘美霞,娄乃琳,李俊峰.老年住宅开发和经营模式[M].北京:中国建
筑工业出版社,2008

3. (美)美国建筑师学会.老年公寓与养老院设计指南[M].北京:中国建
筑工业出版社,2004

4. 国务院人口普查办公室等.2000年第五次全国人口普查主要数据
[M].北京:中国统计出版社,2000

5. (美)布拉福德·珀金斯.J.戴维·霍格伦,道格拉斯·金,埃里克·科
恩等,李菁译.老年居住建筑[M].北京:中国建筑工业出版社,2008

6. (西)Arian Mosteadi,杨晓东、钟声译,刘燕辉审校.老年人居住建筑
[M].北京:机械工业出版社,2008

7. (英)苏珊·特斯特,周向红、张晓明译.老年人社区照顾的跨国比较
[M].北京:中国社会出版社,2008

8. 奚志勇.中国养老[M].上海:文汇出版社,2008

9. 中国老龄科学研究中心. 中国城乡老年人口状况一次性抽样调查数据分析[M]. 北京：中国标准出版社，2003

10. （丹麦）扬·盖尔. 交往与空间[M]. 何人可译. 北京：中国建筑工业出版社，2002

11. 张良礼，蔡宝珍，李杏生，程晓，陈友华. 应对人口老龄化社会化养老服务体系构建及规划[M]. 北京：社会科学文献出版社，2006

12. 彭希哲，梁鸿，程远. 蔡宝珍，李杏生，程晓，陈友华. 城市老年服务体系研究[M]. 上海：上海人民出版社，2006

13. 尹德挺. 老年人日常生活自理能力的多层次研究[M]. 北京：中国人民大学出版社，2008

14. 戴春. 上海国际化社区建构[M]. 北京：中国电力出版社，2007

15. （日）日本建筑学会，建筑设计资料集成（福利医疗篇）[M]. 天津：天津大学出版社，2006

16. 涂山，梁文，苏丹. 先进住居[M]. 北京：中国水利水电出版社，2008

17. 侯世标，石义金，张泉. 老龄工作手册[M]. 安徽：合肥工业大学出版社，2008

18. 丁成章. 无障碍住区与住所设计[M]. 北京：机械工业出版社，2004

19. 姚栋. 当代国际城市老人居住问题研究[M]. 南京：东南大学出版社，2007

20. 周燕珉，程晓青，林菊英，林婧怡. 老年住宅[M]. 北京：中国建筑工业出版社，2011

21. 中国建筑标准设计研究院有限公司，住房和城乡建设部科技与产业化发展中心. 装配式混凝土建筑技术体系发展指南（居住建筑）[M]. 北京：中国建筑工业出版社，2019

三、外文专著

1. Michael J. Crosbie. Design for Aging Review. Australia：The Images Publishing Group Pty Ltd，2004

2. Jane Stoeham：Landscape Design for Elderly and Disabled People，Garden Art Press ，1996

3. Victor Regnier：Assisted Living for the Aged and Frail，Columbia University Press，1999

4. Francis and Francesca Weal：Housing For the Elderly，Nichols Publishing，1998

四、学位论文

1. 王德海. 居家养老及其住宅适应性设计研究. 同济大学［硕士学位论文］,2007

2. 宋媛媛. 常态社会化住区新型养老模式初探. 天津大学［硕士学位论文］,2006

3. 王晓敏. 新型在宅养老模式的城市住宅设计研究. 西安建筑科技大学［硕士学位论文］,2008

4. 何鹏. 试析我国养老模式在居住社区规划中的发展趋势——探求当前居住社区规划中的老年策略. 清华大学［硕士学位论文］,2002

五、技术规范

1. 中华人民共和国建设部. 老年人建筑设计规范:JGJ 122—99[S].北京:中国建筑工业出版社,1999

2. 中华人民共和国建设部. 老年人居住建筑设计标准:GB/T 50340—2003[S].北京:中国建筑工业出版社,2003

3. 中华人民共和国建设部. 城镇老年人设施规划规范:GB 50437—2007[S].北京:中国建筑工业出版社,2008

4. 中华人民共和国建设部. 城市居住区规划设计规范(2002 年版):GB 50180—93[S].北京:中国建筑工业出版社,2002

5. 中华人民共和国建设部. 住宅设计规范:GB 50096—2011[S].北京:中国建筑工业出版社,2011

6. 中华人民共和国建设部. 住宅建筑规范:GB 50368—2005[S].北京:中国建筑工业出版社,2005

7. 中华人民共和国住房和城乡建设部. 养老设施建筑设计规范:GB 50867—2013[S].北京:中国建筑工业出版社,2013

8. 江苏省住房和城乡建设厅. 江苏省绿色建筑设计标准:DGJ32/J 173—2014[S].南京:江苏凤凰科学技术出版社,2014

9. 江苏省住房和城乡建设厅. 江苏省居住建筑热环境和节能设计标准:DGJ32/J 71—2014[S].南京:江苏凤凰科学技术出版社,2014

10. 中华人民共和国住房和城乡建设部. 建筑模数协调标准：GB 50002—2013[S]. 北京：中国建筑工业出版社，2013

11. 中国建筑装饰协会厨卫工程委员会. 住宅卫生间建筑装修一体化技术规程：CECS 438：2016[S]. 北京：中国计划出版社，2016

12. 江苏省住房和城乡建设厅. 老年公寓模块化设计标准：DB32/T 4110—2021[S]. 南京：江苏凤凰科学技术出版社，2021

六、网络资料

1. 焦点房地产网 http://house.focus.cn/

2. 住宅产业网 http://www.chinahouse.gov.cn/

3. 全国老龄工作委员会办公室 http://www.cncaprc.gov.cn/

4. 南京民政信息网 http://www.njmz.gov.cn/

附录1 《南京市独居老人生存状况与服务需求调查》部分数据

表1　被调查者地理分布(2004年3月)

地区	人数(人)	百分比(%)
玄武	59	7.1
白下	61	7.3
秦淮	46	5.5
建邺	42	5.0
鼓楼	86	10.3
下关	39	4.7
浦口	71	8.5
栖霞	50	6.0
雨花台	26	3.1
江宁	102	12.2
六合	126	15.1
溧水	65	7.8
高淳	60	7.2
合计	833	100.0

表2　被调查者性别

性别	人数(人)	百分比(%)
男	392	47.1
女	441	52.9
合计	833	100.0

表3 被调查者年龄

年龄	人数(人)	百分比(%)
60～64岁	96	11.5
65～69岁	152	18.2
70～74岁	174	20.9
75～79岁	169	20.3
80～84岁	164	19.7
85岁及以上	78	9.4
合计	833	100.0

表4 独居老人按住房建筑面积的分布

房屋建筑面积	人数(人)	百分比(%)
没有	19	2.3
不足20平方米	143	17.2
20～29平方米	158	19.0
30～39平方米	152	18.2
40～59平方米	227	27.3
60平方米及以上	134	16.1
合计	833	100.0

表5 独居老人居住房屋的产权归属

产权归属	人数(人)	百分比(%)
自己/配偶	472	56.7
子女	138	16.6
租公房	109	13.1
租私房	27	3.2
其他	87	10.4
合计	833	100.0

表6 独居老人家中生活设施配备情况

生活设施	有相应设施人数(人)	百分比(%)
自来水	628	75.4
煤气/天然气	550	66.0
室内厕所	326	39.1
电风扇	607	72.9
电视机	570	68.4
电话	292	35.1
冰箱	261	31.3
收音机	259	31.1
洗衣机	255	30.6
空调	214	25.7
以上都没有	54	6.5

表7 独居老人对现住房满意程度的评价

满意程度	人数(人)	百分比(%)
满意	345	41.4
较满意	175	21.0
一般	135	16.2
不太满意	112	13.4
不满意	66	7.9
合计	833	100.0

表8 对住房不满意的原因分析

不满意的原因	不满意人数(人)	百分比(%)
质量差	105	59.0
太小	76	42.7
结构不合理	21	11.8
朝向不好	21	11.8
周围噪音大	12	6.7
楼层太高	8	4.5
治安不好	5	2.8
其他	30	16.9

表9　是否愿意和子女居住调查

与子女一起住的意愿	人数(人)	百分比(%)
愿意	62	11.7
较愿意	12	2.3
无所谓	68	12.8
不太愿意	228	42.9
不愿意	161	30.3
合计	531	100.0

表10　不愿意与子女居住在一起的原因分析

不愿意与子女一起住的原因	人数(人)	相关原因人数(人)	百分比(%)
与子女分开住自由	389	246	63.2
怕给子女添麻烦	389	124	31.9
子女工作忙,没有时间照顾	389	75	19.3
房子小	389	51	13.1
子女不愿意	389	43	11.1
想再婚	389	3	0.8
子女不在国内	389	2	0.5
其他	389	41	10.5

附录2 《南京市白下区社区养老服务的对策研究》调查问卷部分数据

(2007 年 12 月)

表1 被调查者地理分布

地区	人数（人）	百分比（%）
止马营	34	7.5
朝天宫	50	11.0
莒蒲园	47	10.4
五老村	50	11.0
瑞金路	43	9.5
建康路	48	10.6
淮海路	47	10.4
洪武路	47	10.4
光华路	46	10.2
大光路	41	9.0
合计	453	100.0

表2 被调查者性别

性别	人数（人）	百分比（%）
男	186	40.6
女	269	59.4
合计	453	100.0

表 3　被调查者年龄

年龄	人数（人）	百分比（%）
29 岁及以下	47	10.4
30～39 岁	53	11.7
40～49 岁	92	20.3
50～59 岁	103	22.7
60～69 岁	74	16.3
70 岁及以上	84	18.5
合计	453	100.0

表 4　被调查者按住房建筑面积的分布

房屋建筑面积	人数（人）	百分比（%）
不足 50 平方米	236	52.1
不足 70 平方米	71	15.7
不足 90 平方米	89	19.6
不足 120 平方米	32	7.1
不足 150 平方米	19	4.2
不足 200 平方米	5	1.1
200 平方米及以上	1	0.2
合计	453	100.0

表 5　被调查者住房装修情况

装修程度	人数（人）	百分比（%）
没有装修	104	23.0
一般装修	278	61.4
装修较好	64	14.1
豪华装修	7	1.5
合计	453	100.0

表 6　被调查者居住房屋的产权归属

产权归属	人数（人）	百分比（%）
自己/配偶	242	53.4
子女	43	9.6
父母	47	10.2
租公房	72	15.8
租私房	25	5.6
集体宿舍	3	0.7
其他	21	4.7
合计	453	100.0

表 7　现居住房屋产权属于家庭成员的被调查者构建费用的承担者

费用承担者	人数（人）	百分比（%）
父母	42	10.6
自己/配偶	262	66.2
子女	27	6.8
两代人共同承担	34	8.6
其他	31	7.8
合计	396	100.0

表 8　被调查者家中生活设施配备情况

生活设施	有相应设施人数（人）	百分比（%）
自来水	447	99.6
煤气/天然气	416	95.6
室内厕所	421	96.3
电话	422	97.5
洗衣机	423	96.6
冰箱	426	97.0
空调	407	94.2
电视机	426	97.0
以上都没有	7	3.2

表9　被调查者对现住房满意程度的评价

满意程度	人数（人）	百分比（%）
满意	59	13.0
较满意	85	18.8
一般	136	30.0
不太满意	88	19.4
不满意	85	18.8
合计	453	100.0

表10　对住房不满意的原因分析

不满意的主要原因	不满意人数（人）	百分比（%）
太小	151	83.4
质量差（如年久失修）	41	36.6
结构不合理	48	40.3
周围噪音大	47	40.5
朝向不好（没有阳光等）	38	33.3
楼层太高	21	20.6
治安不好	37	35.6
其他	20	20.2

表11　代际之间的居住距离

居住距离	父亲与您居住距离		母亲与您居住距离		配偶父亲与您居住距离		配偶母亲与您居住距离	
	人数	%	人数	%	人数	%	人数	%
同住	29	19.5	42	21.6	19	16.4	30	19.5
同一社区	10	6.7	12	6.2	9	7.8	15	9.7
同一街道	3	2.0	7	3.6	2	1.7	3	1.9
南京主城区内	54	36.2	82	42.5	49	42.2	59	38.3
南京郊区或郊县	11	7.4	15	7.7	9	7.8	12	7.8
江苏省内	22	14.8	17	8.8	11	9.5	14	9.1
江苏省外	20	13.4	19	9.8	17	14.7	21	13.6
合计	149	100.0	194	100.0	116	100.0	154	100.0

表 12　您对敬老院、福利院、老年公寓等养老机构的总体印象如何？

总体印象	人数（人）	百分比（%）
好	12	5.5
较好	57	26.3
一般/说不上来	112	51.6
较差	26	12.0
很差	10	4.6
合计	217	100.0

表 13　您了解敬老院、福利院、老年公寓等养老机构吗？

了解程度		40～59 岁	60 岁及以上	合计
了解	人数	46	31	77
	%	24.9	20.4	22.8
较为了解	人数	52	46	98
	%	28.1	30.3	29.1
不了解	人数	87	75	162
	%	47.0	49.3	48.1
合计	人数	185	152	337
	%	100.0	100.0	100.0

表 14　您是否愿意（现在或将来）入住养老院、福利院、老年公寓等养老机构？

入住意愿		40～59 岁	60 岁及以上	合计
很愿意	人数	36	18	54
	%	19.7	11.8	16.1
比较愿意	人数	40	26	66
	%	21.9	17.0	19.6
一般/说不上来	人数	41	24	65
	%	22.4	15.7	19.3

入住意愿		40～59 岁	60 岁及以上	合计
无所谓	人数	17	22	39
	%	9.3	14.4	11.6
不太愿意	人数	28	34	62
	%	15.3	22.2	18.5
说不上来	人数	21	29	50
	%	11.5	19.0	14.9
合计	人数	183	153	336
	%	100.0	100.0	100.0

表 15　您不愿意入住养老机构的原因是什么?

原因	40～59 岁		60 岁以上		合计	
	人数	%	人数	%	人数	%
不自由	17	28.3	17	27.9	34	28.1
养老机构条件差	15	25.0	17	27.9	32	26.4
服务不好	12	20.7	13	21.7	25	21.2
经济上承受不起	29	48.3	26	42.6	55	45.5
怕对子女有不好影响	6	10.0	10	16.4	16	13.2
只有无子女的才住养老院	7	11.7	11	18.0	18	14.9
子女反对	4	6.7	5	8.2	9	7.4
其他	2	3.3	8	13.1	10	8.3
合计	60	100.0	61	100.0	121	100.0

表 16　就您的经济能力,您每个月最多承担多少钱?（指支付给养老机构）

承担费用	人数（人）	百分比（%）
0～199 元	6	2.4
200～399 元	11	4.3
400～599 元	49	19.4

(续表)

承担费用	人数（人）	百分比（%）
600～799 元	28	11.1
800～999 元	46	18.2
1 000～1 199 元	86	34.0
1 200～1 499 元	5	2.0
1 500 元及以上	22	8.7
合计	253	100.0

表 17 中老年人对社会服务的需求

需要的服务内容	人数（人）	百分比（%）
上门做家务	221	26.5
家庭病房	158	19.0
陪同看病	154	18.5
法律援助	114	13.7
聊天解闷	102	12.2
日常购物	68	8.2
老年人服务热线	41	4.9
旅游	28	3.4
送饭（外卖）	22	2.6
/以上都不需要	392	47.1

表 18 您经常去下列哪些活动场所？

活动场地	男性		女性		合计	
	人数	%	人数	%	人数	%
室外空地	81	47.9	100	40.5	181	43.5
社区小商店	8	4.8	9	3.7	17	4.1
市民广场	63	37.7	90	36.6	153	37.0
公园	67	40.4	90	36.6	157	38.1

(续表)

活动场地	男性		女性		合计	
	人数	％	人数	％	人数	％
老年活动室	13	7.7	19	7.7	32	7.7
老年大学	3	1.8	4	1.6	7	1.7
老年人协会	2	1.2	1	0.4	3	0.7
老干部活动中心	2	1.2	0	0.0	2	0.5
托老所	0	0.0	1	0.4	1	0.2
运动场地	21	12.5	15	6.1	36	8.7
以上都不去	33	19.6	66	26.7	99	23.9
合计	168	100.0	247	100.0	415	100.0

表 19 您喜欢参加文体活动吗?(分年龄)

喜欢程度	30 岁以下		30～39 岁		40～49 岁		50～59 岁		60～69 岁		70 岁及以上		合计	
	人数	％	人数	％	人数	％	人数	％	人数	％	人数	％	人数	％
喜欢	9	19.1	12	23.1	13	14.8	9	9.7	12	16.4	12	15.2	67	15.5
较喜欢	8	17.0	9	17.3	18	20.5	19	20.4	14	19.2	16	20.3	84	19.4
一般	20	42.6	22	42.3	29	33.0	38	40.9	22	30.1	19	24.1	150	34.7
不太喜欢	3	5.8	6	12.8	14	15.1	9	10.2	18	24.7	16	20.3	66	15.3
不喜欢	6	11.5	4	8.5	13	14.0	19	21.6	7	9.6	16	20.3	65	15.0
合计	46	100.0	53	100	87	100.0	94	100.0	73	100.0	79	100.0	432	100.0

表 20　您喜欢参加文体活动吗？（分教育程度）

喜欢程度	不识字或很少识字		小学		初中		高中（或中专）		大专		本科及以上		合计	
	人数	%	人数	%	人数	%	人数	%	人数	%	人数	%	人数	%
喜欢	1	5.0	5	11.6	11	11.8	24	15.0	15	23.4	10	20.8	66	15.4
较喜欢	3	15.0	7	16.3	12	12.9	36	22.5	15	23.4	10	20.8	83	19.4
一般	3	15.0	5	11.6	38	40.9	54	33.8	26	40.6	24	50.0	150	35.0
不太喜欢	5	25.0	13	30.2	14	15.1	28	17.5	3	4.7	3	6.3	66	15.4
不喜欢	8	40.0	13	30.2	18	19.4	18	11.3	5	7.8	1	2.1	63	14.7
合计	20	100.0	43	1	93	100.0	160	100.0	64	100.0	48	100.0	428	100.0

附录3 南京市部分老年人社会福利机构

（数据截至 2007 年 12 月 31 日，不包括溧水县、高淳县）

序号	老年人社会福利机构名称	占地面积（平方米）	建筑面积（平方米）	床位数	入住人员数	地址
1	省邮电老年公寓	14 000	8 000	140	122	江宁区天元东路 39 号
2	市社会福利院	83 000	20 000	750	738	浦口区点将台路 56 号

玄武区

序号	老年人社会福利机构名称	占地面积（平方米）	建筑面积（平方米）	床位数	入住人员数	地址
3	后宰门老年照料中心	1 000	1 000	140	54	后宰门东村 88 号
4	梅园老年照料中心	1 500	1 500	750	738	演武新村 60 号
5	真美好老年公寓	2 000	300	30	19	东方城初阳园 4A 幢
6	玄武区锁金护理院	1 600	1 600	118	82	岗子村 63 号
7	南京市康力斯福寿院	2 000	550	55	16	和燕路 439 号
8	五百户老年公寓	10 000	5 000	88	36	双麒路小门西 58 号
9	锁金老年照料中心	1 161	621	34	32	锁金六村 9 号
10	梅园爱之舟护老院	850	600	30	5	珠江路 702 号
11	红山光阳园老年公寓	500	480	69	26	黄家圩 212.213 号
12	南京博爱老年公寓	500	390	30	17	钟山山庄 20 幢
13	玄武区老年公寓	5 000	3 500	140	69	月苑南路 9 号
14	新街口街道养老院	170	300	30	13	杨将军巷 4 号
15	区老年康复护理院		12 488	150	27	杨将军巷 21 号
16	玄武门老年康复院	1 000	3 257	90	76	天山路 10 号
17	爱心庇护安养院	850	618	40	9	孝陵卫小庄 15 号
18	富贵老年照料中心	450	700	60	52	半山园 21 号 181 幢
19	玄武区颐鹤老年公寓	6 666	12 000	100		仙鹤门鹤鸣路 59 号

（续表）

序号	老年人社会福利机构名称	占地面积（平方米）	建筑面积（平方米）	床位数	入住人员数	地址
			白下区			
20	光华园老年公寓	800	1 100	60	60	光华园小区17幢-2
21	淮海老年公寓	500	350	37	35	淮海新村49号
22	五老村街道老年公寓	800	400	39	39	三条巷97#-1
23	瑞金路街道老年公寓	300	2 000	21	15	瑞金北村57幢
24	大光路街道老年公寓	535.8	490	32	32	兰旗新村17幢-1
25	工院老年康复中心	2 000	1 500	100	98	海福巷1号
26	慧如敬老院	1 200	500	25	10	光华路郑家营68-1
27	鸿福院老年公寓	700	550	40	40	钓鱼巷67号25幢
28	大光地区老年康复中心	400	300	28	28	八宝前街光华卫生院内
29	金色阳光老年公寓	2 000	1 100	101	97	大光路大阳沟30号
30	白下区老年康复中心	350	1 800	60	29	海福巷20号
31	宪福老年公寓	500	400	38	26	白下区头条巷27号
32	金榜老年公寓	1 000	350	90	60	绫庄巷31号
33	莫愁路老年康复中心	650	650	60	45	莫愁路394号
34	瑞金路美林老年公寓	380	450	62	47	瑞金新村54栋-1
35	银龙老人护理院	1 200	1 000	45	2	银龙花园157幢
36	金福院老年公寓	1 110	500	31	10	光华园11号
37	月牙湖老年公寓	2 500	2 100	106	17	光华东街1-5号
38	瑞海博银龙康复中心	19 700	5 400	152	12	银龙路19号
			秦淮区			
39	秦淮区老年公寓	5 400	2 600	120	85	乔虹苑80号
40	红花街道老年公寓	6 000	4 000	130	122	大明路中段
41	祝乐老年公寓	700	342	35	23	513厂职工医院内
42	康源老年公寓	380	650	42	15	东瓜匙97号

（续表）

序号	老年人社会福利机构名称	占地面积（平方米）	建筑面积（平方米）	床位数	入住人员数	地址
43	夫子庙街道社会福利院	240	175	20	17	小西湖 13 号
44	夫子庙老年公寓	500	850	40	41	莲子营 8 号
45	市教育局老年教师公寓	1 950	3 340	140	85	小心桥东街 42 号
46	双塘街道社会福利院	800	600	51	40	柳叶街 41 号
47	秦淮老年康复中心	600	800	60	18	鸣羊街 8 号
48	康乐福托老院	400	560	50	50	豆腐坊 6 号
49	凤凰台老年公寓	1 550	980	40	28	高岗里 20 号
50	中华门街道社会福利院	700	600	50	46	南珍珠巷 218－6
51	晨光医院康复护理中心	3 000	2 300	102	68	正学路 1 号
52	幸福人家老年公寓	900	700	53	47	双桥门 10 号
53	秦虹老年公寓	1 200	2 500	60	34	乔虹苑 87 号
54	爱玉老年公寓	1 100	1 100	0	0	拆迁停业

建邺区

序号	老年人社会福利机构名称	占地面积（平方米）	建筑面积（平方米）	床位数	入住人员数	地址
55	建邺区社会福利院	5 236	4 870	180	149	江心洲寿代2队101号
56	南湖养老院	200	720	25	23	南湖利民东村 29 号
57	兴达老年公寓	15 000	600	48	29	应天大街 170 号
58	利星老年公寓	400	450	43	40	南湖路 99 号 6－201 室
59	慧恩老年公寓	5 200	4 000	100	98	江心洲民安路 18 号
60	子力养老院	780	980	48	38	茶南福园18幢前单192
61	彩虹托老所	320	182	29	25	彩虹苑 3 憧 6 号 101 室
62	向阳养老院	610	300	32	26	向阳村郑家庄 84 号
63	秀玲养老院	220	160	18	13	贡园 3 幢 14 号 101 室
64	安如托老所	300	160	21	16	安如村 10 幢 25 号

（续表）

序号	老年人社会福利机构名称	占地面积（平方米）	建筑面积（平方米）	床位数	入住人员数	地址
65	江东门养老院	1 150	560	30		江东门西街 7 号
66	祥和养老院	1 200	800	36	8	江心洲泰村头 12 号-1
67	江心之家养老院	700	1 000	54		江心洲白鹭花园 49 号
68	南苑虹苑托老所	120	120	7	3	南苑虹苑四村 2 幢-5

鼓楼区

序号	老年人社会福利机构名称	占地面积（平方米）	建筑面积（平方米）	床位数	入住人员数	地址
69	鼓楼区社会福利院	1 500	3 680	120	96	西瓜圃桥 50 号
70	湖南路街道养老院	340	340	24	21	挹华里 13 号
71	夕阳红养老院	200	600	50	43	洪庙巷 21 号
72	期颐托老院	300	300	34	30	银城花园 86 号
73	爱德慈佑院		130	24	10	虎踞路 58 号 3 - 407. 408 室
74	金康老年护理中心	5 000	8 000	400	352	中山北路校门口 1 号
75	红十字老年康复中心	3 550	4 800	210	131	长江新村 40 号北门
76	莫愁老年康复中心	1 082	882	42	36	莫愁新寓涌泉里 2 号
77	江东街道敬老院		590	30	20	江东电台村 8 号
78	中央门街道养老院	300	200	19	17	观音里 13 号

下关区

序号	老年人社会福利机构名称	占地面积（平方米）	建筑面积（平方米）	床位数	入住人员数	地址
79	下关区社会福利院	800	600	55	28	幕府西路 2 号
80	建宁路街道老年公寓	600	460	45	40	五所村 450 号
81	阅江楼街道老年公寓	300	464	28	12	名士坝 103 - 5 号
82	宝善社区老年公寓	420	180	19	17	宝善街 66 巷 27 - 13 号
83	小市街道老年公寓	480	310	19	17	安怀村 43 幢对面
84	白云亭社区托老所	500	300	30	22	二板桥 583 - 103 号
85	幕府老年康复护理院	220	980	60	24	五塘新村 1 号
86	康福老年公寓	200	200	20		汽轮四村 75 号
87	北崮山老年公寓	1500	900	50		安怀村 460 号院内

（续表）

序号	老年人社会福利机构名称	占地面积（平方米）	建筑面积（平方米）	床位数	入住人员数	地址
88	新家园老年公寓	1 000	1 200	80	48	中央北路 27 号
89	中山老年公寓	980	468	21		二板桥 568 号
90	沁润老年公寓	400	460	50	39	北祖师庵 45-1 号
91	康寿老年公寓	450	630	40	30	姜圩路 90 号
92	白云养老院	600	800	50	36	中央北路 181 号
93	东方明老年公寓	300	250	30	10	汽轮四村 108-1 号
94	江南明珠养老院	7 000	2 800	150	95	金陵新村 55-25 号
95	原野养老院	300	600	36	11	金川门外 10 号
96	阳光老年公寓	400	660	37	24	黄方村 56 号
97	允德乐龄象山老年公寓	3 373	4 150	110	65	幕府西路 126 号
98	福禄安康院	420	350	35		汽轮上村 44 号

浦口区

序号	老年人社会福利机构名称	占地面积（平方米）	建筑面积（平方米）	床位数	入住人员数	地址
99	浦口区社会福利院	1 500	746	50	40	浦东路 7-46 号
100	江浦街道珠江敬老院	1 680	1 340	60	38	康华路高旺
101	桥林敬老院	10 000	2 208	160	124	桥林镇福音社区
102	乌江镇敬老院	4 500	2 500	103	40	五一村前庄组
103	石桥镇敬老院	4 000	2 900	103	75	石桥汤集村敬老院
104	星甸敬老院	7 000	1 000	49	43	星甸万隆坡龙组
105	星甸第二敬老院	13 000	1 900	122	47	星甸镇龙山街道
106	汤泉镇敬老院	9 240	2 440	72	62	汤泉镇高华村村部
107	永宁敬老院	2 500	2 200	106	68	永宁镇余家湾街道
108	顶山敬老院	2 500	850	20	6	顶山临泉村姚洼组
109	泰山街道敬老院	12 540	1 340	80	49	泰山街道罗庄小区
110	沿江街道敬老院	4 620	1 570	40	20	沿江街道冯墙社区
111	浦口盘城敬老院	12 000	2 500	80	55	盘城永锦路 38 号

（续表）

序号	老年人社会福利机构名称	占地面积（平方米）	建筑面积（平方米）	床位数	入住人员数	地址
112	龙山养老院	2 000	400	30	21	沿江龙山路 512 号

雨花台区

序号	老年人社会福利机构名称	占地面积（平方米）	建筑面积（平方米）	床位数	入住人员数	地址
113	雨花台板桥长寿老年公寓	10 000	3 000	100		近华村江边路
114	板桥敬老院	6 667	3 334	48	45	板桥街道
115	雨花新村敬老康复院	2 000	2 500	106	55	紫荆花路 20 号
116	月月托老所	232	180	15	4	雨花西路 147 - 1
117	铁心桥敬老院	10 000	1 900	52	21	铁心桥街道定坊村
118	福寿老年公寓	500	400	30	15	赛虹桥小行小区
119	宁南温馨老年公寓	2 000		76	63	宁南小区君子兰花园
120	景明佳园爱心托老所	140	120	13	4	共青团路 289 号
121	天伦老年公寓	1 500	800	26	7	西善桥 1 号
122	梅山街道敬老院	5 000	2 000	60	14	梅山街道上怡二村
123	喜迎门老年公寓	700	520	65	50	君子兰花园 286 号
124	丽鑫老年公寓	360	560	30	15	君子兰花园 9 号
125	郁金香养老康复中心	1 000	1 200	60	20	君子兰花园

栖霞区

序号	老年人社会福利机构名称	占地面积（平方米）	建筑面积（平方米）	床位数	入住人员数	地址
126	栖霞靖安街道敬老院	10 139	4 200	106	75	靖安街道太平村
127	龙潭街道敬老院	7 100	1 220	48	38	龙潭三官村永陈组
128	栖霞街道敬老院	5 852	2 266	100	68	戴家库 178 号
129	万寿护养院	1 762	832	45	20	南京化纤新村
130	尧石托老中心	1 655	1 219	30	21	尧化二村 100 号
131	瑞龙老人护理院	1 114	2 562	80	57	戴家库 400 号
132	金色家园老年公寓	3 000	750	50	29	华电路 1 号
133	燕子矶敬老院	3 600	1 800	75	55	燕尧化路吴家庄 99 号

(续表)

序号	老年人社会福利机构名称	占地面积（平方米）	建筑面积（平方米）	床位数	入住人员数	地址
134	真美好老年公寓绿荫园	2 000	500	30	29	迈皋桥方园绿茵 1 幢
135	尧化门街道敬老院	2 000	1 200	56	47	尧化门里村 288 号
136	迈皋桥敬老院	2 000	860	36	35	沈阳村 8 号
137	万寿老年公寓	208		22	7	化纤新村 万鑫嘉苑
138	八卦洲隆情敬老院	3 463	1 200	45	35	八卦洲新生村205 - 4号
139	八卦洲街道敬老院	4 692	1 140	52	24	八卦洲新闸村 1 组
140	悦园老年公寓	675	3 431	165	110	甘家巷东瑞医院内
141	民族老年公寓	2 600	580	66	40	迈皋桥 260 - 1 号
142	亚东雁鸣老年公寓	2 000	440	32	22	亚东雁鸣山庄 3 - 02

江宁区

序号	老年人社会福利机构名称	占地面积（平方米）	建筑面积（平方米）	床位数	入住人员数	地址
143	江宁上元颐乐园	3 900	1 168	40	16	上坊机场村
144	龙鳞山庄养老院	5 000	1 780	126	10	麒麟定林村
145	博爱康乐院	600	500	48	36	江宁区博物馆内
146	安康老年公寓	6 000	4 000	240	0	东山建南社区
147	温泉留园老年公寓	3 300	1 980	108	5	汤山温泉路 1 - 1
148	天风老人公寓	230	200	20	15	天泰花园 D3 幢 104 室
149	华茂老年康乐院	8 240	6 400	250	16	秣陵泽丰路 5
150	美惠老年公寓	5 000	3 000	64	0	淳化田园社区
151	桃园老年公寓	2 000	800	40	8	东山上坊社区
152	宁蕾老人康乐院	2 800	1 500	50	6	江宁街道庙庄村
153	醉夕阳老年服务中心	304	300	30	8	东山文靖路
154	荣平老年康乐中心	20 000	9 400	509	0	秣陵爱陵路
155	汤山九华颐养院	5 700	1 600	60	0	汤山街道
156	禄口敬老院	20 000	10 000	258	194	禄口蓝天路南则
157	铜山敬老院	6 000	3 000	70	54	禄口铜山集镇

（续表）

序号	老年人社会福利机构名称	占地面积（平方米）	建筑面积（平方米）	床位数	入住人员数	地址
158	横溪敬老院	8 000	2 900	126	119	横溪镇
159	秣陵街道敬老院	5 300	1 400	58	57	秣陵秣龙路6
160	谷里街道敬老院	4 920	1 694	76	76	谷里振容路北
161	上峰敬老院	3 662	910	37	37	上峰红塔北街
162	麒麟敬老院	13 000	3 700	72	33	汤山西村靶场
163	江宁街道敬老院	10 000	1 800	70	59	江宁司加村北水桥
164	东善桥敬老院	6 666	4 847	116	112	东善桥街道
165	陶吴敬老院	13 200	2 318	87	87	陶吴龙山路
166	周岗敬老院	5 000	2 700	112	65	周岗永丰路85号
167	湖熟敬老院	13 200	4 665	172	107	湖熟前元路
168	土桥敬老院	10 000	5 428	232	120	土桥桂花园西249号
169	百家湖老年公寓	20 000	6 277	122	122	殷巷铺岗村
170	上坊敬老院	5 328	2 000	52	52	东山街道上坊
171	丹阳敬老院	5 670	1 526	68	68	丹阳崇文街69号
172	东山敬老院	4 200	2 280	68	65	东山芙阁路179号
173	淳化敬老院	6 000	1 180	53	51	淳化西山头
174	铜井镇敬老院	11 000	2 640	80	76	铜井星辉村
175	汤山敬老院	6 666	2 500	102	70	汤山黄标墅分水岗
176	龙都敬老院	3 500	880	30	30	龙都集镇东阳路
177	陆郎敬老院	3 500	800	60	42	陆郎集镇

六合区

序号	老年人社会福利机构名称	占地面积（平方米）	建筑面积（平方米）	床位数	入住人员数	地址
178	大厂社会福利院	6 169	2 390	159	86	太子山路59-1号
179	长路街道敬老院	22 500	1 500	60	32	长路街道利民路23号
180	大厂快乐老年公寓	200	1 500	35	0	大厂杨新路229号
181	雄州镇敬老院	13 400	3 500	95	80	雄州镇西陈村

（续表）

序号	老年人社会福利机构名称	占地面积（平方米）	建筑面积（平方米）	床位数	入住人员数	地址
182	冶山镇敬老院	26 600	3 000	100	89	冶山镇东王社区
183	八百桥镇敬老院	20 000	2 080	200	150	八百桥镇英雄岭村
184	横梁镇敬老院	15 000	2 000	100	95	横梁镇禹河林场
185	东沟镇敬老院	6 000	2 400	100	72	东沟镇朱方村
186	龙袍镇敬老院	7 400	1 442	102	93	友袍政府后面
187	玉带镇敬老院	6 700	2 000	100	95	东坝头村农场组
188	瓜埠镇敬老院	14 000	2 500	100	91	瓜埠镇单桥村
189	新集镇敬老院	14 000	2 800	100	79	新集镇林场
190	程桥镇敬老院	8 000	2 400	200	182	唐楼村原付湾小学
191	竹镇镇敬老院	37 400	3 200	200	190	竹镇八里村中队组
192	马集镇敬老院	93 000	2 580	220	153	马集镇桑苗圃
193	马鞍镇敬老院	36 000	2 512	108	90	马鞍镇安山村
194	新篁镇敬老院	17 000	1 800	120	114	新篁镇钟林村
195	开发区敬老院	8 000	2 600	100	80	开发区七里村
196	六合区老年公寓	8 000	2 000	68	51	北外街 159 号
197	六合区天一福利院	2 000	1 200	75	75	环城北路 18-1

来源:南京市社会福利机构基本情况汇总表(表8)。

南京市部分老年人社会福利机构合计

（数据截至 2007 年 12 月 31 日，不包括溧水县、高淳县）

序号	所属地区	总占地面积 （平方米）	总建筑面积 （平方米）	总床位数	总入住人员数
1	省市属	97 000	28 000	890	860
2	玄武区	47 735	44 904	1 954	1 271
3	白下区	36 625.8	20 940	1 127	702
4	秦淮区	25 420	22 097	993	719
5	建邺区	31 436	14 902	671	468
6	鼓楼区	12 272	19 522	953	756
7	下关区	20 243	16 762	965	518
8	浦口区	87 080	23 894	1 075	688
9	雨花台区	40 099	16 514	681	313
10	栖霞区	53 860	24 200	1 038	712
11	江宁区	247 886	99 073	3 706	1 816
12	六合区	361 369	45 404	2 122	1 897
合计		974 033.6	376 212	16 175	10 720

来源：作者整理绘制

附录4 2019年南京市养老机构汇总表

序号	所属地区	机构性质				合计
		公办公营	公办民营	民办民营	敬老院	
1	市属	2				2
2	玄武区		1	7		14
3	秦淮区		5	24		31
4	建邺区	1		8		10
5	鼓楼区	2	4	36		42
6	浦口区		3	2	3	8
7	雨花台区	1		19		24
8	栖霞区		2	17	2	22
9	江宁区		2	19	9	32
10	六合区		2	6	9	18
11	溧水区		3	5	7	14
12	高淳区	1	1	1	8	11
13	江北新区		1	13	2	17
总计		7	24	157	40	245

来源:作者根据南京市民政局网站 2019 - 08 - 22 发布的"245 家养老机构信息"整理绘制

《南京市独居老人生存状况与服务需求调查》调查问卷样表（居住情况及子女情况部分）

亲爱的老年朋友：您好！

为了及时地了解与掌握独居老人的生存状况与服务需求，倾听广大老年朋友对政府老龄工作的意见和建议，为政府决策提供科学的依据，南京市老龄工作委员会办公室与南京大学社会学系于 2004 年 3 月在全市范围内举行"独居老人生存状况与服务需求"专题调查，您的回答对我们非常重要，我们将对您提供的资料给予保密，请您予以配合，谢谢！

南京市老龄工作委员会办公室
南京大学社会学系
南京市老年人口生存状况与服务需求调查组
2004 年 3 月 10 日

被调查者住址：_____ 县（市/区）_____ 乡/镇/街_____ 村/居委会

二、子女情况

11. 您有子女吗？（指健在的）

（1）有；（2）没有（→18 题）

12. 您现在有几个儿子？（包括抱养的儿子）_____人。

13. 您现在有几个女儿？（包括抱养的女儿）_____人。

14. 您有几个子女（包括抱养的子女）在身边（如调查的是城区，则指南京市区，如调查的是农村，则指所在县区）？_____人。

15. 您愿意与子女住在一起吗？

（1）愿意（→17 题）；（2）较愿意（→17 题）；（3）无所谓（→17 题）；（4）不太愿意；（6）不愿意。

333

16. 您不愿意与子女住在一起的原因是什么？（多选题）

（1）房子小；（2）子女不愿意；（3）与子女分开自由；（4）子女工作忙，没有时间照顾；（5）怕给子女添麻烦；（6）想再婚；（7）子女不在国内；（8）其他（请注明）_____。

17. 您与子女之间的关系如何？

（1）很好；（2）较好；（3）一般；（4）较差；（5）很差；（6）说不清或不好说。

三、居住情况

18. 您现在居住的房屋的建筑面积有多大？ _____平方米。

19. 您现在居住的房屋的所有权（产权）属于谁？

（1）自己/配偶；（2）子女；（3）父母；（4）租公房；（5）租私房；（6）其他（请注明）_____。

20. 您家里有下列生活设施吗？（多选题）

（1）自来水；（2）煤气/天然气；（3）室内厕所；（4）空调；（5）电话；（6）电视机；（7）冰箱；（8）洗衣机；（9）电风扇；（10）收音机；（11）以上都没有。

21. 您对现在的住房感到满意吗？（多选题）

（1）满意（→23题）；（2）较满意（→23题）；（3）一般（→23题）；（4）不太满意；（5）不满意。

22. 您对现在的住房不满意的原因是什么？（多选题）

（1）太小；（2）楼层太高；（3）结构不合理；（4）质量差（如年久失修）；（5）朝向不好（没有阳光等）；（6）周围噪音大；（7）治安不好；（8）其他（请注明）_____。

关于调查的有关说明（调查对象部分）

1. 出生年份：1944 年及以前。
2. 居住情况：一个人独自居住。
3. 婚姻状况：（1）未婚；（2）丧偶；（3）离婚；（4）分居。

《白下区社区养老服务的对策研究》
调查问卷样表(居住情况及社会支持网络部分)

尊敬的住户:您好!

　　我们委托南京大学社会学系的研究生,进行一项关于《白下区社区养老服务的对策研究》的问卷调查,您是我们从白下区 60 万人口中随机抽取的 600 个调查对象之一,请您填写此份问卷。这一调查大约需要占用您一刻钟的时间。您的回答对于政府制定相关政策具有重要参考价值。我们保证您所填写的任何信息不会泄露给课题组以外的任何人。您的名字、地址和其他信息不会以任何形式发表。希望您不要有任何顾虑,按照您的实际情况填写。调查结束后,我们有一份小小的礼品送给您以示感谢。

南京大学社会学系

白下区社区发展暨援助研究中心

2007 年 12 月

填表注意事项:

　　1. 请在适合您情况的答案前的编码上打"√",如没有特殊说明,都只需要选择一个答案。

　　2. 多选题意思是指可以同时选择多个答案。

　　3. 问卷中带有"→"记号的表示跳题,如"→17"表示回答完该题后跳至第 17 题继续回答。

　　4. 本次调查的对象为 18 岁及以上的人口。

调查地点:_____ 县(市/区)_____ 乡镇(街道)_____ 村(居委会)

二、居住情况
21. 您现在居住的房屋的建筑面积有多大?_____平方米

22. 您现在居住的房屋的所有权（产权）属于谁？

① 自己/配偶；② 子女；③ 父母；④ 租公房；⑤ 租私房；⑥ 集体宿舍；⑦ 其他（请注明）_____。

23. 如果您现居住的房屋的产权属于自己/配偶、子女或父母，请问该住房的购建（购买或自建）费用主要是由谁来承担的？

① 父母；② 自己及配偶；③ 子女；④ 两代人共同负担；⑤ 其他。

24. 目前谁与您同住？（多选题）

① 独自一人居住；② 配偶；③ 子女；④ 儿媳/女婿；⑤（外）孙子女；⑥ 父母/岳父母/公婆；⑦ 祖父母；⑧ 兄弟/姐妹；⑨ 亲属；⑩ 朋友；⑪ 保姆等；⑫ 同学/同事；⑫ 其他（请注明）_____。

25. 您目前住的房子的装修程度如何？（调查员根据观察判断）

① 没有装修；② 一般装修；③ 装修较好；④ 豪华装修。

26. 您家里有下列生活设施吗？（多选题）

① 自来水；② 煤气/天然气；③ 室内厕所；④ 电话；⑤ 空调；⑥ 电视机；⑦ 冰箱；⑧ 洗衣机；⑨ 以上都没有。

27. 您对现在的住房感到满意吗？

① 满意（→29）；② 较满意（→29）；③ 一般（→29）；④ 不太满；⑤ 不满意。

28. 您对现在的住房不满意的主要原因是什么？（多选题，最多选三项）

① 太小；② 楼层太高；③ 结构不合理；④ 质量差（如年久失修）；⑤ 朝向不好（没有阳光等）；⑥ 周围噪音大；⑦ 治安不好；⑧ 其他（请注明）_____。

十三、社会支持网络

150. 您了解敬老院、福利院、老年公寓等养老机构吗？

① 了解；② 比较了解；③ 不了解（→152）。

151. 您对敬老院、福利院、老年公寓等养老机构的总体印象如何？

① 好；② 较好；③ 一般/说不上来；④ 较差；⑤ 很差。

152. 您是否愿意（现在或将来）入住养老院、福利院、老年公寓等养老机构？

① 很愿意（→154）；② 比较愿意（→154）；③ 无所谓（→154）；④ 不太愿意；⑤ 不愿意；⑥ 说不上来（→154）。

153. 您不愿意入住敬老院、福利院、老年公寓等养老机构的原因是什么？（多选题）